国家西甜瓜产业技术体系（CARS-25-20）资助

砂田西甜瓜水肥高效利用
理论与技术

马忠明　杜少平　薛　亮　著

科学出版社

北　京

内 容 简 介

本书介绍了国内外西甜瓜的生产现状和区域分布,砂田的起源、作用、耕作方法及发展现状,分析了砂田生产中存在的主要问题,揭示了长期砂田退化机理,针对砂田西甜瓜生产中水肥利用率低的瓶颈问题,系统总结了近 10 年来本课题组关于砂田西甜瓜全膜覆盖栽培技术、养分资源优化管理技术、水肥一体化技术、叶面追肥技术和土壤培肥与改良技术方面的研究成果,还附有 3 项由研究团队制定并经甘肃省质量技术监督局颁布实施的地方技术标准。本书所提的各项技术新颖,实用性强,注重理论性、科学性、先进性和适用性,对我国西北旱区砂田西甜瓜产业的可持续发展具有参考价值。

本书可供农学、作物栽培、土壤、植物营养和蔬菜栽培等相关专业的科技人员和在读研究生参阅,也可为从事旱作农业和西甜瓜栽培的相关管理人员提供参考依据。

图书在版编目（CIP）数据

砂田西甜瓜水肥高效利用理论与技术/马忠明，杜少平，薛亮著.
—北京：科学出版社，2018.4
ISBN 978-7-03-056789-5

Ⅰ.①砂⋯　Ⅱ.①马⋯ ②杜⋯ ③薛⋯　Ⅲ.①西瓜–肥水管理
②甜瓜–肥水管理　Ⅳ.①S65

中国版本图书馆 CIP 数据核字(2018)第 048313 号

责任编辑：李秀伟　白　雪 / 责任校对：郑金红
责任印制：张　伟 / 封面设计：北京图阅盛世文化传媒有限公司

科 学 出 版 社 出版
北京东黄城根北街 16 号
邮政编码：100717
http://www.sciencep.com

北京凌奇印刷有限责任公司印刷
科学出版社发行　各地新华书店经销
*

2018 年 4 月第　一　版　开本：B5 (720×1000)
2025 年 1 月第二次印刷　印张：16 3/4
字数：300 000
定价：**120.00 元**
(如有印装质量问题，我社负责调换)

前　　言

西甜瓜是我国重要的高效园艺作物。改革开放以来，我国西甜瓜产业得到了长足的发展，在促进农民快速增收和满足人民日益增长的生活需求方面发挥了巨大作用。随着中国城乡经济的发展和居民生活水平的提高，西甜瓜在种植业中的地位越来越重要，2012年我国西甜瓜产业总产值达2500亿元以上，约占种植业总产值的6%，未来西甜瓜产业将为带动种植业发展和农业可持续发展做出更多的贡献。

砂田也谓石田，是用不同粒径的砾石和粗砂覆盖在土壤表面而成的，是我国西北干旱地区经过长期生产实践形成的一种保护性耕作方法，具有明显的蓄水、保墒、增温、压碱和保持地力作用。因其起源于甘肃兰州，故也称为兰州砂田或甘肃砂田，距今已有四五百年的历史，现已由兰州扩展到毗邻的陇东、河西和宁夏、青海部分地区。实践证明，采用砂田耕作法，可在年降水量200～300mm的干旱条件下，取得粮食作物的稳产，为保证20世纪六七十年代当地农民的口粮供给发挥了重要作用，创造了世界农耕史上的奇迹。

近年来，随着砂田种植结构的调整，主要以种植西瓜、甜瓜等经济作物为主，由于砂田区昼夜温差大，七八月份当地的最高温差可达十五六摄氏度，因此西甜瓜糖分积累量高、品质优；砂田土壤富含氨基酸和锌、钙、钾、硒等微量元素，因此西甜瓜营养全面；加之种植地处于荒漠化地区，远离城市和工业，且种植过程不使用农药，因此西甜瓜纯天然绿色无污染，符合现代人们对农产品绿色环保的要求。综合以上优点，砂田西甜瓜越来越受到消费者的青睐，销售市场广阔，种植面积不断扩大。至2007年，宁夏中卫环香山地区已形成近100万亩连片种植的纯天然绿色西瓜、甜瓜生产基地，自2008年以来，仅宁夏砂田西瓜种植面积就进入全国前10位之列。砂田西甜瓜种植已成为干旱地区农业发展和农民增收的理想之路，取得的巨大成果受到了党和国家领导人的高度重视。

砂田西甜瓜生产作为一种来源传统的耕作栽培模式，在目前生产发展实践中也必然会表现出许多不适应产业化发展和市场化经济的问题。例如，干旱胁迫条件下稳产但难增产，地表砂砾层覆盖导致施肥难度加大，施肥不平衡和浅施肥造成肥料利用率低及土壤养分比例失调，种植年限增加与西甜瓜连作引起砂田老化、土壤肥力下降和连作障碍加重。以上一系列问题正在制约着砂田西甜瓜产业的可持续发展。

为了保证砂田西甜瓜产业健康、有序和可持续发展，保障农民增产增收，自2008年以来，在"国家西甜瓜产业技术体系土壤肥料岗位项目（CARS-26-20）"的支持下，由甘肃省农业科学院牵头，在深入调查西北砂田区西甜瓜水肥资源利用现状的基础上，综合分析已有研究成果，应用现代旱作农业、节水农业、作物栽培和土壤与植物营养学等学科的先进技术，采取自主创新研究与国内外技术引进消化创新相结合的方法，以水肥资源高效利用和作物高产优质为目标，从覆膜抑蒸、化学保水、优化施肥、水肥耦合、有机培肥等机理研究入手，开展砂田西甜瓜水肥高效利用理论和技术研究，集成了砂田西甜瓜水肥高效利用技术体系。技术的示范推广不仅提升了当地农业效益，增加了农民收入，推动了砂田西甜瓜产业的健康、可持续发展，而且对丰富我国旱作农业栽培技术理论具有重要的科学意义。

本书分为11章，第一章综述和系统分析了世界与我国西甜瓜生产现状、区域分布及近年来国内外西甜瓜水肥高效利用方面的研究成果。第二和第三章介绍了砂田的一些基本概况，追溯了其历史起源，分析了砂田在干旱地区农业生产及生态环境方面的作用与效果，阐述了砂田的铺设、耕作、更新方法与农机具及不同作物在砂田的种植模式。第四章分别介绍了甘肃砂田和宁夏砂田的发展与分布情况，论述了未来砂田的发展方向，分析了限制砂田发展的瓶颈问题，并提出了解决的对策及建议。第五章从长期砂田土壤水热效应、物理结构、化学盐分与养分及微生物变化特征等方面揭示了砂田退化机理。第六和第七章从土壤水热效应揭示了旱砂田西瓜覆膜增产机理，明确了旱砂田西瓜的养分需求特征，并分析了其氮磷钾肥单作效应及互作效应。第八至十一章为技术研究篇，针对目前砂田西甜瓜生产中存在的水肥利用率低及土壤质量退化问题，分别提出了旱砂田西瓜养分资源优化管理技术、砂田西甜瓜水肥一体化技术、旱砂田西瓜叶面追肥技术和旱砂田土壤培肥与改良技术。书中还附有3项由研究团队制定并经甘肃省质量技术监督局颁布实施的地方技术标准。

由于著者水平有限，书中难免有不足之处，敬请读者批评指正。

著　者

2017年10月

目　　录

第一章　西甜瓜生产现状与区域分布

西甜瓜是世界农业中的重要水果作物，国际上西甜瓜主要的生产国有中国、土耳其、以色列、美国、罗马尼亚等。中国是世界西瓜、甜瓜最大的生产与消费国，西瓜、甜瓜产量一直保持在世界第一位。其中西瓜收获面积占世界西瓜总收获面积的 60%以上，产量占 70%左右；甜瓜收获面积占世界甜瓜总收获面积的 45%以上，产量占 55%左右；西甜瓜人均年消费量是世界人均年消费量的 2～3 倍，占全国夏季果品市场总量的 50%以上。西甜瓜已成为我国重要的水果作物，西甜瓜产业的发展为实现农民增收发挥了重要作用。

第一节　世界西甜瓜生产现状与区域分布

一、世界西瓜生产现状与区域分布

（一）世界西瓜生产现状

1. 收获面积稳定，产量不断提高

1978 年以来，世界西瓜生产持续发展，西瓜收获面积趋于平稳，单产水平持续提高，产量不断增加（图 1-1，图 1-2）。1978～2013 年，世界西瓜收获面积由 207.465 万 hm^2 增至 348.921 万 hm^2，增幅为 68.18%；西瓜单产由 1978 年的 12.13t/hm^2 增至 2013 年的 31.32t/hm^2，增长了 1.58 倍；西瓜产量由 2515.61 万 t 增至 10 927.87 万 t，提高了 3.34 倍。从发展阶段来看，1978～1995 年，即 20 世纪 90 年代中期以前，世界西瓜的收获面积较为稳定，始终在 200 万 hm^2 上下波动，世界西瓜收获面积年均增长率和产量年均增长率分别为 0.70%和 2.99%；1996～2000 年，西瓜生产进入快速发展时期，产量增幅明显，收获面积年均增长率和产量年均增长率分别达 6.03%和 12.97%；2000 年后持续保持小幅增长。总体来看，1978～2013 年世界西瓜总产量和收获面积的变化基本呈现明显的剪刀形。其中世界西瓜收获面积在 1978～2013 年基本没有多大的变化，而且 20

世纪 90 年代中期以后的西瓜收获面积增加幅度远远落后于西瓜总产量的增长幅度，由此可见单产的不断提高是西瓜总产量稳步增加的最主要原因。

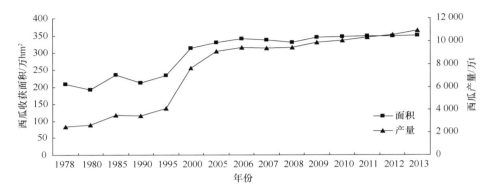

图 1-1　1978～2013 年世界西瓜产量和收获面积

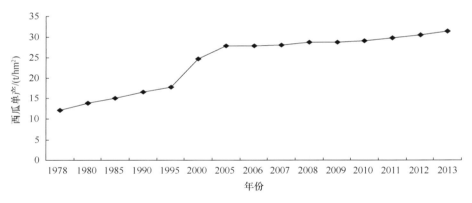

图 1-2　1978～2013 年世界西瓜单产

2. 西瓜在世界水果中的地位不断提高

2000 年以前，西瓜产量远远落后于葡萄、香蕉、柑橘和苹果等水果，进入 21 世纪后，西瓜产量迅速上升，保持在世界水果总产量的 13%左右（图 1-3），2012 年更是跃居世界各水果品种产量第一位。从五大洲水果产量来看，2012 年美洲和亚洲的西瓜产量占各水果品种产量首位，非洲和欧洲的西瓜产量在各水果品种中排名第四，大洋洲的西瓜产量在各水果品种中排第八位。世界西瓜的收获面积占世界水果总收获面积的比例较为稳定，维持在 5.5%左右。与葡萄、香蕉、苹果和柑橘相比,西瓜的收获面积较少,居世界各水果品种收获面积的第七八位。从五大洲水果收获面积来看, 2012 年欧洲和亚洲的西瓜收获面积占各水果品种收获面积的第四位,非洲和美洲的西瓜收获面积在各水果品种中排名第十,大洋洲的西瓜收获面积不在前十位水果范围之内。

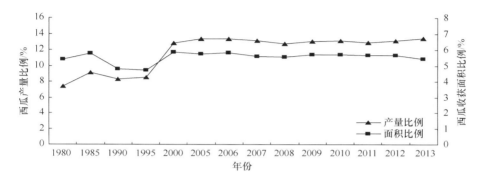

图 1-3　世界西瓜产量、收获面积在水果生产中的地位

3. 主产国优势凸显

1980 年以来,西瓜的主要生产国保持相对稳定,1980～2012 年进入西瓜产量世界前十位的国家有 19 个,其中中国、土耳其、伊朗、埃及和美国一直居于前六位。从 1980～2012 年世界西瓜产量的演变来看,中国始终保持在第一位,2000～2012 年,中国西瓜产量是排名第二土耳其的 13～18 倍,且增长速度最快,而其他国家增幅不大,甚至有下降的趋势。苏联在 1980～1991 年一直是世界第二大西瓜生产国,苏联解体后,土耳其跃居第二位。巴西、墨西哥和俄罗斯在 20 世纪 90 年代中后期西瓜生产逐渐进入世界前列,而日本自 2000 年以来西瓜生产规模出现萎缩,退出世界西瓜产量前十位。

利用市场集中度指标 CR_n 来评估世界西瓜生产的集中程度,CR_1、CR_5 和 CR_{10} 分别代表产量最高的 1 个、5 个和 10 个西瓜生产国的产量分别占世界总产量的比例。从世界范围来看,西瓜的市场集中程度整体呈不断提高的趋势,CR_1 从 1980 年的 20.7%提高到 2000 年的 67.7%（表 1-1）,2011～2012 年虽略有下降但也维持在 66.4%以上。中国一直保持世界西瓜产量第一大国的地位,自 1996 年起 CR_1 就超过了 50%,说明近 20 年来中国基本主导了世界的西瓜生产。CR_5 从 1980 年的 57.2%提高到 2000 年的 79.5%,到 2012 年略降至 74.1%。CR_{10} 从 1980

年的 73.4%提高到 2012 年的 84.7%。2000～2012 年,世界西瓜产量的七成以上主要集中在中国、伊朗、土耳其、巴西、美国和埃及六国,八成以上被生产排位前十的国家所垄断,集中程度较高。

表 1-1 世界西瓜主要生产国演变(引自赵姜等,2014)   (单位:万 t)

排名	1980 年		1990 年		2000 年		2010 年		2012 年	
	国家	产量	国家	产量	国家	产量	国家	产量	国家	产量
1	中国	547	中国	1096	中国	5182	中国	6841	中国	7024
2	苏联	379	苏联	500	土耳其	390	土耳其	368	土耳其	404
3	土耳其	300	土耳其	330	埃及	179	伊朗	347	伊朗	380
4	伊朗	170	伊朗	265	美国	169	巴西	205	巴西	208
5	埃及	116	美国	114	伊朗	165	美国	189	埃及	187
6	美国	103	埃及	101	墨西哥	105	埃及	164	美国	177
7	日本	98	西班牙	82	韩国	92	阿尔及利亚	122	阿尔及利亚	150
8	叙利亚	91	日本	75	西班牙	72	乌兹别克斯坦	118	俄罗斯	145
9	意大利	71	意大利	66	巴西	68	俄罗斯	115	乌兹别克斯坦	135
10	泰国	63	希腊	63	希腊	66	墨西哥	104	哈萨克斯坦	115
市场集中度/%	CR_1	20.7	CR_1	31.4	CR_1	67.7	CR_1	67.5	CR_1	66.7
	CR_5	57.2	CR_5	66.1	CR_5	79.5	CR_5	74.6	CR_5	74.1
	CR_{10}	73.4	CR_{10}	77.2	CR_{10}	84.8	CR_{10}	84.6	CR_{10}	84.7

(二)世界西瓜区域分布

1. 不同洲际西瓜生产布局

西瓜产区分布比较广泛,几乎在世界范围都有种植。目前,世界生产西瓜的国家和地区有 100 多个,其中亚洲一直是西瓜最重要的产地,而且亚洲在世界西瓜生产中的地位不断提升。1980 年,亚洲西瓜收获面积为 100.25 万 hm²,占世界西瓜总收获面积的 52.47%,2012 年亚洲西瓜收获面积达到 265.39 万 hm²,占世界总收获面积的比例上升为 76.42%,亚洲西瓜收获面积年均增长率为 3.09%。欧洲的西瓜收获面积居世界第二,2012 年为 30.07 万 hm²,占世界总收获面积的 8.66%,与 1980 年相比呈负增长,收获面积缩小了 44.92%。美洲西瓜的收获面积排第三位,2012 年为 26.64 万 hm²,占世界总收获面积的 7.67%,相比 1980 年增长了 14.99%。非洲的西瓜收获面积从 1980 年的 12.76 万 hm² 增长到 2012 年的 24.71 万 hm^2，占世界西瓜收获面积的 7.11%，年均增长速度为 2.09%。大洋洲的西瓜收获面积虽然增长较快，但在世界西瓜生产中占的比例非常低（图 1-4）。

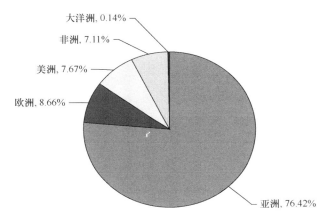

大洋洲, 0.14%
非洲, 7.11%
美洲, 7.67%
欧洲, 8.66%
亚洲, 76.42%

图 1-4　2012 年各大洲西瓜收获面积分布图

从西瓜产量上看，亚洲的产量同样是最大，2012 年，亚洲西瓜产量占世界西瓜总产量的 83.32%，是重要的西瓜生产区。与收获面积方面的排名不同，美洲的西瓜产量高于欧洲，为 614.13 万 t，占世界西瓜总产量的 5.83%，排名第二。非洲的西瓜产量为世界第三，占世界西瓜总产量的 5.65%。欧洲的西瓜产量为 533.47 万 t，占世界西瓜总产量的 5.06%。大洋洲的西瓜产量在世界西瓜生产中份额依旧很小，仅为 0.14%（图 1-5）。

2. 世界西瓜生产区分布

从世界各西瓜主产国的生产情况看，根据 2010~2012 年的平均数据，年产西瓜超过 100 万 t 的国家有 10 个，按产量排序依次为中国、土耳其、伊朗、巴西、美国、埃及、阿尔及利亚、俄罗斯、乌兹别克斯坦和哈萨克斯坦。具体来说，世界西瓜的分布大致可以分为以下产区（表 1-2）。

（1）东亚产区。东亚产区无论是从收获面积还是产量来看均属于世界最大西瓜产区，其西瓜收获面积和产量分别占世界西瓜总收获面积和总产量的 53.53% 和 67.72%。东亚西瓜产量最多的是中国，而且中国也是世界上最大的西瓜生产国。1981 年中国的西瓜产量占世界总产量的 22.7%，到 1991 年上升为 33.5%，

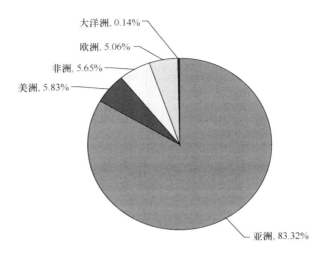

图 1-5 2012 年各大洲西瓜产量分布图

表 1-2 2010～2012 年世界西瓜生产区分布情况（引自赵姜等，2014）

区域		收获面积/万 hm²	比例/%	产量/万 t	比例/%
世界		347.30		10 537.23	
东亚产区		185.92	53.53	7 135.60	67.72
地中海沿岸产区	土耳其	16.50	4.75	404.42	3.84
	伊朗	14.50	4.18	380.00	3.61
	埃及	6.31	1.82	187.47	1.78
美洲产区		26.64	7.67	614.13	5.83
独联体产区		34.76	10.01	450.14	4.27

到 2002 年中国的西瓜产量已经占到世界总产量的 69.3%。2002～2012 年，中国的西瓜产量在世界总产量中始终占据 60%以上，基本保持稳定。东亚产区其余西瓜生产国比较分散，商品性不强，规模也较小。

（2）地中海沿岸产区。地中海位于欧、亚、非三大洲之间，是世界上最大的陆间海，南面是非洲干旱的热带沙漠气候，北面是欧洲湿润的阔叶林气候，地中海处于过渡地区，形成了冬季温暖多雨、夏季炎热干燥的地中海气候，基本上适宜西瓜的生长，是世界西瓜第二大生产区。本产区以土耳其西瓜产量最高，伊朗次之，埃及、阿尔及利亚和希腊等也是主要西瓜生产国。土耳其是地中海沿岸产区西瓜收获面积最大的国家，年产西瓜 400 万 t 左右，居世界第二位。伊朗年产西瓜 380 万 t,居世界第三位。埃及属于典型的地中海气候,自古就有种植西瓜的传统,年产西瓜 180 万 t 左右,居世界第六位。

(3)美洲产区。美洲产区主要指北美洲和南美洲各国,西瓜收获面积和产量分别占世界西瓜总收获面积和总产量的 7.67% 和 5.83%。美国是重要的西瓜生产国,年产西瓜约 180 万 t,居世界第五位,美国西瓜产区主要分布在得克萨斯州、佐治亚州和佛罗里达州等亚热带气候范围,以及典型地中海气候的加利福尼亚州,比较适宜西瓜生长。南美洲西瓜产区指美国以南的中美和南美产区,主产地有巴西、墨西哥和阿根廷等,其中巴西为该产区西瓜产量最多的国家,年产西瓜 200 万 t 以上,居世界第四位。墨西哥气候复杂,境内多山,北部位于亚热带,南部属于热带,年产西瓜约 100 万 t,居世界第十位。

(4)独联体产区。独联体是由苏联大多数共和国组成的进行多边合作的独立国家联合体,其西瓜收获面积和产量分别占世界西瓜总收获面积和总产量的 10.01% 和 4.27%。该区域的西瓜产区主要包括中亚的乌兹别克斯坦、哈萨克斯坦等国和东欧的俄罗斯等国。其中俄罗斯的西瓜收获面积和产量最大,其次是乌兹别克斯坦。

二、世界甜瓜生产现状与区域分布

甜瓜作为世界重要的水果作物之一,在世界五大洲均有种植,主要分布范围从北纬 65° 左右到南纬 23° 左右。自 20 世纪 90 年代以来,世界甜瓜产业进入快速稳步发展时期,甜瓜的产量、收获面积和产值都不断攀高。联合国粮食及农业组织统计数据库(FAOSTAT)统计数据显示,2012 年世界十大水果中甜瓜的收获面积和总产量分别位居第五位和第七位。

(一)世界甜瓜生产现状

1. 生产总量与收获面积持续增长

世界甜瓜总产量从 1961 年的 699.3 万 t 增长到 2013 年的 2946.25 万 t(图 1-6),52 年间产量增长了 321.31%,年均增长率达到 2.80%;世界甜瓜收获面积从 1961 年的 62.7 万 hm^2 扩大到 2013 年的 118.53 万 hm^2,扩大了 89.04%;世界甜瓜单产从 1961 年的 11.15t/hm^2 增长到 2013 年的 24.86t/hm^2,年均增长率为 1.55%(图 1-7);甜瓜收获面积的增长速率远低于产量和单产的增长水平,说明生产技术进步是甜瓜产量增长的主要因素。从世界甜瓜的发展阶段来看，20世纪80年代以前，世界甜瓜的产量和收获面积基本保持平稳，甜瓜产量保持在700万～800万t，收获面积保持在60万hm^2左右。而80年代之后随着居民收入水平的不断提高，人们对于水果的消费量也呈现出不断扩大的趋势，世界甜瓜产量和收获面积都呈现出较快的增长趋势，1981～2011年，甜瓜产量增加了210.18%，收获面积增加了84.60%，单产从14.19t/hm^2增加到23.85t/hm^2，提高了68.08%。自2011年之后又基本维持稳定。

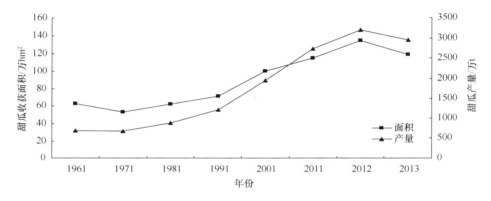

图1-6　1961～2013年世界甜瓜产量和收获面积

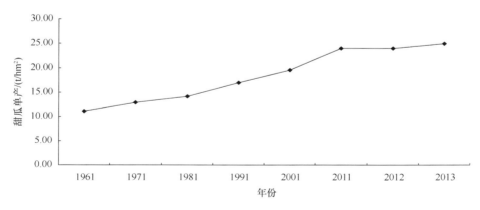

图1-7　1961～2013年世界甜瓜单产

2. 甜瓜在世界水果中的地位

根据联合国粮食及农业组织统计数据库（FAOSTAT）公布的数据，2013 年全球甜瓜的收获面积为 118.53 万 hm²，占水果总收获面积的 1.84%，在水果中居第 12 位；甜瓜产量为 2946.25 万 t，占水果总产量的 3.61%，居第八位。可见甜瓜产量的排名和占水果产量的份额均高于收获面积的排名和占水果收获面积的份额，这是由于甜瓜的单产为 24.86t/hm²，高于收获面积较大的芭蕉、芒果、山竹、番石榴、苹果、香蕉和柑橘，居水果单产第四位（表 1-3）。

表 1-3　2013 年世界甜瓜生产在水果生产中的地位

排名	品种	收获面积/万 hm²	占水果比例/%	品种	产量/万 t	占水果比例/%	品种	单产/（t/hm²）
1	葡萄	715.52	11.13	西瓜	10 927.87	13.40	西瓜	31.32
2	芭蕉	547.21	8.51	香蕉	10 671.42	13.09	木瓜	28.16
3	芒果、山竹、番石榴	544.14	8.46	苹果	8 082.25	9.91	葡萄	25.72
4	苹果	521.76	8.11	葡萄	7 718.11	9.47	甜瓜	24.86
5	香蕉	507.90	7.90	柑橘	7 144.54	8.76	菠萝	24.19
6	柑橘	408.00	6.35	芒果、山竹、番石榴	4 330.01	5.31	草莓	21.40
7	西瓜	348.92	5.43	大蕉	3 787.78	4.65	蔓越莓	21.05
8	橙子	289.34	4.50	甜瓜	2 946.25	3.61	香蕉	21.01
9	李子	266.08	4.14	橙子	2 867.82	3.52	柑橘	17.51
10	梨	176.70	2.75	梨	2 520.38	3.09	苹果	15.49
11	桃	153.82	2.39	菠萝	2 478.58	3.04	柠檬	15.16
12	甜瓜	118.53	1.84	桃	2 163.90	2.65	梨	14.26

数据来源：根据 FAOSTAT 计算，其中，芒果、山竹、番石榴 3 种水果是放在一起做统计的

3. 甜瓜主要生产国

从世界甜瓜的主要生产国来看，2001 年以来，世界甜瓜的主要生产国基本保持稳定。世界五大甜瓜主产国分别是中国、土耳其、伊朗、埃及和美国。中国一直保持着世界最大甜瓜生产国的优势地位，至 2012 年，中国的甜瓜产量达到 1750 万 t，是土耳其、伊朗、埃及和印度 4 个国家甜瓜产量总和的 3.39 倍。2012 年，美国甜瓜产量首次低于印度而跌出前五位。西班牙、印度、摩洛哥和墨西哥在世界第五至十位波动。

2001 年 CR_1 值为 49%，到 2012 年提升为 55%，2001～2012 年，世界甜瓜

产量中中国占有量保持在一半的水平，占据世界甜瓜生产的相对优势地位。CR_5 从 2001 年的 70%维持至 2012 年的 71%，表明前五位的生产国产量达到世界产量的七成，且中国、土耳其、伊朗三国始终保持在前五位的水平。CR_{10} 自 2001～2012 年一直维持在 80%的水平，表明世界前十位的国家甜瓜产量占据主导优势（表 1-4）。

表 1-4　世界主要甜瓜生产国（引自王琛等，2016）　　（单位：万 t）

排名	2001 年		2005 年		2012 年	
	国家	产量	国家	产量	国家	产量
1	中国	1180.1	中国	1305.1	中国	1750.0
2	土耳其	177.5	土耳其	182.5	土耳其	170.8
3	美国	123.8	伊朗	158.4	伊朗	145.0
4	伊朗	108.2	美国	117.9	埃及	100.8
5	西班牙	98.4	西班牙	108.7	印度	100.0
6	埃及	85.7	摩洛哥	64.9	美国	92.5
7	印度	70.7	印度	64.1	西班牙	87.1
8	意大利	53.6	意大利	61.2	摩洛哥	71.8
9	墨西哥	53.6	墨西哥	58.0	巴西	57.5
10	摩洛哥	45.9	埃及	56.5	墨西哥	57.4
市场集中度/%	CR_1	0.49	CR_1	0.49	CR_1	0.55
	CR_5	0.70	CR_5	0.70	CR_5	0.71
	CR_{10}	0.83	CR_{10}	0.81	CR_{10}	0.82

（二）世界甜瓜区域分布

从世界各大洲甜瓜产量的分布情况来看，由于受到地缘和气候条件因素的影响，甜瓜生产的世界地理分布相对集中。亚洲是全世界最重要的甜瓜主产区，其甜瓜产量一直在世界甜瓜生产中位列第一。2013 年世界甜瓜总产量为 2946.25 万 t，亚洲为 2129.66 万 t，占世界甜瓜总产量的 72.28%；其次，美洲为 399.59 万 t，占 13.56%；非洲为 206.80 万 t，占 7.02%；欧洲为 200.67 万 t，占 6.81%；大洋洲为 9.54 万 t，占 0.32%（图 1-8）。虽然近几年来，欧洲、美洲和非洲甜瓜产量的增长速度较快，但是其产量在世界甜瓜总产量中所占份额仍然非常小。

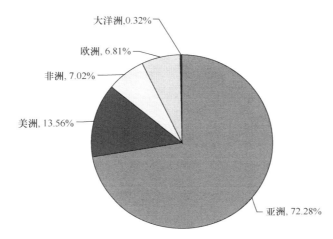

图 1-8 2013 年世界甜瓜产量洲际分布

第二节 我国西甜瓜生产现状与区域分布

一、我国西甜瓜产业发展现状

（一）生产持续保持稳定增长

2014 年全国西瓜收获面积达到 185.2 万 hm^2，是 1995 年的 2.14 倍，20 年间年均增长率为 4.09%；西瓜总产量达到 7484.3 万 t，是 1995 年的 4.37 倍，20 年间年均增长率为 8.07%；西瓜单产为 40.41t/hm^2，是 1995 年的 2.05 倍，年均增长率为 3.84%。由此可见，西瓜产量的增长幅度是其收获面积的两倍多，农业科技投入致使单产增加是主要原因。从西瓜生产的发展历程来看，西瓜收获面积在 20 世纪 90 年代上升最快，21 世纪初收获面积达到最大，之后基本趋于稳定。西瓜总产量至 20 世纪初达到 5000 万 t 以上，之后基本每经历一个"五年计划"就增加 1000 万 t。

2014 年全国甜瓜收获面积达到 43.9 万 hm^2（图 1-9），是 1995 年的 2.6 倍，20 年间年均增长率为 5.16%；甜瓜总产量达到 1475.8 万 t，是 1995 年的 4.83 倍，20 年间年均增长率为 8.64%；甜瓜单产为 33.62t/hm^2，是 1995 年的 1.85 倍，年均增长率为 3.29%。由此可见,甜瓜产量的增长幅度也远高于其收获面积的增长,且甜瓜收获面积和产量的增长幅度均高于西瓜。从甜瓜生产的发展历程来看,甜瓜收获面积在 1997 年之前稳定在 16 万 hm² 左右,1998~2002 年增速最快,年均增长率为 16.55%,达到 36.68 万 hm²,之后的 5 年一直维持在 35 万 hm² 左右,"十一五"末至"十二五"期间又出现小幅增长。而甜瓜总产量除 2002~2005年外,一直处于增长阶段。总体上看,西甜瓜产量的增速明显快于收获面积的增速,说明 2000~2014 年西甜瓜的单产得到了显著提高。

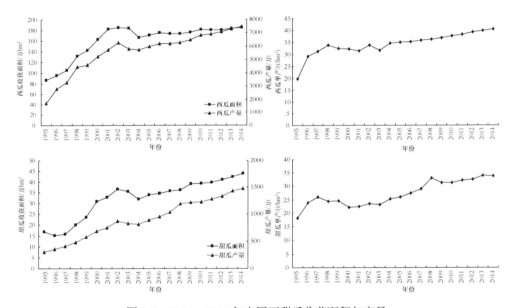

图 1-9   1995~2014 年中国西甜瓜收获面积与产量

（二）主产区优势明显

从 2005~2014 年全国西瓜收获面积的分布来看,始终处于前十位排名的省份分别为河南、山东、安徽、湖南、江苏、湖北、河北（表 1-5）。西瓜产量始终处于前十位排名的省区分别为河南、山东、安徽、河北、江苏、湖南、湖北、广西（表 1-6）。其中河南、山东和安徽无论是西瓜收获面积还是产量始终保持在全国前三位,以上三省的西瓜收获面积约占全国的 35%,西瓜产量约占全国的 45%,表明其西瓜单产高于全国平均水平,栽培技术水平较高。宁夏主要以生产砂田西瓜为主，自 2008 年以来，其砂田西瓜收获面积也跻身全国前十位，约占全国西瓜总收获面积的 4%，而其西瓜产量却在全国前十位之外，表明其西瓜单产水平较低，还有较大的提升空间。

表 1-5　2005～2014 年中国西瓜收获面积排名

排名＼年份	2005	2006	2007	2008	2009	2010	2011	2012	2013	2014
1	河南	河南	河南	河南	河南	河南	河南	河南	河南	河南
2	山东	山东	山东	山东	山东	山东	山东	山东	山东	山东
3	安徽	安徽	安徽	安徽	安徽	安徽	安徽	安徽	安徽	安徽
4	江苏	湖南	湖南	湖南	湖南	湖南	湖南	湖南	湖南	湖南
5	湖南	浙江	浙江	浙江	江苏	江苏	江苏	广西	广西	广西
6	浙江	江苏	江苏	江苏	浙江	湖北	广西	江苏	江苏	江苏
7	河北	湖北	湖北	湖北	广西	广西	浙江	湖北	湖北	湖北
8	广西	黑龙江	河北	河北	湖北	浙江	湖北	浙江	浙江	河北
9	湖北	河北	黑龙江	宁夏	宁夏	河北	河北	河北	河北	新疆
10	江西	江西	江西	广西	河北	宁夏	宁夏	宁夏	宁夏	宁夏

表 1-6　2005～2014 年中国西瓜产量排名

排名＼年份	2005	2006	2007	2008	2009	2010	2011	2012	2013	2014
1	河南	河南	河南	河南	河南	河南	河南	河南	河南	河南
2	山东	山东	山东	山东	山东	山东	山东	山东	山东	山东
3	安徽	安徽	安徽	安徽	安徽	安徽	安徽	安徽	安徽	安徽
4	河北	河北	河北	河北	江苏	江苏	河北	河北	河北	河北
5	江苏	江苏	江苏	江苏	河北	河北	江苏	江苏	江苏	江苏
6	湖北	浙江	浙江	浙江	湖南	湖北	湖南	湖南	湖南	新疆
7	浙江	湖北	湖南	湖南	浙江	湖南	湖北	湖北	新疆	湖南
8	湖南	湖南	湖北	湖北	湖北	浙江	浙江	新疆	湖北	湖北
9	黑龙江	黑龙江	黑龙江	黑龙江	广西	广西	广西	广西	广西	广西
10	广西	广西	广西	广西	新疆	新疆	新疆	浙江	浙江	陕西

从 2005～2014 年全国甜瓜产量的变化来看，始终处于前十位的省区是新疆、山东、河南、河北、江苏、黑龙江、内蒙古（表 1-7），其中新疆、山东、河南三省一直保持在全国前三位，占全国甜瓜总产量的 45% 左右。黑龙江在 2005～2008 年一直保持全国甜瓜产量第四的位置，而 2010～2014 年产量有所降低，被

河北所取代。

表 1-7 2005～2014 年中国甜瓜产量排名

排名＼年份	2005	2006	2007	2008	2009	2010	2011	2012	2013	2014
1	山东	山东	河南	新疆	新疆	新疆	河南	新疆	新疆	新疆
2	河南	河南	山东	河南	山东	河南	山东	山东	山东	山东
3	新疆	新疆	新疆	山东	河南	山东	新疆	河南	河南	河南
4	黑龙江	黑龙江	黑龙江	黑龙江	吉林	河北	河北	河北	河北	河北
5	吉林	内蒙古	吉林	吉林	河北	黑龙江	内蒙古	辽宁	黑龙江	内蒙古
6	内蒙古	河北	内蒙古	内蒙古	黑龙江	江苏	江苏	内蒙古	内蒙古	江苏
7	江苏	吉林	河北	河北	江苏	内蒙古	黑龙江	黑龙江	辽宁	辽宁
8	河北	江苏	江苏	江苏	内蒙古	辽宁	辽宁	江苏	江苏	陕西
9	湖北	安徽	湖北	湖北	安徽	吉林	吉林	陕西	陕西	黑龙江
10	安徽	湖北	辽宁	安徽	湖北	安徽	安徽	吉林	吉林	安徽

（三）品种结构进一步优化

优质小型西瓜、薄皮甜瓜与哈密瓜收获面积保持稳定增长，生产品种更突出果实品种特性与栽培抗病性。2012 年西瓜早中熟品种的收获面积和产量分别占全国总收获面积和总产量的 56% 和 59%，小型西瓜单产水平和效益较高，也有增长的趋势。春夏茬西瓜收获面积和产量分别占全国的 96.99% 和 97.01%，总收益占 96.05%；秋冬茬西瓜收获面积和产量分别占全国的 2.61% 和 2.59%，总收益占 2.98%。薄皮甜瓜产量和收获面积均占全国的 55% 以上，虽然单产水平较低，但成本收益率最高。厚皮甜瓜收获面积和产量均占全国的 33% 以上。春夏茬甜瓜收获面积和产量分别占全国的 98.62% 和 98.4%，总收益占 94.78%；秋冬茬甜瓜收获面积和产量分别占全国的 1.38% 和 1.6%，总收益占 5.22%。

（四）栽培模式多样化

市场需求促使西甜瓜栽培方式向合理化方向发展，虽然现阶段露地栽培的面积和产量仍居主导地位，但设施栽培面积也逐步扩大，中拱棚长季节高品质栽培方式在各地发展较快。根据国家西甜瓜产业技术体系信息平台数据可知，2012 年露地栽培的西瓜与甜瓜面积分别达到各自总栽培面积的 58.99% 与 54.69%，产量分别占各自总产量的 55.30% 与 50.09%；小拱棚栽培的西瓜与甜瓜面积分别达到 14.66% 与 10.54%，产量分别占 15.49% 与 10.64%；中大棚栽培的西瓜与甜瓜面积分别达到 25.72% 与 29.85%，产量分别占 28.54% 与 32.59%；日光温室栽培的西瓜与甜瓜面积分别达到 0.64% 与 4.92%，产量分别占 0.67% 与 6.68%。另外，西甜瓜与其他作物的复种、套种模式也进一步扩大，增加了农民的单位面积生产效益。例如，在原有的麦-瓜、瓜-棉等套种模式基础上，又发展了华北和东北地区的保护地栽培的瓜-菜套种模式、长江中下游地区的麦-瓜-稻套种模式、山东省的麦-瓜-棉花套种模式、新疆产区的哈密瓜-棉花套种模式等，都为西甜瓜生产的持续发展和瓜农增收做出了重大贡献。在严重干旱的甘肃中部和宁夏环香山地区，通过压砂进行西甜瓜栽培，作为一种特殊的西甜瓜栽培模式，成为当地干旱地区农民提高经济效益的主要途径，得到了党和国家领导人的高度重视，在中国西甜瓜产业中具有重要意义并占据独特位置。

（五）质量和品牌意识显著提高

全国各地主产区积极开展以提升原产地和品牌形象及注册原产地标志的活动，以瓜为媒，推进当地区域经济的发展。各主产区对西甜瓜产品质量安全重视程度提高，西甜瓜已开始成为多个主产区打造优势农产品的名片，如国家地理标志产品认证、商标注册。同时，部分地区涌现了一批专门从事西瓜和甜瓜精品生产与销售的公司，产品整齐一致而且全部包装上市，在消费者中形成了较好的信誉度。许多农户也通过组织合作社这种形式来注册申请西瓜和甜瓜的品牌，提高产品的知名度。

二、我国西甜瓜区域分布

随着西甜瓜产业的迅速发展，我国根据区域资源优势和生产特点，结合产业发展基础和潜力，突出特色，优化区域布局、种植结构和品种结构，初步形成了优势明显、特色鲜明、布局合理、协调发展的五大优势西甜瓜产区。

（一）黄淮海（春夏）西甜瓜优势区

该优势区涉及黄河流域、海河流域和淮河流域，主要包括北京、天津和山东三省市的全部地区，河北及河南两省的大部分地区。该区域为传统的西甜瓜产区，是我国最大的西瓜、甜瓜集中产区；种植品种与栽培方式多样化；生产区域化趋势明显，产业化发展初具规模；距离大城市较近，交通便捷，适宜发展设施生产。该产区目前采取适当控制栽培面积、稳中有降原则，正在逐步减少中晚熟露地栽培面积,并将其中部分面积改成小拱棚半覆盖早熟栽培,使其部分产品提前上市,以减轻过于集中上市造成的压力。2014 年该产区栽培西瓜面积和产量分别为 59.20 万 hm² 和 3159.03 万 t,分别占全国的 31.96% 和 42.21%;甜瓜栽培面积和产量分别为 12.44 万 hm² 和 534.61 万 t,分别占全国的 28.34% 和 36.23%(图 1-10~图 1-13)。

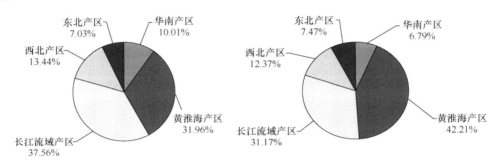

图 1-10　2014 年中国西瓜栽培面积区域分布　　图 1-11　2014 年中国西瓜产量区域分布

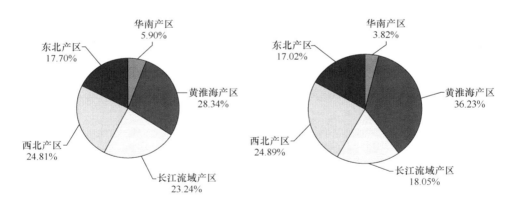

图 1-12　2014 年中国甜瓜栽培面积区域分布　　图 1-13　2014 年中国甜瓜产量区域分布

(二)长江流域(夏季)西甜瓜优势区

该优势区包括西藏、四川、云南、重庆、湖北、湖南、江西、安徽、江苏、浙江、贵州和上海 12 个省(自治区、直辖市)。该区域设施栽培发展迅速,生产向区域化、规模化方向发展;经济基础较好,农民生产积极性较高;无籽西瓜产业优势明显，与普通西瓜相比，生产效益显著提高。2014 年该产区西瓜收获面积和产量分别为 69.57 万 hm^2 和 2332.82 万 t，分别占全国的 37.56%和 31.17%；甜瓜收获面积和产量分别为 10.20 万 hm^2 和 266.45 万 t，分别占全国的 23.24%和 18.05%，成为全国西瓜生产第二大产区和甜瓜生产的第三大产区。

（三）西北（夏秋）西甜瓜优势区

该优势区包括陕西、甘肃、青海、宁夏、新疆。西北压砂西甜瓜种植已有近百年的历史，目前已成为西北干旱地区带动农民脱贫致富、增收减灾的新兴绿色产业。该区域大部分地区干旱少雨，无霜期短，昼夜温差大，日照时数长，非常适宜瓜类作物生长；压砂西甜瓜具有个大汁多、甘甜如蜜、果肉鲜嫩、营养丰富、富含硒等特点，深受市场欢迎，品牌效应逐渐形成，产品市场不断扩大，随着种植技术的不断提高，压砂西甜瓜产业发展势头强劲。2014 年该产区西瓜收获面积和产量分别为 24.89 万 hm^2 和 925.57 万 t，分别占全国的 13.44%和 12.37%；甜瓜收获面积和产量分别为 10.89 万 hm^2 和 367.29 万 t，分别占全国的 24.81%和 24.89%，成为全国西瓜生产第三大产区和甜瓜生产的第二大产区。

（四）东北（夏秋）西甜瓜优势区

该优势区包括辽宁、吉林、黑龙江，以及内蒙古呼伦贝尔市、兴安盟、通辽市、赤峰市和锡林郭勒盟（统称蒙东地区）。该区域甜瓜生产历史悠久，土质肥沃，有显著的温带大陆性季风气候特点，气候适宜，自然条件优越，是我国薄皮甜瓜中晚熟品种的最大商品生产区；生产基地规模大，品种资源丰富，商品瓜供应充分，消费市场旺盛，市场营销和合作组织比较发达，产业化优势明显。2014 年该产区西瓜收获面积和产量分别为 13.03 万 hm^2 和 558.73 万 t，分别占全国的 7.03%和 7.47%；甜瓜收获面积和产量分别为 7.77 万 hm^2 和 251.15 万 t，分别占全国的 17.70%和 17.02%，成为全国第四大西甜瓜生产区。

（五）华南（冬春）西甜瓜优势区

该优势区包括广东、广西、海南、福建。该区域热量充足，光照条件好，冬春季（11 月至翌年 3 月）比较干旱，非常适宜西瓜的生长；产业基础较好，反季节优势明显，销售市场广阔；西瓜品质较好，种植收益较高。2014 年该产区西瓜收获面积和产量分别为 18.54 万 hm^2 和 508.12 万 t，分别占全国的 10.01%

和 6.79%；甜瓜收获面积和产量分别为 2.59 万 hm^2 和 56.33 万 t，分别占全国的 5.90%和 3.82%。

第三节　国内外西甜瓜水肥管理研究进展

一、西甜瓜养分需求规律与优化施肥技术研究

作物养分需求规律的研究是优化施肥技术的基础，优化施肥可显著提高西瓜的产量、品质及抗逆性。美国各州及美国农业部的农业科研机构积累了大量关于不同地区和不同作物的、不同肥料使用方法的资料，并且几乎每个州立大学都设有一个土壤分析实验室，其主要目的是为农民优化施肥提供依据。西班牙学者 Castellanos 等（2012）在滴灌方式下对氮素在甜瓜体内浓度和吸收效率变化的研究结果显示，移栽初期叶片是整个甜瓜植株中氮素含量最高的器官，移栽后 34～41 天，叶片中的氮素浓度明显降低，是最高含量的 40%～50%，而最高的氮素吸收率出现在移栽后 30～35 天和 70～80 天。通过分析产量和品质对氮素的响应，认为最适宜的氮肥施用量为 90～100kg/hm^2，其间氮肥利用率是最高的，果实中的氮素含量达到 60kg N/hm^2，整个植株中的总氮素含量为 80kg N/hm^2。另外，Contreras 等（2012）研究表明，在地中海地区温室砂石覆盖栽培模式下，甜瓜的优化氮肥、钾肥施用量分别为 220kg/hm^2 和 355kg/hm^2；Uwah 等（2010）在尼日利亚进行的西瓜氮磷肥配施试验结果表明，氮肥、磷肥的最佳施用量分别为 120kg/hm^2 和 34kg/hm^2。

国内甘肃省农业科学院、华中农业大学和新疆农业科学院对西甜瓜养分需求规律和优化施肥技术做了较为系统的研究。甘肃省农业科学院自 2009 年承担国家西甜瓜产业技术体系土壤肥料岗位项目以来，连续 7 年致力于西甜瓜水肥高效利用技术的研究，通过氮、磷、钾单因子和双因子及"311-B"D 饱和最优设计基本确立了甘肃旱区和灌区的西甜瓜的养分需求规律和优化施肥量。研究结果表明，旱砂田西瓜氮、磷、钾吸收比例在苗期为 1：0.08：0.7，伸蔓期为 1：0.07：0.54，坐果期为 1：0.03：0.70，坐果后至成熟期为 1：0.1：1.06；旱砂田西瓜陇抗九号的氮、磷、钾最优施肥量分别为 200kg/hm^2、170kg/hm^2 和 260kg/hm^2，相应的 N、P_2O_5、K_2O 比例为 1：0.85：1.3，在施氮量相同的条件下，以基肥氮 30%、伸蔓期追肥氮 30%和膨果期追肥氮 40%的氮肥运筹方式效

果最佳。绿洲灌区大田甜瓜的产量、可溶性固形物含量和经济效益影响顺序为氮＞钾＞磷，高产、优质、高效益的施肥方案为：施氮量 260.22～263.64kg/hm²，施磷量 133.03～134.08kg/hm²，施钾量 87.53～88.52kg/hm²。华中农业大学研究表明，湖北省西瓜主栽品种京欣 1 号的优化施肥方案为：N 360kg/hm²，P_2O_5 150kg/hm²，K_2O 480kg/hm²。新疆农业科学院研究表明，哈密瓜的优化施肥方案为：N 225kg/hm²，P_2O_5 140kg/hm²，K_2O 150kg/hm²。

二、西甜瓜水肥一体化技术研究

滴灌施肥是将施肥与灌溉结合在一起的一项精准农业技术，能定量地为作物供给水分和养分并维持适宜的水分和养分浓度，显著提高作物的产量和水肥利用效率，使该技术的应用日趋广泛。Gonsalves 等（2011）在巴西对西瓜水肥一体化的研究表明，钾肥用量为 60kg/hm² 时取得的水分利用率最大，西瓜产量与不同的肥料浓度和种植密度间存在重要联系，氮肥、钾肥施用量分别为 79.5kg/hm² 和 88.5kg/hm² 时，即可得到最高的产量。Sharma 等（2014）和 Miller 等（2014）研究表明，分别在西甜瓜种植中采用膜下滴灌水肥一体化措施，钾肥的供应量可以降低 40%，总体上可以节省 29%的肥料。

国内西甜瓜水肥耦合技术的研究不仅涉及设施或灌区栽培，在旱区实施以少量补灌为基础的水肥耦合技术，对减轻干旱胁迫、促进西甜瓜增产及肥料的高效利用也具有积极的作用。甘肃省农业科学院针对旱区砂田西瓜和灌区甜瓜分别进行了水肥耦合技术的研究，研究表明，旱砂田西瓜在注水量为 105m³/hm²、施氮量为 120kg/hm² 时，较传统施肥的对照西瓜增产 40%，且氮肥利用率提高了 50%，节肥率为 40%。而河西灌区甜瓜的优化水肥组合为灌水量 2700m³/hm²，施氮量 240kg/hm²，在此水氮组合下，甜瓜产量较高，品质较优，且土壤硝态氮淋溶较少。宁夏大学在砂田采用膜下小管出流的灌水施肥方式，分别研究了砂田西瓜、甜瓜的优化水肥方案，结果表明，采用膜下小管出流水肥耦合技术，砂田西瓜、甜瓜平均增产率和节肥率均达到 30%以上。西北农林科技大学分别研究了设施温室条件下西瓜和甜瓜的滴灌水肥耦合技术，提出西瓜的优化水肥组合为灌水量 900m³/hm²，施肥量为 N 163.05kg/hm²+P_2O_5 66.85kg/hm²+K_2O 202.18kg/hm²；甜瓜的优化水肥组合为灌水量 2562m³/hm²，施肥量为 N 320kg/hm²+P_2O_5 132kg/hm²+K_2O 543kg/hm²，较传统种植模式的节水率和节肥率均达到 30% 以上。

三、西甜瓜新型肥料研制与应用

近年来，国外根据不同作物需肥特征及施肥条件，对新型高效肥料的研究非常多，主要包括复合肥、缓控释肥、水溶性肥料和生物有机肥等。复合肥由于同时存在多种养分，因此可使植物易于得到所需的多种养分，加上植物根系发达，从而增进植物对不同养分的吸收和利用，更有利于植物的生长。复混肥料的生产是施肥配方和施肥技术的物化过程，是实现农业平衡施肥的技术载体，引起了世界各国的普遍重视，得到了迅速的发展。美国把复合肥料和混合肥料统称为复混肥料，美国复混肥料占肥料总消费量的 46%。在美国的影响下，爱尔兰、加拿大、巴西主要采用复混肥料技术，复混肥料在南美洲一些国家、欧洲国家、日本、非洲也有一定影响。

我国从 20 世纪 80 年代开始重视发展复合、混合肥料，迄今我国的化肥复合化率已经达到 33%，作物专用复合、混合肥料几乎涵盖全国主要土壤类型和作物。已有研究表明，含二甲基吡唑磷酸盐（DMPP）复合肥可以显著提高西瓜产量，与对照（普通化肥）相比，西瓜产量分别显著提高了 6.50%（浙蜜 1 号）和44.55%（浙蜜 2 号）；西瓜的硝酸盐含量与对照相比，分别降低了 2.42%（浙蜜1 号）和 10.70%（浙蜜 2 号）；西瓜的糖分、可溶性固形物、维生素 C（V_C）、氨基酸、氮素等含量都明显提高，从而提高西瓜的营养品质。

国外缓控释肥的研究起步较早，在日本、美国、德国、西班牙、英国、法国等发达国家已进行了好几十年，发展迅速，尤其在日美两国更为突出，各国都形成了各自特色的产品。美国的包膜控释肥以包硫尿素为主、并大多与速效肥掺混使用。日本的控释肥以聚合物包膜复混肥料为主，聚合物包硫尿素为辅，并大多是以几种不同释放速率的包膜肥掺混。欧洲各国侧重于微溶性含氮化合物缓释肥料的研究，印度结合本国特点开发了丙酮提取本国栋树仁中脂质的方法，用于包膜尿素。国内应用缓控释肥料在西甜瓜生产方面也进行了大量的研究工作，甘肃省农业科学院研究表明，较普通尿素，缓/控释氮肥可以不同程度地提高甜瓜开花期叶片的叶绿素含量、净光合速率、氮素含量和根系活力，效果表现为化学型缓/控释氮肥［亚甲基脲（MU）、异丁叉二脲（IBDU）、脲甲醛（UF）］优于物理型缓/控释氮肥［树脂包膜（ESN）、硫包衣尿素（SCU）］。西北农林科技大学和山东农业大学也分别研究表明，对西瓜施用不同控释肥可显著提高产量，改善品质，降低养分损失，提高养分利用率。

　　水溶性肥料是一种可以完全溶于水的多元复合肥料，它能迅速地溶解于水中，养分更易被作物吸收，且吸收利用率相对较高，可应用于喷施、喷灌、滴灌，实现水肥一体化，省水、省肥、省工。国外对水溶性肥料的研究较早，在国外，水溶性肥料目前已被广泛用于温室中的蔬菜、瓜果及大田作物的灌溉施肥。近年来，水溶性肥料在我国也得到了迅速的发展，在农作物生产上的应用效果一直是研究的热点，各种类型的肥料均逐渐被开发和应用，其中在根系浅、养分需求强度大的果类蔬菜生产中应用最为广泛。不同水溶性肥料在西甜瓜上的应用研究表明，对热带设施甜瓜叶面喷施水溶性肥料能提高甜瓜叶片叶绿素含量和叶片面积，进而提高产量和品质；另外，对热带地区甜瓜喷施有机硅肥也可提高甜瓜产量和品质。大量元素水溶性肥料和含腐殖酸水溶性肥料对西瓜增产效果明显，对主脉长度、茎粗和果重等植物学性状的增长均有较明显的促进作用。姜秀芳等（2015）开展了不同冲施肥配方对西瓜肥效的研究，得出配方 $N：P_2O_5：K_2O=24：6：20$ 处理的西瓜产量和效益较高，比对照增产 22.91%，增收 3974 元/hm^2。

　　生物有机肥是一种含有微生物和有机质及多种养分的复合肥料，施用微生物肥料对于减少化肥用量、培肥地力、减少农业面源污染、发展绿色农业、促进农业可持续发展具有重要意义。Jerry 和 Charles（2015）认为，生物肥料是下一个农业革命的基础，全球耕地面积的持续减少可能会限制将来农业的发展，而通过提高土壤生物活性可以提高土壤的生产能力。美国、澳大利亚、新西兰、日本、意大利、奥地利、加拿大、法国、荷兰及非洲的一些国家研究、生产和应用微生物菌肥，不仅应用面积不断扩大，而且应用的微生物种类繁多。近年来，南京农业大学就西瓜生物有机肥方面做了大量深入的研究，其研究结果表明，施用生物有机肥，土壤的过氧化氢酶活性均比对照低，刺激了土壤脲酶活性，激发了连作土壤的有益微生物活性，显著改善了西瓜根际土壤微生物区系，培育了发达的西瓜根系，显著改善和调节了连作西瓜的生长情况，对西瓜枯萎病有防治潜力。

四、西甜瓜化肥替代技术研究

　　化肥的大量施用不仅带来了土壤盐碱化、水体富营养化、温室气体排放等环境污染，而且造成了自然资源的浪费并影响到了食品质量安全。因此，近年来化肥替代技术成为国外生态农业研究的热门。其中研究最多的是用有机肥（农家肥、农作物秸秆、绿肥等）来替代部分化肥。美国在世界上率先倡导了"有机农业""生态农业"，此类农业的共同之处就是反对在农场施用化肥、农药，强调将生态环境保持放在第一位，试图用绿肥、秸秆替代化肥。在巴西有 9 万 hm^2 的西瓜栽培在砂土上，水土流失是制约当地西瓜产业可持续发展的瓶颈因素。最近的研究表明，在西瓜收获后种植羽扇豆，由于能够生产更多的生物量来覆盖土壤，有效降低土壤侵蚀程度，并且增加土壤有机质，促进养分循环，改善土壤的物理结构，促进西瓜根系的发育和养分的吸收，显著提高西瓜的产量，因此羽扇豆可以作为当地西瓜种植最优的绿肥选择。

广泛地利用现有的农业资源，用于化肥替代技术研究目前成为国内肥料科学的一个热点。南京农业大学通过施用不同有机肥对西瓜产量和品质影响的研究表明，施用羊粪能够提高西瓜产量，同时促进氮素吸收及其向果实中的分配，提高西瓜的可滴定酸含量；施用豆粕有机肥能够提高西瓜可溶性糖含量和糖酸比，降低可滴定酸含量；另外，施用有机肥能显著提高土壤酶活性，从而提高土壤肥力。福建省农业科学院研究表明，紫云英翻压可减少20%～40%的化肥用量，较常规施肥，对西瓜产量无显著影响，但提高了西瓜中心糖度及边缘糖度，其中心糖度显著提高了 9.6%～14.7%。青岛农业大学及其他省市级单位对秸秆生物反应堆技术进行了相关研究，结果表明，该技术能够增加环境 CO_2 浓度、空气温度和地温，活化秸秆和土壤中的养分，改善西瓜作物根系微生物和土壤理化性状，使西瓜增产 20%，减少化肥、农药的使用量，显著提高经济效益，具有很高的推广价值。

第二章　砂田的起源与作用

砂田是我国西北干旱、半干旱地区独特的、传统的抗旱耕作方式，是广大劳动人民在干旱少雨及盐碱不毛之地的长期耕作实践中创造出来的旱农耕作形式，属土壤覆盖和水土保持方法之一。实践证明，砂田具有降低土壤水分蒸发量、减少地表径流量、提高土壤温度、促进水分入渗、阻止水土流失和土壤次生盐渍化的作用，对我国西北旱区的农业生产和生态环境保护意义重大。

第一节　砂田的概念与起源

一、砂田的概念

砂田也谓"铺砂地"或"石子田"，是利用河湖沉积或冲积作用产生的卵石、砾、粗砂和细砂的混合体或单体作为土壤表面的覆盖物，根据自然环境和种植目的的不同要求，在土地表面铺设厚度不同（5～15cm）的覆盖层，并应用一整套特制的农具和耕作种植技术，种植大田作物、蔬菜和瓜果的一种抗旱耕作方式，在我国农业生产中作为土壤覆盖的一种类型具有独特的价值。

二、砂田的起源

长期以来，关于甘肃砂田的起源问题一直被人们所争议，意见颇为不同，众说纷纭，有的说起源于两千年前，有的说起源于两三百年前的清代。据近年来西北农学院农史研究者李凤岐和张波（1982）考证，从甘肃农业发展的历史实际看，甘肃中部历史上长期为少数民族占据的畜牧区，元朝灭亡之后，才逐渐发展为以汉族为主的农耕区，因此说砂田源于两千年前的说法不可信。他们又认为，从历史文献《洮沙县志》中记载的一整套完备的生产工具和耕作技术，包括作物布局、轮作休闲在内的耕作制度来看，在古代历史条件下，砂田完成改进过程，绝非短期之功，将砂田的历史限于两三百年前的清朝是估计不足的。他们的初步结论是，甘肃的砂田应当起始于明代中叶,距今四五百年的历史。而甘肃省皋兰县农牧局的辛秀先(1993)则从甘肃农业生产发展历史、气候植被变迁、文献资料记载等方面进行考证,认为李凤岐和张波(1982)确认甘肃砂田起始于明朝中叶的观点是值得商榷的。

(一)从甘肃农业生产发展历史看甘肃砂田的形成起源

甘肃砂田的形成起源,与当地农业生产发展历史紧密相关。从甘肃古代农业生产发展情况来看,从 2000 多年前的西汉到 1000 多年前的唐代,甘肃农业中处于优势地位的是牧业生产。《史记》称:"天水、陇西、北地、上郡与关中同俗,然西有羌中之利,北有戎翟之畜,畜牧为天下饶。"广大的西北地区当时主要是牧区,唐代在这里设有马监,牧放官马就达 706 000 匹之多,到天宝元年,马牛驼羊的数目仍有 60 万只。当然,不可否认当时汉族也早已进入这里经营种植业。《隋书·地理志》载"……北地、上郡、陇西、天水、金城……其人勤耕于稼"。仅一"勤"字,足以说明种植业在农业生产中具有一定的地位和规模。宋仁宗时,"西羌之俗,岁时以耕稼为事",这与党项初期只经营畜牧业,而"不知耕稼,土无五谷"形成了鲜明的对比。到李元昊建立西夏前后,甘肃的大部分地区实质上已沦为封建所有制的半农半牧社会,由于受到汉族的影响,该地区人民由昔日游牧迁徙的生活向定居耕稼的生活过渡。元朝灭亡后,才逐步发展到以汉族为主的农耕区。特别是明末清初之后,由于中部地区人口猛增,垦殖指数增高,开垦面积增大,森林草原被破坏,单位面积人口增多,加剧了生态条件的恶化,同时也加快了农业由半农半牧向农耕区的过渡,这是甘肃砂田产生的前提条件。

(二)从甘肃中部地区的气候、植被变迁看甘肃砂田的形成起源

甘肃砂田是抗旱的产物,从甘肃砂田分布的农业气候来看,砂田集中分布在冷温带半干旱区,具有干旱半干旱、半荒漠特征。该区海拔 1400~2500m,年降雨量 180~266mm,年蒸发量 1500~2000mm,年蒸发量是年降雨量的 10 倍左右。总的气候特征是干燥,雨量稀少,水源奇缺,自然灾害十分频繁,尤以旱灾威胁最大。据皋兰县近百年记载,大旱 34 次,小旱 52 次,平均三年一大旱,两年一小旱,素有"十年九旱"之称。"山是和尚头,沟里无水流;十种九不收,人畜饮水愁"是昔日当地生态条件的形象写照。而从甘肃及其中部地区古代气象变迁的情况来看,西汉时期比现在暖而潮湿。史籍记载当时皋兰山上绿草似锦,

黄河两岸，垂柳依依，近山处古木参天，自然灾害很少。西晋至北魏，气候比现在稍冷，旱灾等灾害稍有增加；初唐到北宋，气候又变冷，霜灾及严冬次数迅速增加，无霜期比现在短 20 多天；到了明代，气候又相对转暖，降雨仍较多，旱灾记载较少。据不完全统计，到明代中叶前后，中部地区较普遍性旱灾每百年 4～5 次，水灾 1～2 次；而到明末清初，气候迅速变冷而干燥，降雨量猛然减少，达两千年以来的最低值，各种自然灾害迅速增多。到 18 世纪，尤以旱灾最为突出，每百年旱灾多达 40 余次，平均每 3～9 年甘肃就出现一次普遍大旱，旱灾由局部扩展到全省。这也与以上甘肃农业生产发展的历史相吻合，自明代到清代，甘肃中部地区由林牧区向农耕区的过渡，使原有的大面积草原和森林的破坏在两三百年前达到了灾难性的程度，致使气候剧变，水土流失加重，生态系统失调，干旱频率增加，旱灾程度加重，环境向恶劣方向转化。这是甘肃砂田形成的又一个重要因素。

（三）从历史文献记载追溯甘肃砂田的形成和起源

从文献记载来看，较早而详细记载甘肃砂田的可能是《兰州古今》，"事不知其所自始，而利于厚生为人民无穷之利者，兰州之砂田。初兰州多旱，地质含碱卤，旱则苦，暴则涝，碱出地面，大为农民所苦，继而有砂地之法，取地中深湿之砂均匀铺土田，播种时疏砂而种之，仍覆土上，苗生于土中燠暑，而苗不直受热光，大雨行水具透砂土，碱卤而不能做故，砂田水旱皆无虑力，农之家莫不致于地，铺砂一层可支三十年，年过此而砂老而力竭，不能萌苗，必尽去旧砂而换之，则劳甚费，据俗谚有之曰：苦父饱子，孙子饿死。尽砂地之生产率如此，虽不知始于何人使得其名万户尸祝，夫何愧焉……但历史当非久远"。在《皋兰县新志》中，虽有记载，但也没有明确的起始时间，"北方取山中碎石覆土田上，约五寸余，以蓄水防旱有效，尤能压碱，俗语砂压碱，刮金板，言厚利约二十年，须换铺新砂，否则砂老禾稼少收"。又载："北方地势高燥，土层纯系砂砾，水源缺乏，多数村庄遇旱即困于水，往往在数十里外携取饮料，即有凿井，如秦王川深约数十余丈，二十余丈，始能及泉，而泉水非纯甘，其食卤咸水之村尤胜不枚举。县境大都旱地，幸而有取砂地内之砂铺田面为御旱涝之法，而耕种始成秋收有获，此项砂田足支三十年，三十年后弃旧换新成美田。"而记载最为清楚的是《洮沙县志》，"中部铺石南家乱石湾一带（今巴下、红旗等），距大山非远，地势颇平，山小而谷宽，高地为粘实之淡黄土，地势成斜坡，不易蓄水，谷地均属砾土，水分易透入，也易泄去。又因气候稍干燥，植物之生长，最感不适。自有清咸丰年以来农人渐以科学方法铺大砂、小石于地面，使透入之雨量，为石隔蔽，不能为日光蒸发，生长之量，于以加大，故今登高四顾，砂地万顷，人定胜天，其信然欤"。《甘肃中部之砂田》一书中指出："砂田其源始尚无典籍可考，据乡农流传，系于逊清康熙年间，甘肃大旱，赤地千里，草木俱枯，偶有田鼠做穴土中，带出砂石，滩于地面，而此砂之上，竟有绿色植物生长，引起农民之注意，乃试为仿行，竟有成效，嗣复经改良，遂渐次推广；或有谓肇始于嘉庆年间者。"另外，在甘肃皋兰、永登、景泰等地民间广泛流传着这样的谚语："要问砂田旧来源，话要说到康熙年，只因当时连年旱，百草无籽人受难，一位老人忽发现，苗苗长在鼠洞前，仔细分析仔细看，老鼠淘砂铺洞前，一人传十十传百，铺压砂田渐开展，代代考察代代试，确实保收好经验。"话说清朝康熙年间，秦王川一带连年旱灾，赤地千里，百草无籽，夏田枯死，秋田失种，饥殍盈野，民不聊生，有一位老人在受旱地里鼠洞旁发现了一撮小麦，生长茂盛，经仔细分析，唯有不同的是土壤中含有大量砂砾。据此，老人仿效实验，试行铺砂，几经改良，粮食产量倍增，为防旱抗灾独创了一条有效途径。同时，在秦王川一带民间广泛流传着"此地原来是荒滩，祖先明末才种田"的歌谣，当地的人几乎都是明末清初从陕西等地移居到本地。明末之前，此地都属荒滩草原，以少数民族经营畜牧业为主，如今在皋兰县文山等村还有明末清初少数民族经营畜牧业时居住的"蕃拉牌"（石炭下的山洞）。

由此可见，砂田的起源在其必然性前提下又有其偶然性，是两者的结合。甘肃砂田以当地自然生态条件为背景，以干旱少雨的农业气候为特点，以防旱抗旱为目的，以丰富的砂石土砾为资源，以农业生产发展为动力，这是其起源和发展的必然条件；另外，根据文献记载，明、清时期，甘肃中部地区尚且处于由林牧区向农耕区的过渡时期，那时还没有地面覆盖和免耕农业的概念，因此，"老鼠淘砂铺洞前"的传说也存在合理性，成为砂田起源的偶然因素。甘肃砂田起源于清朝，已有两三百年的历史，起源地可能在永登与景泰交界处的秦王川一带，较砂田起源于两千年前和明朝中叶的说法更为确切。

三、砂田分布地区的自然概况

砂田的产生和应用，有一定的自然环境条件和生态条件为背景，主要是由农业气象条件、地貌特征、地质与土壤，以及农业资源和农业生产特点所形成的。

（一）农业气象条件

砂田集中分布区属典型温带干旱、半干旱草原气候区，年平均降水量在180～350mm，年变异率大，季节分布不均匀，7～9月降水量占总降水量的60%以上，冬春干旱，秋季暴雨多。大气干燥，年蒸发量一般为1500～2000mm，年蒸发量最大之处可达3000mm，冬季寒冷，夏季较热，昼夜温差大，平均日较差为13.5℃。无霜期短，一般为150～180天，冬季较长，冻土层厚100cm左右，日照充足，年平均日照时间长达2500h左右，夏季平均每天日照时数长达14h以上。在上述气象条件下，当地植被为荒漠草原型，草少林稀，覆被率在3%以下，到处干山秃岭，水土流失严重，年流失土壤每平方千米5000～9000t。

（二）地貌特征

砂田分布区的地理位置主要集中在甘肃省黄土高原西部，以兰州市为中心的干旱地区。海拔为1400～2500m，地形多丘陵起伏，主要河流有黄河及其支流洮河、祖厉河，诸河之间有皋兰山、积石山蜿蜒盘旋，地形沟壑纵横、梁谷相间，高原、平地、山坡、盆地、河滩兼而有之。大部分地区地下水位低，且水质差，多为高矿化度苦水，难以利用。河床深切，除少数河谷川地和高原有提水灌溉外，广大丘陵山区都是旱作地。

（三）地质与土壤

据资料记载，黄河上游的地质起源于古生代。中生代以后，地壳变化颇为剧烈，地形及河流重新分配，在黄河沿岸及地势较低之处，多有水平的砾石沉积层，至第四纪，冲积层多在宽谷平原之内，以砂土砾石为主，山坡谷口多扇形冲积及散碎的砾石等。第四纪以上即为黄土层，土层的厚度在砂田地区悬殊较大，由一米到几十米不等。

砂田地区的主要土类为灰钙土、草甸土、栗钙土和黄绵土，成土母质为黄土，因此土质疏松，耕性和通气透水性好，风化程度低，矿物养料丰富；但有机质缺乏，结构不良，土壤侵蚀严重，保墒能力差，呈强石灰性反应（土壤pH为7.5～8.5）。

上述地质与土壤条件特点为发展砂田打下了物质基础,如砂源充足、取砂方便,形成了铺砂田的有利条件;土质松软,铺砂后有利于吸水保墒。

(四)农业资源和农业生产特点

砂田主要分布在黄土高原西北部,农业生产的有利条件很多:第一,土地资源丰富,人均占地 10 亩[①]左右;第二,地面为黄土覆盖,土层深厚,透性好,利用得当,有利于农业增产;第三,气候温和,适宜春小麦、糜谷类、马铃薯等粮食作物和蔬菜、油料等经济作物的生长,光照时间较长,日温差较大,有利于作物积累养分,提高各类作物的品质;第四,复杂的地形形成了丰富多样的土地类型,现存荒山、荒坡面积大,为农林牧业和多种经营的发展提供了优越的条件,一些瓜果、蔬菜、滩羊等特产素享盛名。

但这类地区在农业生产上也有许多不利因素,首先是年降水量少,大气干旱,年降水量一般为 140~264mm,除河谷川地有灌溉条件外,大多数土地实行旱作,干旱是农业生产上的主要威胁;其次是地多,土厚,植被稀疏,多数地区耕作方式粗放,施肥水平低,水土流失严重,土壤日趋贫乏。

第二节 砂田的类型与特点

砂田依据有无灌溉条件、砂砾形状与组成、砂田利用年限等可分为多种类型。

一、按有无灌溉条件分类

(1)旱砂田:分布于无灌溉条件的高原或深切的沟谷中,以种植农作物为主,在砂田面积中居绝对优势地位,铺砂厚度一般为 10~15cm,寿命 40~60 年,个别地块也有长达百年左右的。

(2)水砂田:分布于有水源灌溉的地方,覆盖的砂石较薄,一般为 5~7cm。由于灌水带入的泥土较多,复种指数高,每年翻耕的次数多,砂土混合较快,一般使用 3~5 年,需起砂重新铺设,如果精耕细作,也可种植利用 15 年左右。

---

① 1 亩≈666.7m²。

二、按砂砾形状与组成分类

（1）卵石砂田：砂砾来源于冲积的河卵石砾砂，或沉积的砾石层中的卵石砂，由直径 0.5～10.0cm 的卵石和砂砾混合组成，砂砾青色，含土量一般在 5%以下。这种砂层疏松，不易板结，使用年限较长。此类砂田主要分布于甘肃省的皋兰县、永登县、白银市及青海省的民和县，其中甘肃省皋兰县、永登县一带的砂田砾石直径较青海省海东地区民和县一带的要小，且管理更精细。

（2）片石砂田：又称破石砂田，砂砾多来源于洪积砂砾或坡积砂砾，由大小不等、形状不规则的片石、砂砾和约占 15%的细土混合而成，略带青色。这种砂田含土量较大，雨后易板结，渗水性差，不及卵石砂田，利用年限也较短。主要分布于宁夏中卫一带。

（3）绵砂田：砂石来源于河砂或黄土层覆盖下的砂层，砂质均匀，是用直径 1mm 左右的红绵砂铺设而成的，含土量在 10%左右。这种压砂地保墒性能不如卵石砂田和片石砂田，砂层较厚，易受风蚀，极易与土混合，利用年限也短。此种砂田在甘肃中部和宁夏中卫等地均有分布，以种植小麦、糜子、马铃薯等粮食作物为主。

三、按砂田利用年限分类

（1）新砂田：一般旱砂田自铺设后的 1～15 年、水砂田自铺设后的 1～3 年为新砂田，砂砾层含土量少，增温保墒性能好，肥力高、作物产量也高。

（2）中砂田：旱砂田铺设后 15～30 年、水砂田利用 4～5 年称为中砂田，随着砂砾层含土量的增加，增温保墒性能逐渐降低，肥力下降，作物产量不及新砂田高。

（3）老砂田：旱砂田利用 30～60 年、水砂田利用 5 年以上均称为老砂田。此时砂层由于砂土混合严重，砂田的作用和功能渐渐消失，土壤肥力更低，产量远不及新砂田和中砂田，旱砂田常种一年歇一年，靠休闲期的耖砂保墒等措施恢复地力。进入老化期或衰老期后的砂田，已不适合于作物生长，必须"起砂"更新，重新铺砂。

（4）垒砂田：是对老化砂田的一种更新改造，在旱砂田老化后不起砂，又覆盖 6～9cm 新砂的特殊情况。垒砂田虽也能起到更新的作用，将砂田寿命延长 10～25 年，但质量和可利用年限都不及起旧砂后新铺设的砂田，由于砂层太厚，下层土壤阴凉，肥力低，作物产量不如新铺的砂田。甘肃秦王川一带是砂田的起源地，垒砂田的面积最大，砂层最厚，最厚处达到了 45cm，如一层砂按 15cm 计算，其在之前的老化砂田基础上已至少覆盖了两次。

第三节　砂田的作用与效果

砂田是干旱地区广大劳动人民因气候干旱，土壤水分不足，而利用砂砾覆盖土壤，以达到抗旱保墒增产的目的而发明的，而在长期的实践和研究中发现，砂田的作用远不限于保墒，它突出的功能还表现在增温、压碱、水土保持等方面，所以从本质上看，砂田应属于一种具有综合效能的旱作技术。

一、砂田的蓄水保墒作用

砂田具有良好的保水效应，主要是在于它增强了土壤渗水力，抑制了土壤的水分蒸发，从而增加了土壤的水分收入，减少了因蒸发所损失的水分。砂田在增强土壤的渗水力方面，由于土壤表面覆盖了一层疏松的砂砾层，渗水能力强，速度快，全年降水除暴雨外，都可以深入土壤。美国农业部农业研究局和亚利桑那大学的试验研究表明，与土田相比，铺砂砾田的水分渗透率增加了 9 倍；国内研究也表明，在模拟降雨条件下，砂石覆盖土壤的累积产流量一直低于裸土，说明砂石覆盖有利于减少土表降雨产流量（图 2-1）。

另外，土壤表面有砂砾覆盖，土壤水汽向外蒸发时，势必会受到砂砾的阻力，因此有效地降低了土壤表层的水分损失。同时，砂层中的孔隙较大，水从土壤下层运送到土壤表层，难以继续进入孔隙大的砂砾层，这样就切断了土壤毛管水的运动，防止水分上升到砂砾表面而损失。美国亚利桑那大学的实验室和田间研究表明，把直径约 1.9cm 的砾石铺在作物行间的土壤表面上，厚度为 2.54～3.81cm，以未铺砾石的土田为对照，铺砾石的土壤水分蒸发量每天不超过 1.8mm，而对照为 9.2mm。许强等（2009）从 5 月 6 日至 10 月 6 日历经 5 个月对砂田与裸田蒸发量的变化动态进行了研究，结果表明砂田土壤水分蒸发量均低于裸田，在整个观测期间砂田总蒸发量比裸田降低了 28.7%（图 2-2）。

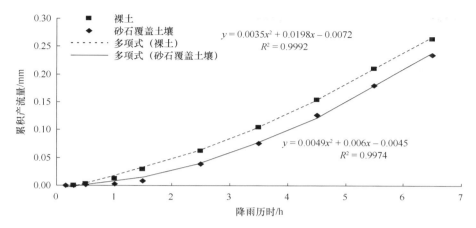

图 2-1　模拟降雨条件下累积产流量与降雨历时间的关系（引自谷博轩等，2011）

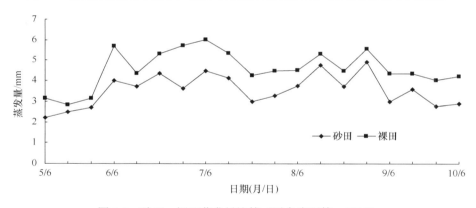

图 2-2　砂田、裸田蒸发量比较（引自许强等，2009）

　　砂田除具有良好的保水效应外，还具有良好的稳定供水特性。作物生长过程中，降雨是间歇性的，而作物对水分的需求是连续性的，所以对于作物土壤水分条件的好坏，起决定作用的是土壤的稳水性，即土壤能否满足作物生理需水的要求，稳定而均匀地供应水分。王天送等（1991）历经 3 年的试验研究表明，3～11 月砂田 0～100cm 土壤的平均含水量比一般土田高出 2%左右，且砂田土壤水分含量的最高值出现在 6 月，7 月仍保持较高值，而一般土壤的高峰出现在 5 月，6 月中旬以后急减，即砂田土壤水分变化比一般土壤滞后一个月，而且 6～7 月也是砂田土壤含水量与一般土壤之间差异最大的时期，此时正是砂田西瓜果实发育期，也是水分需求最大的时期。由此可见，砂田土壤能够适应作物的生理需求，也是砂田土壤水分优势的另一体现（图 2-3）。

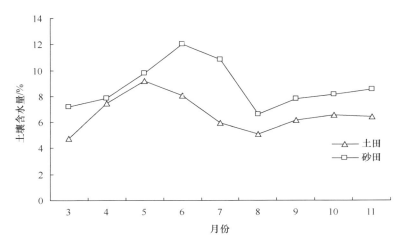

图 2-3 砂田与裸田 0～100cm 土壤的平均含水量变化（引自王天送等，1991）

二、砂田的保温作用

土壤温度（地温）影响着植物的生长、发育和土壤的形成。土壤中各种生物化学过程，如微生物活动所引起的生物化学过程和非生命的化学过程，都受土壤温度的影响。首先，土壤水的存在形态及土壤气体的交换等都受到土壤温度的影响。土壤温度越高，土壤水的移动越频繁，土壤中的气态水就越多；土壤温度低时，土壤水的移动近于停止，这主要是由于土温升高时，土壤水的黏滞度和表面张力下降，土壤水的渗透系数随之增加，土温 25℃时水的渗透系数为 0℃的 2 倍。其次，土壤温度通过影响微生物活性，进而影响有机质的分解转化、氮素的硝化过程、磷素的有效性及钾素的固定和释放。最后，土壤温度直接影响作物根的生长，根是吸收水分和养分的器官，所以土壤温度可以影响作物整体。

本课题组分别对砂田和土田 5～6 月 5cm、10cm 土层温度进行了测定，从土壤温度的变化趋势来看，砂田 5cm、10cm 土层的温度均高于土田，且 5cm 土层的地温均高于 10cm 土层（图 2-4）。在 5cm 土层，5 月砂田的增温幅度较大，较土田平均地温提高了 2.67℃，而 6 月随着外界气温的回升，增温幅度逐渐降低。

在 10cm 土层，5～6 月砂田的增温效果始终比较明显，平均增温幅度为 1.85℃。以上结果表明，砂田在早春气温较低时增温效果显著，而此时正是作物出苗期及幼苗生长期，土壤温度适宜，对早出苗、苗齐、苗壮起决定性作用。我国西北干旱地区，由于海拔较高，无霜期短，春季土壤解冻迟缓，热量不足，不利于作物的出苗和苗期生长，作物还易受早霜、晚霜的危害。因此，砂砾覆盖改善了原来土壤的热状况，有利于作物的早种、早发和壮苗。

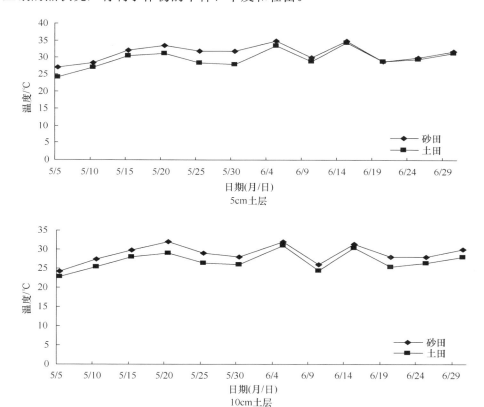

图 2-4　砂田与裸田表层土壤温度变化

土壤的热量和大气的热量，都来源于太阳光照，太阳辐射到土壤表面的热量，一部分被土壤吸收，一部分反射到大气，一部分通过水分的蒸发进入大气。而土壤本身温度的变化还要取决于土壤本身的吸热性、散热性、热容量和导热率。砂田土壤温度较高的主要原因可以归纳为以下几点，①砂田表面有砂砾覆盖，使地面凸凹不平，颜色较深，对太阳辐射能的吸收力较强，反射力较弱。甘肃省农牧厅用光电测光仪进行了测定，结果显示，当地面上太阳光为 3000 呎烛光时，未铺砂的地面反射光为 600 呎烛光，深灰色砂田面反射光为 500 呎烛光，深红色砂田面反射光为 400 呎烛光。②砂砾本身的热容量比土粒小，因此接收到太阳辐射能以后，就能较快地升高温度，将热量反射到近地层或传递到土壤中。同时砂砾的导热率小于土粒，是热的不良导体，白天传导太阳辐射能的过程缓慢，在夜间通过砾石而散失的过程也缓慢，土壤中热的长期积累，使砂层下的土壤增温幅度大于土田。③由于砂层覆盖，土壤水分蒸发量少，因水分蒸发损失的热量大为减少，因而相对提高了温度。

其次，由于砂田土壤接收和储存的总的太阳辐射能多，因此反射回大气的热量也相应较土田多，砂田近地层气温也较高。甘肃省砂田研究组 1964～1966 年的研究结果表明，6 月砂田近地面 20cm 处气温较土田增高了约 0.5℃。另外，由于砂砾的导热率和热容量小，白天砂砾吸热增温迅速，但向下传导较为缓慢，夜间土壤热量通过砂层而散失的过程也减弱，使得砂田土壤昼夜温差小。

三、砂田的压碱作用

砂田分布区土壤质地多呈微碱性，硫酸盐、氯化物和碳酸钙含量较高，降雨量少而蒸发量大，土壤淋溶作用微弱，脱盐过程不明显，因此盐分易随毛管水的上升而积累在土壤表层，造成土壤盐渍化。砂田一方面能够容纳大量降雨，土壤中蓄水依靠重力下渗，水重力下渗作用大于毛管水上升作用，使土壤中的盐分得到淋溶下渗。更重要的是砂砾层切断了土壤毛管水的上升，减少了水分的蒸发，有效地抑制了土壤下层的可溶性盐类随水分蒸发而上升，并聚集在土壤表层。早在 1966 年，甘肃省砂田研究组就对砂田的压碱作用进行了研究，结果表明，不同土层砂田的含盐量均低于土田，其中 0～10cm 土层降低了 8.98%～44.90%，10～20cm 土层降低了 38.55%～53.96%，20～30cm 土层降低了 16.63%～45.84%，10～20cm 土层的降低幅度最大，且砂田土壤含盐量随着种植年限的增加而逐年降低（表 2-1）。这与近年来许强和康建宏（2011）的研究结果一致，表明压砂具有抑制盐分聚积的作用，农谚称"砂压碱，刮金板"。

表 2-1　砂田与土田土壤含盐量比较

土层/cm	土田/（mS/cm）	新砂田/（mS/cm）	中砂田/（mS/cm）	老砂田/（mS/cm）
0～10	0.245	0.223	0.193	0.135
10～20	0.454	0.233	0.279	0.209
20～30	0.445	0.371	0.241	0.319

四、砂田的水土保持作用

砂田分布区地处黄土丘陵干旱地区，土质松散，又多为坡地，水土流失历来就很严重，造成水土流失的主要因素是暴雨形成的地表径流的冲刷及大风的侵蚀。以往研究表明，砂田具有较好的水土保持功能。农田铺压砂石后，不仅增加了地面粗糙度，有效地控制了风蚀，而且老砂田由于耕作时间长，随着耙砂次数的增加，细砂都沉在下层，较大的砂石都浮在地表，因此防止风蚀的效果要比新砂田和中砂田好。周海燕等（2013）风洞模拟实验的研究结果（表 2-2）表明，在相同时间范围内，当风速从 8m/s 增加到 15m/s 时，原状砂田的风蚀速率均低于原状农田；当风速从 10m/s 增加到 25m/s 时，翻耕砂田的风蚀速率也远低于翻耕农田，且原状砂田的风蚀速率低于翻耕砂田。如在 25m/s 的风速条件下，原状农田的风蚀速率是原状砂田的 1.46 倍，而翻耕农田是翻耕砂田的 25.91 倍。杜延珍（1993）的研究也表明，同一水平线上的连片砂田与土田，在田内无作物生长的情况下，每当刮大风时，若迎风面的风力强度一样，土田播土扬尘，沙借风力，越刮越大；砂田则无飞沙，地表风力也有明显的减退趋势，向砂田内延伸 300m 时，风力就减退一级，延伸 500m 以上时，风力减退两级。

表 2-2　净风吹蚀下砂田、荒地和农田的风蚀速率（引自周海燕等，2013）

风速/（m/s）	时间/min	原状砂田 /[g/（m²·min）]	翻耕砂田 /[g/（m²·min）]	荒地 /[g/（m²·min）]	原状农田 /[g/（m²·min）]	翻耕农田 /[g/（m²·min）]
8	10	0.17	1.50	1.33	1.00	1.50
10	10	0.58	1.83	2.33	2.17	2.00
15	10	1.50	3.00	5.00	2.17	19.83
20	10	2.33	3.17	6.17	2.17	35.67
25	5	4.33	4.67	16.67	6.33	121.00

降雨是导致水土流失的主要气候因子，雨滴溅击地面及降雨形成径流都会引起土壤侵蚀。砂田则由于有砾石覆盖，雨水不能直接击打土壤表层，而且一般降水又都能被砂层吸收并渗入土中，因此砂田具有防侵蚀性强、蓄水能力高、渗透

性能好、保水、保土、保肥的特点。中国科学院寒区旱区环境与工程研究所皋兰生态农业试验站在甘肃省兰州市皋兰县的实验结果表明：91 次降雨中有 18 次降雨在裸土实验区形成累积 48.4mm 的产流量，而其中只有 6 次降雨在砂砾覆盖土实验区形成累积 3.4mm 的产流量。另据杜延珍（1993）测定，在一次降水量不超过 20mm、降水强度 8mm/h 以下、地面坡度小于 10°时，砂田、土田均不产生地表径流；在一次降水量为 25mm、降水强度为 10mm/h 时，坡度为 15°的土田产生的地表径流量为 8m³/hm²，径流系数为 0.03，而砂田仍不产生地表径流，可全部就地入渗。

五、砂田的保肥作用

耕作土壤是在自然环境与人为因素的影响下形成的，但在不同的耕作制度与经营方式的影响下，土壤肥力具有各自的形成规律与特征。众多研究表明，砂田较一般土田具有保肥作用，究其原因可归纳为 3 个方面。

首先，砂田属于免耕覆盖耕作范畴，砂田土壤长期处在砂砾层的覆盖之下，基本上不进行土壤耕作和施肥，或施肥次数很少（水砂田除外），土壤的结构长期处在比较稳定的状态，砂田的免耕作用避免了因多耕多耙而带来的土壤母质潜在养分的过度消耗，并且有利于土壤有机质的积累和水稳性团粒结构的形成。而一般土田（尤其在西北干旱地区），为了吸收雨水和保墒，常常增加耕作次数，过度的耕作也不可避免地使一部分团粒结构，特别是原来就很少的水稳性团聚体被破坏，随之而来的是，腐殖质被分解，土壤调节水、气的能力减弱，使得土壤肥力和物理性能较快下降。

其次，砂田通过协调土壤的水、气、热状况，能够增强土壤微生物的活动和繁殖，促进土壤有机质和矿物质的分解，增加土壤养分和腐殖质含量，另外腐殖质有胶着作用，能够使细小的土粒形成团粒结构，因而使砂田具有独特的养分变化规律。在铺砂初期，水热条件较好，土壤微生物活性较强，新砂田每克干土微生物总数比土田多 8273 个，砂田的潜在养分释放速度较快，有效养分含量较土田略高，特别是速效养分明显增加。但随着种植年限的延长，砂田的蓄水保墒及增温效果逐渐降低，土壤变得紧实、通气性较差，土壤微生物活性减弱，养分的转化速度变慢，肥力下降。据测定，2~7 年新砂田的养分含量除全钾外，较土田都有增加趋势，以速效钾增加幅度最大，相对增加值为 30.26%~58.72%，有机质相对增加 1.5%。

最后，砂田由于有砂石层的覆盖，因此能够减少因风蚀、水蚀等对地表养分造成的损失，具有十分有效的保持土壤养分的能力，在不施肥的情况下，通过休闲等措施，使用砂田种植十多年，作物产量的下降速度很缓慢，证明了其保护地力的作用。而一般土田由于耕作，许多被释放出来的养分又随毛管水运动积聚在土壤表层，随水蚀、风蚀而损失。

六、砂田有利于作物的生长发育

综上所述，砂田在一定程度上改善了土壤的物理、化学性质和微生物作用，如砂田土壤温度和湿度提高、含盐量降低等，这些变化为作物的生长创造了较为良好的客观条件，促进了作物内部的生理活动，从而促进了作物生长和发育，因而有利于作物的早熟，以及质量和产量的提高。

首先，砂田作物的生理功能增强。砂田作物具有较大的光合器官——叶，砂田青芒小麦的叶面积指数约为土田的 3 倍，砂田棉花的叶面积指数较土田棉花增加了两倍多。因此，砂田作物的光合作用强度较土田高。吕忠恕和陈邦瑜（1955）通过新砂田田间测定，发现在 1 天内砂田植物的蒸腾作用和光合作用的强度都比土田高，正午以后二者的差异尤为显著，在下午当土壤水分的供给缺乏的时候，土田植物的蒸腾作用强度依植物种类不同，降低了 44.1%～82.7%，而砂田植物蒸腾作用强度的降低率为 20.9%～63.1%；土田植物的光合作用强度在正午以后降低了 49.7%，甚至近于停止，而砂田植物只降低了 2.7%～46.0%，说明砂田植物的蒸腾作用和光合作用的强度均较土田植物有所增加。砂田上生长的农作物都比较高大、强健，具有较大的根系。对播种后 17 日的春小麦进行测定发现，砂田小麦根的平均数目是每株 4.8 条，而土田的是 4.2 条；砂田小麦支根的平均长度为 7.2mm，土田的只有 3.0mm；砂田小麦根系干重比土田增大 5 倍多。砂田作物根系大大增强了作物吸收水分和养分的能力。

其次，砂田作物的生育期缩短，产量增加，品质更优。砂田作物出苗早，保苗率高，生育期缩短，一般旱砂田春小麦比土田早出苗 3～5 天，成熟期提前 10 天左右；棉花早出苗 5 天左右，成熟期提前 15 天左右；谷子生育期缩短 20 天左右；糜子生育期缩短 25～30 天；喜温蔬菜一般提前 10～20 天收获；西瓜生育期缩短 10～15 天。砂田改善了农田水温等条件，因此在砂田上种植的作物产量显著高于土田。砂田小麦每株的产量相当于土田小麦的 4.6～4.9 倍；水砂田棉花产量较土田增加 50%～80%；谷类作物产量在旱砂田比土田高 1～3 倍，在水砂田比水浇土田高 0.5～1.0 倍；水砂田中菜花、春甘蓝、番茄、白菜等蔬菜作物较水浇土田增产 13.10%～48.75%；旱砂田西瓜较土田增产近 10 倍。作物在生长过程中，降雨是间歇性的，而作物对水分的需求则是连续性的，所以对于土壤水分条件好坏的评判，起决定作用的是土壤能否稳定而均匀地供给农作物生长所需要的水分，是否有利于作物品质的提高。砂田小麦出粉率高，蛋白质含量比土田相对提高了 21%，面筋含量提高了 10%～30%；西瓜含糖量提高了 20% 以上；甜瓜含糖量提高了 11%～13%。

七、砂田的其他效应

砂田除具有以上改善作物微生态环境、促进作物生长发育的重要功能以外，还具有抑制杂草滋生和减轻作物病虫害的作用。土壤覆盖砂砾后，自由传播来的杂草种子不易接触土壤，难于发芽，即使发了芽，其依附于砂砾上的幼根，常因烈日照射而变干或被焗死；原来土壤中的杂草种子发了芽，也往往因不易顶出砂砾而死。据调查，砂田杂草一般较土田减少 70%～80%。一旦田间杂草被抑制，病原微生物和害虫就失去了中间寄主，不易成活和生存，另外砂砾面白天温度很高，湿度较低，落在砂砾面上的病菌孢子也不易萌发。因此，砂田受到的病虫害较轻。早在 1964 年，甘肃省农业科学院在皋兰县武川公社的调查结果表明，土田小麦腥黑穗病率平均为 20%，最高可达 38%，而砂田小麦全部无病。

第四节　砂田的铺设与更新

一、砂田的铺设

（一）铺设的基本原则

1. 因地制宜原则

砂田较一般土田虽具有改善作物生长微环境和促进作物生长发育等诸多优点，但砂田的发展要根据当地气候、土质、水源、砂源、农作物种植结构等因素进行合理规划，坚持因地制宜的原则。在深入调查研究的基础上，明确究竟在什么地区、有多少荒地适合发展砂田，以及有多少土田可以改造为砂田，合理规划发展规模、进度安排，以及财力、人力、物力资源，切勿盲目仿照。

2. 生态与生产兼顾原则

当今世界，环境污染、森林破坏、全球变暖、水土流失和荒漠化等一系列世界性的环境问题对人类的生存和可持续发展构成了严重的威胁。人类活动（尤其是对土地的利用方式）正在深刻地改变着周围的生态环境，同时生态环境也有相应的反馈作用。在我国生态环境脆弱的西北黄土高原干旱半干旱地区，"砂田栽培法"是一种具有综合效能的旱作覆盖耕作技术，它恰当地适应了干旱、半干旱地区的气候、地理、土壤等自然条件，具有明显的改良和调节农田微环境的功效。砂田在促进农业发展的同时，还具有减轻土壤盐渍化、防沙降尘和水土保持的生态功效。但砂石的采挖过程若缺乏有效管理，则可能会加剧对土壤、植被的破坏和生态环境的恶化。因此，当地政府管理部门必须对砂源地进行统一规划，组织农民有序采挖，并对采挖后的地点进行妥善处理，最大限度地降低对生态环境造成的负面影响。

3. 质量与效率兼顾原则

砂田的铺设是一项浩大的农田基本建设工程，建造 1 亩压砂田，在生产力不够发达的时代，需要耗费较多的人力和物力。砂田铺成后，水砂田要利用 5～10 年，旱砂田要利用 40～50 年。因此要特别讲究砂田铺设的质量，既要从当前生产出发，又要考虑长远利益，在保证高标准、高质量的前提下，提高铺设速度，降低铺设成本。所谓高标准、高质量就是指底子平整、施足底肥、砂质好而纯净、厚度均匀、排洪渠道坚固畅通。

（二）铺设的程序

1. 土地规划

进行砂田土地规划时，要综合考虑砂砾源、水源、土质、人工、畜力、机械等因素，使砂田尽量集中连片，以便统一挖修防洪渠道，提高土地利用率，便于田间统筹管理，为砂田的机械作业创造条件。旱砂田区虽"十年九旱"，但旱砂田多分布在山坡沟壑地带，也要避免偶然特大暴雨天气引起的山洪对砂田造成的危害。洪水若漫入砂田内,便会带进泥沙,填塞覆盖层砂砾颗粒间的空隙,降低砂田的功能。2015 年 7 月皋兰县发生了一次特大暴雨,降雨量为 55mm,山洪造成当地 80%的砂田受到不同程度的损坏,因此砂田区防洪渠道等基础设施的建设不容忽视。根据历年洪水的来去路径、流量大小,确定沟渠的深浅宽窄,一般山大沟深或在沟口处,渠道宜宽而深;山小沟浅或沟脑处,渠道可窄浅。排洪渠道要坚固畅通,如与道路相结合使用,可修宽些、平缓些,防洪沟渠修成后要经常注意清淤、加固、整修、填塞鼠洞等工作。

2. 选地

拟建砂田地块一般优先选择土层深厚、土壤肥沃、地势平坦的土地或坡地(一般坡度≤15°)。若坡度过大,进行松砂或其他操作时砂石易滚落,造成砂石覆盖层厚薄不均,将影响作物生长和土壤蓄水保墒的效果;也不能在凹地选址,以避免洪水淤积、砂土混合、砂田过早老化等问题的产生。

3. 整地施肥

无论是水砂田还是旱砂田,铺砂底子均应平整。据调查,水平旱砂田一般寿命比坡式旱砂田长 20～30 年,水平新旱砂田比 15°的坡式新旱砂田增产 16%左右,水平中旱砂田比 20°的坡式中旱砂田增产 22.3%,水平老旱砂田比 20°的坡式老旱砂田增产 65%左右。砂底子平整后,须耕翻耙磨,以创造一个表实下虚的耕层结构。群众经验:伏天耕翻暴晒,熟化土壤;秋天雨后耙糖,收墒保墒。

砂底子施足肥、施好肥是砂田稳产高产、延长寿命的关键。施肥应做到有机肥和化肥配施,肥料种类和施肥数量,在各地因肥源和种植种类不同而有差异,有机肥种类有绿肥、人粪尿、厩肥、堆肥、沤肥、沼气肥及骨粉、油渣等。农家肥施用前一定要充分发酵腐熟,从而抑制病虫害的发生和传播。另外,若铺设砂田以种植西瓜、甜瓜为主,选择猪粪、牛粪、鸡粪、油渣等有机肥的效果较好,避免施用羊粪。化肥应优先选择氮磷钾复合肥或缓控释复合肥,并根据基础地力条件选择养分比例合理的复合肥,结合有机肥施入。有机肥每亩施用量为 3000～5000kg,化肥施用量应根据预种植作物的需肥特性、已施有机肥所占养分比例及肥料的有效养分比例来确定,但切记宁少勿多。化肥施用量过多会造成以下诸多方面的不利影响:首先,有机肥营养全面、养分供给持久,可提供作物生长发育的大部分养分,旱地土壤易造成化肥的挥发损失,化肥的大量施用不仅会增加施肥成本,而且肥料利用率低;其次,旱砂田区降雨量极少,化肥不易淋溶,因此一般聚集在土壤表层，若施用量过多则易□□或烧苗，影响作物的出苗；最后，研究表明，化肥的大量施用也会影响蔬菜、瓜果类作物的品质。因此，在对铺砂底子施肥时应以有机肥为主，施足有机肥、施好有机肥是关键。

4. 选砂取砂

黄河上游于古生代、中生代以后，因地壳变化剧烈，地形及河流重新分布，使得黄河沿岸及地势较低之处多有水平的砂砾沉积层。第四纪冲积层多在宽谷平原之内，以砂砾土为主；山坡谷口多扇形及散碎的砾和沙子等。部分地区所形成的深厚的河谷阶地达到三四级，这些阶地是砂田铺设的基础。因此，砂田的砂石一般是挖自附近山坡的碎石层中，可从坡侧挖洞取砂；或平地掘井，从井中采取石砂；也可从河床卵石滩上取砂石运至田里；还可挖取附近黄土坡侵蚀沟壑中洪水携带来的砂砾。

砂砾的采取、拉运是砂田建设中一项繁重且成本较高的工作，取砂要考虑砂质的优劣和砂源的远近，尽可能选取砂质好、距离铺砂地近的砂源。其首要问题是选择质量足够好的砂砾，好的砂砾是延长砂田使用年限和提高作物产量的重要保证。所谓好的砂砾是指含土量少、颜色青、松散、石砾表面棱角小而圆滑扁平、砂与石砾比例适中。石砾较大会影响耕作，砂砾较细会影响通气性且寿命较短。

宁夏大学周约（2013）通过不同颜色砾石覆盖下土壤累积蒸发量的比较，发现累积蒸发量与覆盖砾石的颜色关系密切，其中紫色砾石覆盖的土壤累积蒸发量最大，其次是白色砾石，青色砾石最小，说明浅色砾石对土壤水分蒸发的抑制效果比深色砾石更明显（表 2-3）。

表 2-3　不同颜色砾石覆盖在不同时段土壤累积蒸发量（引自周约，2013）（单位：mm）

砾石颜色	5 天	10 天	15 天	20 天	25 天	30 天	35 天	41 天
白色	0.96a	3.18b	3.50b	7.64b	9.87b	10.35b	10.67b	10.99bc
青色	0.96a	3.18b	3.34b	7.32c	9.08b	9.55c	9.87c	10.19c
紫色	1.11a	3.50b	3.82b	9.08b	10.99b	11.78b	12.26b	12.90b
不覆盖	0.96a	7.32a	8.28a	23.57a	29.46a	33.12a	35.35a	37.74a

注：同一列中不同小写字母表示不同颜色砾石覆盖相同时段差异显著（$P < 0.05$）

通过不同类型砾石覆盖下土壤累积蒸发量的比较，发现累积蒸发量也与覆盖砾石的类型有密切关系，其中不规则砾石覆盖的土壤累积蒸发量最大，卵石覆盖和片石覆盖的土壤累积蒸发量相差较小，说明规则砾石对土壤水分蒸发的抑制效果比不规则砾石更明显（表 2-4）。

表 2-4 不同类型砾石覆盖在不同时段土壤累积蒸发量（引自周约，2013）（单位：mm）

砾石类型	5 天	10 天	15 天	20 天	25 天	30 天	35 天	41 天
不规则砾石	1.59a	5.57a	6.05a	14.17b	16.40b	17.68b	17.99b	18.95b
卵石	1.43a	4.14b	4.46b	10.83bc	12.42c	13.38c	13.54d	14.49c
片石	1.43a	3.82c	4.30b	9.71c	12.74c	13.69c	14.01c	14.81c
不覆盖	0.96b	7.32a	8.28a	24.52a	29.46a	33.12a	34.39a	37.74a

注：同一列中不同小写字母表示不同类型砾石覆盖相同时段差异显著（$P<0.05$）

随着覆盖砾石粒径的增加，土壤日蒸发量逐渐增加，土壤含水量逐渐减少，说明在实施砾石覆盖处理时，应该选择粒径较小的砾石，阻止大量水分的损失（表 2-5）。而陈士辉等（2005）研究表明，随着砾石粒径的减小，土壤蒸发量虽减小，但西瓜根系长度密度和含糖量也随之减小（表 2-6）。因此，通过土壤水分利用效率、西瓜产量及品质等多因素综合考虑，建议砂田覆盖的砂砾粒径以 0.5～2.0cm 为宜。

表 2-5 不同粒径砾石覆盖在不同时段土壤累积蒸发量（引自周约，2013）（单位：mm）

砾石粒径/cm	5 天	10 天	15 天	20 天	25 天	30 天	35 天	40 天	45 天
0.7～1.0	1.16b	1.75c	2.87c	6.21c	6.53c	7.17c	7.32c	7.48c	7.80c
1.0～1.5	1.27b	2.07b	3.34b	6.69bc	7.01bc	7.96bc	8.12b	8.28bc	8.44bc
1.5～3.0	1.27b	2.23b	3.50b	7.32b	7.80b	8.60b	8.76b	9.08b	9.39b
3.0～4.0	1.27b	2.23b	3.50b	7.32b	7.64b	8.60b	8.76b	8.92b	9.24b
4.0～5.0	1.43b	2.07b	3.66b	8.12b	8.60b	9.71b	9.87b	10.35b	10.67b
不覆盖	3.66a	5.57a	10.19a	25.48a	28.34a	33.12a	34.87a	36.94a	38.69a

注：同一列中不同小写字母表示不同粒径砾石覆盖相同时段差异显著（$P<0.05$）

表 2-6 不同粒径砾石覆盖处理对西瓜生长发育及水分利用效率的影响（引自陈士辉等，2005）

砾石粒径/cm	根系长度密度/（cm/cm³）	土壤蒸发/mm	西瓜产量/（kg/hm²）	含糖量/%	水分利用效率/（kg/m³）
0.2～0.5	0.73	26.3a	33 330a	10	22.5a
0.5～2.0	1.06	32.5b	35 964a	10.3	21.4ab
2.0～6.0	1.17	42.8c	32 468a	11	19.0b
不覆盖	0.51	60.5d	14 985b	9.0	10.1c

注：同一列中不同小写字母表示不同处理间差异显著（$P<0.05$）

5. 铺砂

铺砂时间以冬季最好，因为此时土壤表层冻结，铺砂时不会因车辆碾压和人畜践踏而破坏平整好的底子表面，达到砂土两清，加之冬季农闲，可以充分利用劳力。铺砂时忌下雨天或将砂铺在冰雪覆盖的底子上，群众有"雪能提碱"的说法，这是因为若在雪地上铺砂，雪融化后会拌成泥，若再加以踩踏，便会破坏耕层，使其变得僵硬板结，土壤水分的毛管作用便会加强，导致下层土壤中盐碱上升。

砂田覆砂层厚度对土壤蒸发量影响较大（表 2-7），周约（2013）研究表明，随着砂砾覆盖厚度的增加，土壤日蒸发量逐渐减少，土壤含水量逐渐增加，累积蒸发量在砂层厚度为 5cm 时最大，15cm 时最小，但 10cm 和 15cm 处理的累积蒸发量的差别随时间的增加而逐渐减小，说明当砾石覆盖厚度达到 10cm 以上时，砾石抑制蒸发的效果差别不大。在实际铺砂过程中，砂层厚度应根据气候、砂质和底子状况而定，一般为 5～15cm。气候干旱，蒸发强烈，降水少的地区宜厚；气候阴凉，雨水较多的地区宜薄；荒滩底子宜厚，起砂底子宜薄；水砂田主要是为了保温，铺砂较旱砂田要薄，应为 5～7cm。总之，铺砂厚度要因地制宜。另外，砂砾含土量不宜大于 5%。若含土量超过 5%，宜增加洗沙工序技术环节进行处理。

表 2-7　不同厚度砾石覆盖在不同时段土壤累积蒸发量（引自周约，2013）（单位：mm）

砾石厚度/cm	5 天	10 天	15 天	20 天	25 天	30 天	35 天	40 天	45 天
5	1.91b	2.87b	4.78b	10.51b	11.46b	12.74b	13.22b	13.85b	14.49b
8	1.59b	2.55b	4.30b	9.39b	10.19b	11.46b	11.62b	12.10b	12.42b
10	1.75b	2.71b	3.98bc	7.32c	7.80c	8.76c	9.08bc	9.24c	9.55c
15	1.27c	2.23c	3.50c	7.32c	7.80c	8.60c	8.76c	9.08c	9.39c
不覆盖	3.18a	5.25a	10.03a	27.07a	29.94a	34.08a	35.99a	38.22a	40.61a

注：同一列中不同小写字母表示不同厚度砾石覆盖相同时段差异显著（$P<0.05$）

二、砂田的更新

砂田虽然可以促进农业增产，但旱砂田的最佳使用年限约为 20 年；水砂田最佳使用年限约为 8 年。因此，"苦死老子，富死儿子，饿死孙子"的谚语在砂田分布地区广为流传。砂田经过近十年或几十年的耕种后，受长期耕作、灌溉、风沙等综合因素的影响，细砂不断下沉至覆盖层的下部，泥土渐渐混入砂石层中颗粒间的空隙，使砂石层逐渐堵塞、板结，砂石层的透水能力降低，砂田的蓄水保墒性能下降。若长期施肥不足或不施肥，导致土壤肥力衰退，作物产量降低、品质下降，这种现象称为砂田的老化。

　　已完全老化的砂田，其功效几乎丧失，需要进行更新以恢复其功效。由于（特）老砂田起砂和铺砂的用工量比新铺砂田多，可按规划逐年更新老砂田以缓解用工需求大的问题。更新砂田时，首先要将（特）老砂田中与土混合严重的砂石层起运到地块外，由于土壤长期被砂层覆盖，长期不施肥、不翻耕，土性阴凉，土壤紧实，结构及耕性不佳，肥力低，起砂后一般要轮歇休闲 1~2 年，以恢复地力，再重新翻耕、施肥、整平、铺新砂。在一些离砂石源较远的地块，可将混合的砂石土过筛，去泥土后重新铺到田间，称为再生砂。再生砂可节省劳力，降低运费，但其保墒能力不如一般的新铺砂田，这主要是由于再生砂虽然经过筛土处理，但含土量仍高于新铺砂田，相当于中砂田的含土量。有的地区采用垒砂的办法更新砂田，即在砂石层不厚的（特）老砂田上再增铺一层 6~9cm 厚的新砂砾层（叠加层），可起到保墒增温的作用，能够使砂田寿命延长 10~25 年；正常条件下，土壤肥力和作物产量较普通更新砂田低，同时由于砂石层较厚，增加了耕作难度，再更新时起砂较困难。如果（特）老砂田的砂砾层太厚，那么以清除旧砂砾层，铺设新砂砾层为宜。

第三章　砂田的种植模式与耕作方法

砂田在本质上讲是一种典型的覆盖免耕方式,由于砂砾层具有特殊结构,因此砂田具有与一般农田不同的耕作方法和耕作农具。在砂田的耕作过程中要始终坚持"砂土两清,尽量避免或减少砂土混合"的原则,从当地流传的一句谚语"吃砂要养砂,务砂如绣花"可见砂田需要精耕细作。

第一节　砂田的种植模式

砂田被广泛应用于各种农作物生产中,旱砂田主要种植小麦、糜谷、马铃薯、豆科作物、蔬菜、西甜瓜及果树等(表 3-1),水砂田主要种植蔬菜和西甜瓜。长期以来形成了具有特色的地方品牌,如兰州白兰瓜、兰州桃、"和尚头"小麦、红砂马铃薯、宁夏硒砂瓜等,以上产品与砂田栽培有着不可分割的关系。

表 3-1　不同年代兰州砂田种植不同种类作物的比例

年份	粮食/%	马铃薯/%	果树蔬菜/%	西甜瓜/%
1970	67	0	30	3
1990	26	5	32	37
2005	20	22	25	33

一、砂田小麦

20 世纪 80 年代以前,人民温饱问题尚未得到解决,甘肃砂田主要以种植粮食作物为主,其中"和尚头"小麦就是一个典型代表。"和尚头"小麦是甘肃省干旱地区特定土壤、特定气候环境、特有的砂田中生长的小麦品种,主要在甘肃省兰州市永登县、皋兰县,白银市白银区、景泰县等县(区)种植,分布范围在北纬 36.633 06°~37.240 64°、东经 103.640 25°~104.633 80°,种植区的海拔在 1700~2400m。据史料记载,"和尚头"小麦在西北地区享有较高的声誉，早在明清时期就作为贡品，供皇室家族享用，距今已有 500 多年的历史。

"和尚头"小麦具备极强的抗旱、耐瘠薄、耐盐碱性能，其在土壤含水量仅有 50～100g/kg 的极干旱土壤上，也能开花结实；当土壤含盐量不超过 3g/kg 时，"和尚头"小麦就能正常生长。砂田小麦在 3 月初播种，新砂田播种量宜为 90kg/hm²，老砂田播种量以 120kg/hm² 为宜，播前结合整地施足底肥，小麦生长期内不需要追肥，由于砂田的耕作条件特殊，小麦只能耧播，难以开沟撒播，一般采用裸砂田直播。砂田小麦在 7 月初收获，经调查统计，"和尚头"小麦在正常年份新砂地种植时，平均产量为 1875～2250kg/hm²；在中等年份砂地种植时，平均产量为 1125～1500kg/hm²；在老化砂地种植时，平均产量为 375～750kg/hm²。

"和尚头"小麦生长在甘肃省兰州以北气候干燥、光照强烈的砂田环境下，一直是甘肃省干旱地区粮食作物的主栽品种。在 20 世纪 50 年代，"和尚头"小麦种植面积达 1.33 万 hm² 以上，60 年代增至 2.40 万 hm² 左右，80 年代以后，"和尚头"小麦种植面积维持在 10 万～12 万 hm²。进入 21 世纪以来，农业的发展已经开始面向市场经济，由数量型向质效型转变，"和尚头"小麦的种植方式落后、产量低、经济效益低，导致"和尚头"小麦的种植面积急剧下降。2013 年经调查统计，甘肃省"和尚头"小麦种植面积不足 0.20 万 hm²，仅用于砂田西甜瓜的轮作倒茬。

二、砂田马铃薯

红砂马铃薯因其在甘肃省皋兰县独特的红砂田中种植而得名，以其早熟、高产、优质和商品率高等特点而逐步发展成皋兰县特色优势产业之一。所谓红砂田就是选择粒径在 0.80～1.20mm 的红绵砂，要求红砂不含盐碱或盐碱含量低，无土粒或含土量低于 10%，铺砂方法同卵石砂田，每亩用砂 65m³ 左右，厚 10cm左右。一般红砂田铺好后可种植 7～10 年，老化后可起砂重新再铺。

红砂马铃薯选用兼具抗旱、高产的品种或品系，如陇薯系列的陇薯 3 号、陇薯 6 号，庄薯系列的庄薯 3 号等脱毒良种。播前结合整地施足底肥，施腐熟优质农家肥 37 500kg/hm² 以上，配合施用尿素 180～225kg/hm²，过磷酸钙 750～900kg/hm²，硫酸钾 375～450kg/hm² 或三元复合肥 750～900kg/hm²。春分前后，当 10cm 处的地温稳定在 5～7℃时即可下种。砂田马铃薯一般采用平作，行距 65～70cm，株距 33cm，每穴 1 个薯块，保苗 40 500～45 000 株/hm²，用种 1500～

1650kg/hm^2。近年来随着地膜覆盖技术和农业机械化的发展,部分地区采用自制播种覆膜机播种的全膜双垄栽培模式,两行为一带,总带幅 125cm,小行距 60cm、株距 32cm,密度 49 500 株/hm^2。播种时人工辅助下种,播深至土砂结合处,机械开沟覆膜,膜宽 1.4m,两播种行中间开沟,沟深 8~10cm,并每隔 2~3m 压一砂带,使垄上沟槽明显,每间隔 30cm 打一渗水孔。马铃薯孕蕾期至初花期,在植株基部培砂 10cm 以上,作用是降温,保墒,预防绿薯。9 月下旬至 10 月上旬,马铃薯进入枯秧期时进行收获,平均产量可达 37 500kg/hm^2。

近年来,随着农业结构调整,受日益发展的高原夏菜产业的影响,红砂马铃薯生产逐渐向产业化、规模化和商品化方向发展,种植面积不断扩大。至 2012 年,皋兰县红砂马铃薯种植面积已达到 5.1 万亩,年产量达到 12 万 t 以上,已成为全县农民致富增收的支柱产业之一。

三、砂田果树

陇中的百万亩旱砂地,绝大部分已经老化荒芜,成了“人造戈壁”,造成严重的生态危机。为给生产力低下的老砂田寻找出路,解决“饿死孙子”的问题,西部枣业研究所于 2001 年提出了在旱砂地栽植枣树的设想。2003 年春该研究所与皋兰县林业局合作,在水阜乡涝池村结合退耕还林工程,种植砂田枣树 550 亩,成活率、保存率都在 96%以上。次年大部分果树开花挂果,第 3 年亩产大枣 100 多千克,有了收益。涝池村废弃旱砂地种枣致富的经验迅速在全县推广,开花结果。8 年间全县在旱砂地种枣建园达 5.6 万亩,涉及水阜、西岔、中心、石洞、黑石川、忠和 6 个乡镇的 37 个村,5700 户 29 270 人。旱砂枣的生态、经济和社会效益日益显现出来。在干旱、贫困的皋兰县,人们把红枣作为生态树、发财树、文明树,开始积极种植,加快发展。

2007 年初,在甘肃省扶贫开发办公室的积极支持下,西部枣业研究所与白银市林业部门、科技部门合作,把“多采光,少用水,新技术,高效益”的沙产业理论,与武川乡的实际情况结合起来,通过实践,集成旱砂地枣树栽培技术体系,主要采用良种壮苗、地膜覆盖、旱作免耕、矮化管理等技术。运用这些技术,春季栽植枣树 1500 亩,当年 95%成活,成为白银 63 万亩旱砂地开发利用的一个亮点。现该乡已种枣建园 8700 亩,近几年内将发展到上万亩。由于涝池村和武川乡两个成功典型的示范带动,陇中的旱砂枣业从无到有,8 年间发展到近 8

万亩,为陇中兰州、白银两市百万亩旱砂地的改造利用破题引路,引起各级领导和社会的广泛关注。

随着砂田枣产业的大力发展,农技人员和广大群众在生产实践中又探索出一项抗旱、高产、高效的种植新模式——枣瓜间作。这一新技术成功解决了老化砂田栽培西甜瓜效益低下的难题,与单作西甜瓜相比具有显著的增效优势,已成为甘肃、宁夏砂区调整优化产业结构,增加农民收入的一条新途径。截至 2008年,宁夏中卫市已发展枣瓜间作砂田 0.67 万 hm^2。

枣树在 3 月下旬栽种,适宜品种为山东大枣、陕西大枣。株行距为 3m×8m,每亩 24 株,种植时每穴(深 25~30cm;直径 30~40cm)施优质农家肥 3kg、浇水 15L。西瓜 4 月上旬播种,在已栽植的枣树行间(树冠直影外围)覆膜种植西瓜。8m 的枣树行间,在定植枣树的第 1~2 年,种植 4 行西瓜;在第 3~4 年,种植 3 行西瓜;在第 5~6 年,种植两行西瓜。

压砂田适宜种植西甜瓜的最佳时期为 25 年左右,以选择已种植 20 年左右的老化压砂田枣瓜间作为宜。据调查,在枣树行间种植西瓜,第 1 年因枣树小,对西瓜生长基本没有影响;第 2 年枣树对西瓜生长略有影响,但西瓜减产幅度不大;第 3 年枣瓜争水争肥矛盾突出,西瓜严重减产;第 4 年西瓜绝收。因此,在新砂田上如果枣瓜间作面积过大,5 年后,枣瓜间作田基本没有瓜只有枣,经济上不划算,并且可能对压砂瓜产业的可持续发展产生不利影响。而如在老化砂田改种枣树,可使老化砂田得到持续利用。

四、砂田蔬菜

砂田蔬菜栽培主要以与西甜瓜轮作倒茬为主,尤其近年来随着砂田西甜瓜连作障碍的加重,蔬菜价格的提升,砂田蔬菜的种植面积逐年扩大,且已成为仅次于西甜瓜的第二大经济作物。砂田栽培的主要代表蔬菜为辣椒和番茄。

旱地砂田种植的辣椒主要以中早熟品种为主,应选用陇椒 2 号、猪大肠、佳木斯长辣椒等。底肥要以有机肥为主,有机肥与化肥相结合,一般每亩施腐熟农家肥 2500~3500kg,尿素 10kg,过磷酸钙 30kg。旱地砂田辣椒的播种期应根据当地晚霜期来确定,一般直播在 5cm 土层温度稳定达到 12℃ 左右时进行,出苗后即能避免晚霜危害。地膜覆盖砂田辣椒应比露地砂田辣椒提早 7 天左右播种,破膜出苗后也能避免晚霜危害。育苗定植在 5 月中旬,耕层土温在 15℃,栽培密度为 2500 株/亩左右时进行。定植前扒开覆砂层，用小铲疏松土层做成定植穴，苗龄 40 天，真叶 5 片时定植，定植后适量灌水（3～5L/穴），提高成活率，再均匀撒覆 3～5cm 厚的细砂即可。露地砂田辣椒平均产量为 52 500kg/hm²，地膜覆盖砂田辣椒平均产量为 63 000kg/hm²。

砂田番茄应选择叶量多、叶片大，耐旱抗病，早熟，果实发育速度快、转色迅速，市场畅销的品种。如金桂华、红衣天使、航研 8 号、巨霸、如意、中研 958 等品种。整地时基肥为每亩施用优质腐熟有机肥 5000kg、三元复合肥 100kg、过磷酸钙 50kg、硫酸钾 15kg。旱砂田番茄播种时间一般在 3 月中下旬，采用挖穴直播。刨开砂层至土层后挖穴，穴深 5～8cm，每穴两粒种子，覆 8～10mm 土并压实，然后再覆细砂，如果土壤干燥，挖穴点浇后再播，播后覆膜，膜幅宽 90cm。双行"T"字形播种，株距 60～80cm，小行距 30cm，大行距 90cm。旱砂田番茄在 8 月中下旬开始大量上市，平均亩产量为 5000kg。

五、砂田西甜瓜

"压砂瓜"是砂田最具代表也是最闪亮的一张名片，顾名思义，砂田主要以种植西甜瓜为主，且西瓜面积远远大于甜瓜。据统计，截至 2014 年，甘肃省砂田西瓜面积为 17 万亩，其中甘肃皋兰稳定在 3.5 万亩左右，白银市的靖远县、平川区、会宁县、景泰县在 13.5 万亩左右；砂田甜瓜面积为 4.6 万亩，其中皋兰县 1.1 万亩，白银市 3.5 万亩。甘肃省砂田西甜瓜约占砂田总面积的 32%。2008 年宁夏中卫市压砂西甜瓜面积已达到 100 万亩，成为我国目前最大的以生产硒砂瓜为主的压砂地集中区域。压砂西甜瓜生产已经真正成为山区广大群众脱贫致富奔小康的支柱性产业，山区广大群众形象地称其为"造血工程""拔穷根工程"。

不同区域砂田西瓜的种植密度也有较大差异，甘肃省皋兰县主要为卵石砂田，西瓜的种植密度约为 850 株/亩；宁夏中卫市主要为片石砂田，西瓜种植密度较稀，约 220 株/亩。另外，在种植方式上，甘肃省皋兰县等地区一般采用宽窄行种植，宽行 0.9m，窄行 0.6m，西瓜于窄行以"品"字形播种，株距 0.5～0.7m；宁夏中卫市砂田西瓜采用单行种植，株距 1.5m，行距 2.0m。

砂田西瓜栽培分砂田露地、砂田地膜覆盖、棚式覆盖三大栽培类型，早前以砂田露地栽培为主。随着塑料技术的引进推广，出现了多种形式的覆盖方式。

1. 砂田地膜覆盖栽培

在砂田基础上，采用土田的方法，在其上覆盖地膜，一般只覆盖种植行。

2. 塑料窝棚早期覆盖栽培

也称帽子棚，是在砂田基础上，播后用一根 50cm 长的树枝或竹条，弯成弓形，插在播种穴上，中心高度为 15cm。再盖上一块 50cm 见方的塑料膜，严密盖在播种穴上。此形式在 20 世纪 70 年代中期采用较多，之后被淘汰。

3. 塑料小拱棚半覆盖栽培

70 年代中期发展起来的一种早熟栽培方式。砂田上架规格为跨度 80cm、高 50cm 的棚架，棚架上盖农用塑料膜。塑料膜只是在西瓜生长前期覆盖，当植株进入雌花期或幼瓜期以后，就取下塑料膜，故称半覆盖栽培。

4. 塑料大棚覆盖栽培

砂田上建塑料大棚，跨度 10～15m，高 2m。于 90 年代末发展起来，大棚覆盖栽培的西瓜可以比其他覆盖栽培方式提早成熟。在无霜期较短的地区，为促进西瓜早熟、丰产和尽早供应市场，这确实是一项行之有效的措施。

5. 地膜小拱棚双覆盖栽培

砂田西瓜种植行覆地膜，再扣盖小拱棚。为 90 年代后期采用的一种新方法。

6. 塑料大棚双覆盖、三覆盖栽培

在塑料大棚基础上，在西瓜种植行覆地膜、扣盖小拱棚或二者皆用的双覆盖、三覆盖栽培方式。

第二节 砂田的耕作方法

一、旱砂田耕作方法

在耕作方面，旱砂田与土田最大的差别是施肥和秒砂，由于受到砂砾层的覆盖，砂田施肥具有难度和特殊性，砂田虽不需和土田一样翻耕，但取而代之的是耖砂。

（一）施肥

砂田传统的施肥方法主要包括条施和穴施，播前底肥一般采用条施，而追肥多采用穴施。因肥料种类不同，底肥施用方式存在较大差异，传统农家肥施用程序烦琐、劳动强度大、成本高且易造成砂土混合，但在改善土壤结构、提高土壤肥力，减轻连作障碍及作物增产提质方面的作用不容忽视。化肥施用程序简单、劳动量少、不易造成砂土混合，但长期施用化肥易造成土壤板结、盐碱化，土壤肥力下降，连作障碍加重，作物减产和品质下降。

农家肥施用前应充分发酵腐熟，杀灭病菌，以避免烧苗和作物生长期间的病虫害，施用量以 35～40t/hm² 为宜，且鸡粪、猪粪、牛粪优于羊粪。施肥一般在当年作物收获后至入冬前进行，因为砂田有机肥的施用需要大量劳动力，而此时正是农闲季节，劳动力充裕，另外施用农家肥时需扒开砂层，易造成土壤水分散失，秋季施入并及时复砂有利于提前蓄水保墒，不影响第二年作物的正常播种。

（二）划行

如种植西瓜，按宽窄行种植、宽行 0.9m、窄行 0.6m 的标准，在窄行（即种植行）施肥，确定出施肥行后在地两端拉绳子固定，以提高种植的整齐度和标准化程度。

（三）开砂

用刮板沿划好的行子刮开砂层。

（四）扫底

用扫帚扫净开砂行内的砂砾。

（五）撒肥

将提前腐熟好的有机肥均匀地撒在土表。

（六）翻土

深翻土壤 15～20cm，使肥料与土壤均匀混合。

（七）耙平

用耙将土面耙平整细。

（八）墩实

用墩板将土壤墩实、拍平。

（九）覆砂

将开砂时刮起的砂砾按原来的行子覆盖好。

（十）标记

在施过肥的行子上做标记，以便来年播种。

化肥的施用一般分为条施和穴施，在作物播种前1周采用施肥耧在播种行进行条施，施肥前应根据不同作物的需肥特性，将含不同养分的肥料混合均匀，或使用养分比例适合的复合肥，然后把肥料倒入施肥耧，根据施肥量提前调整好施肥耧的出肥量，再进行施肥作业。在作物生育期内追肥时一般采用穴施，穴施时在距作物根部20cm处先用铲子扒开直径20cm左右的施肥穴，只扒开砂砾，勿翻动土壤，否则容易造成砂土混合，撒入肥料后再将砂砾复原。

（十一）耖砂

耖砂的目的是疏松砂层，破除板结，以便吸收更多雨水，另外对于砂土混合严重的中老砂田，耖砂还有利于破坏毛管作用，减少蒸发，清除杂草。耖砂的次数依砂田年限和砂土混合的程度而定，新砂田如果杂草少，砂层不板结，可以耖1～2次；中、老砂田，因砂层含土量较多，雨后容易板结，一年内需耖3～5次；休闲的砂田需耖5～7次。耖砂要保证质量，只能疏松砂层，不能搅动土壤，每次耖砂要从不同方向纵横交叉进行，地边地角都要耖到，坡砂田耖砂时要沿等高线往返进行，防止砂砾滑落到坡下。砂田作物生育期内至少要耖砂两次，第一次是在作物播种前，主要是为了清除杂草，另外也是为了在作物生育期内吸收更多雨水。第二次是在作物收获后，经过一个生长季的人畜践踏与自然沉降，砂层变得非常坚实，影响降水的入渗效果，因此作物收获后，马上要进行耖砂处理，这也是最关键的一次耖砂。据1965年甘肃省农业科学院测定，收获后及时耖砂，0～30cm 土壤平均含水量为 13.67%，比收获后半月再耖砂的 13.37%提高了 0.3 个百分点。

二、水砂田耕作方法

水砂田在铺设和耕作等方面与旱砂田有许多相似之处，但其砂层较薄，灌水、施肥频繁，复种指数高，种植密度大，因此操作的质量要求较旱砂田更为严格，从而保证高产、优质和延长使用年限。近年来，随着设施瓜菜的发展，绝大部分水砂田已发展为设施砂田，在栽培模式上也以多膜覆盖和育苗、嫁接栽培为主，水砂田与旱砂田在作物栽培上最大的区别是需要灌水并且复种指数增加。

（一）施肥

水砂田由于使用年限较短，一般为 5～7 年，因此只在铺砂前结合整地施足有机肥，此后不再像旱砂田一样扒开砂层条施有机肥。而水砂田（尤其是设施砂田）中一般种植反季节高产值的经济作物（如礼品西甜瓜），为了增加产量、改善品质和提高产值，作物生长期内主要以穴施有机肥、化肥为主。有机肥多为油渣、玉米面粉和土粪，化肥一般为磷酸二铵等复合肥，拌匀后在距作物根部 15～20cm 处扒砂挖穴施入，化肥也可随灌水施入。

（二）灌水

砂田具有较好的保墒能力，因此，水砂田浇水次数比一般水浇田少一半以上，以一次灌溉量计算，砂田比土田费水，因为砂田渗水快；以作物全生育期灌水量计算，砂田比土田省水得多，这也是部分灌溉水不足地区铺设砂田的原因。砂田灌溉要保证水质，若用含泥沙的浑水浇灌，会使疏松的砂层黏结变硬，失去砂砾保水、保温的作用。因此，必须用清水灌溉，最忌灌带有大量泥土的山洪水，有条件的地区最好修建澄泥池，把带有泥沙的河水澄清后再灌溉。砂田套种模式，如瓜-菜套作，一般灌溉 4～5 次，即休闲期冬灌，保证下一年顺利播种；瓜类作物营养生长期灌一次水；果实膨大发育期灌一次水；瓜类作物收获后，为保证后茬作物生长，再灌溉 1～2 次。

（三）套种

近年来，为增加单位土地经济收入，设施砂田瓜-菜套种模式面积逐年扩大，其中以甜瓜套种茄子面积最大，其核心技术为：甜瓜品种台农 2 号、甘甜 2 号，茄子品种黑龙长茄。甜瓜 1 月中旬在穴盘或营养钵中育苗，2 月中下旬定植，行距 50cm，株距 60～65cm，每垄两行，"T"字形布苗；茄子砧木育苗时间是 9 月下旬，接穗育苗时间是 10 月中旬，翌年 2 月上旬进行嫁接，3 月上旬定植，茄子定植在两行甜瓜中间，株距为 60～65cm；甜瓜 5 月下旬收获，茄子 5 月中旬开始采摘。

第三节 砂田配套农机具

砂田作业劳动强度大，对机械化的要求迫切。由于砂田的特殊性，农业机械化必须密切地和砂田农艺要求相结合。随着农业机械化事业的发展，农业机械研究推广单位从 1976 年开始针对砂田的耕作特点，研究、改制适应砂田地区的秒砂、播种、施肥等农机具，取得了较好的效果。目前，砂田方面研制使用的农机具主要有以下几种。

一、砂田播种机

甘肃省农业机械管理局在与铁牛-55 和东-28 配套的 **BFX-16A** 型播种机的基础上经过多次改制试验，研制成适应砂田播种的播种机。主要的改制成果是根据不同行距的需要将播种机从 16 行改制成 7 行、8 行、9 行，并在开沟器上增加了能更换的分砂板和耐磨的铧尖。为了确保开沟深度一致，消除因地势不平对开沟深度的影响，在两个地轮后面各安装了一个开沟器和压力弹簧、支持架，消除地轮的压痕。砂田播种机在 1979 年研制成功并投入使用，1980 年机播面积达 3.4 万亩，改制的砂田播种机基本上能满足砂田耕作的农艺要求，一台播种机一天最多可播种 170 亩。1981 年在甘肃省永登县秦川公社做机播和畜力耧播的对比试验，在其他条件相同的情况下，在检查的地块中，机播比畜播每亩增产 11.9 斤[①]，增产幅度为 11.6%。砂田播种机在 20 世纪八九十年代主要应用于大田作物的播

---

① 1 斤=500g。

种，如今随着砂田种植结构的改变已很少使用。

二、砂田施肥机

传统砂田施用农家肥时需将砂层扒开，工序较为复杂，使用的工具有刮板、扫帚、铁锨、锄、齿耙、墩板等。刮板由宽65cm、高33cm的底板和支架组成，由4人操作，其作用是将砂层刮开。墩板的作用是施肥盖土后将土均匀压实。施化肥时为了省工，一般用施肥耧施入，目前使用的施肥耧类型有以下几种。

独脚耧：由支架、料斗、出料门和出料管组成，料斗固定在支架上，料斗下方的出料口上设置出料门，出料口上连接有出料管。适用于砂层厚、坡度大或石砾较大的砂田。

双脚宽耧：其结构与独脚耧相似，不同之处是料斗较大，由两个出料口和出料管组成，出料管间距为37～40cm。适宜在平地、砂层较薄的砂田使用。

多脚宽耧：其结构也与独脚耧相似，特点是料斗长1.2m，宽0.3m，深0.3m，分别由4个出料口和出料管组成，出料管间距为30cm，施肥耧后方连接一个1.2m长的三角铁刮板，用于刮平耧脚留下的划痕。

独脚耧和双脚耧自20世纪80年代一直沿用到今天，其作业过程基本依靠人力或畜力，若依靠人力，至少需3人才能进行作业。但由于其轻便灵活，因此特别适合在坡地或沟壑等分散砂田使用，且主要用于播前条施化肥。多脚宽耧以手扶拖拉机作为牵引力，可由1人完成作业，较独脚耧和双脚耧既省力又高效，主要用于地势平坦、面积较大的砂田播前通施化肥。随着我国农业现代化进程的加快，农业机械化已成为农业生产的主导方式，"人减、机增"的趋势不可逆转，对农机装备的需求将呈现刚性增长的态势。另外，随着土地流转和压砂瓜产业的规模化、标准化发展，连片平整的压砂田为实现农机现代化创造了条件。

1BFS-140型压砂田翻新施肥联合作业机（图3-1）：该作业机同大型轮式拖拉机配套使用，主要由机架、悬挂架、传动齿轮箱、变速箱、起砂起土铲、送土胶带、砂土筛分装置、施肥装置、布砂装置和地轮等部件组成。作业时将机具悬挂于拖拉机后部，调整起砂起土铲角度，准备工作就绪之后，机组进入田间开始作业。当机组向前行驶时，砂土筛分装置依靠后动力输出装置和链条传动装置工作，在拖拉机牵引力和后输出动力共同作用下，主犁铲、副犁铲和拢土铲将砂土铲起并输送到筛孔较细的前筛上，通过振动、滚动和分离使筛分的细土均匀地铺放在地面上，筛上的砂石则被输送到筛孔较粗的后筛上，通过进一步振动、滚动和分离，将颗粒较小的砂石覆盖在细土上，再将颗粒较大的砂石覆盖在较小的砂石上，由下到上形成"沙土层—细砂层—粗砂层"的压砂田结构。施肥装置位于机具的前上方，播肥仓里设有与下肥孔位置对应的散肥辊，用链条传动带动布料辊和散肥辊转动，均匀地将肥料播撒于砂地土层中。动力装置带动布料辊和散肥辊，使肥料在储肥仓和播肥仓两次散布，达到均匀施肥的目的，并在下料孔设置振动筛，以有效地将结块肥料打散。该机具的研发成功，实现了机械化筛砂、铺土、铺砂和施肥一体化作业，提高了压砂田翻新作业的效率，降低了成本，比人工作业效率提高了 25～30 倍，解决了砂田翻新施肥技术难题，使原本老化报废的旧砂田可以持续使用，让这种历史悠久的耕作方式焕发新春。

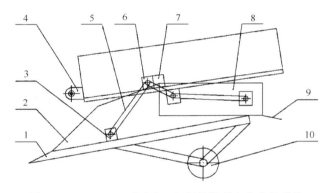

图 3-1 1BFS-140 型压砂田翻新施肥联合作业机结构

1. 起砂起土铲；2. 机架；3. 施肥装置；4. 悬挂架；5. 送土胶带；6. 传动齿轮箱；7. 变速箱；8. 砂土筛分装置；9. 布砂装置；10. 地轮

三、耖砂机

耖耧：一般都是双脚耧，耧脚之间宽约 26cm，也有三脚耧，耧脚之间相距 13cm。耖耧的耧脚装有小铧，耕作时必须注意耖耧的耧铧尖不能接触土壤。耖耧对清除杂草有较好的效果，但不及铲耧。

铲耧：铲耧的形式与耖耧相似，只在耖耧的耧脚后带上雁脖子形的铁杆，接镶一个长约 43cm 的刀片。使用时耧脚前的小铧仅起控制刀片深浅的作用，刀片仅在砂层中活动。铲耧的作用是前耖后铲，对于清除杂草的功效显著，耕作深度可以调节，但使用时阻力较耖耧大。

齿耧：齿耧的上部与耖耧相似，只是下部用数个齿条代替小铧，齿耧疏松砂层和清除杂草的效果皆不如铲耧和耖耧。

与铁牛-5 和东-28 配套使用的耖砂耙：由耙架、耙齿组成，结构简单、制造容易、使用方便，每天可耖砂 80～100 亩。

与手扶拖拉机配套使用的耖砂耧：幅宽 1m，有 5 个耧脚，耧铧与畜力耖砂耧的耧铧通用，更换方便。在砂田中可用 4～5 挡作业，每小时可耖地 3～5 亩。

四、砂田覆膜机

目前砂田普遍使用的覆膜机较为简易，由支架、拉杆、卷膜杆、两个小铧、两个刮板、两个大地轮和两个小地轮组成。小铧和刮板呈 180°固定在一根可以活动的转向杆上，两个小铧（刮板）间距可以根据地膜宽度进行调整。覆膜前先将转向杆转到小铧的一侧开沟，沟深 10cm 左右，再将地膜卷套在卷膜杆上并固定，防止左右摇晃，然后将转向杆转到附有刮板的一侧。开始作业时，首先将地膜一端拉出并压在覆膜机后方的砂砾下，地膜两侧通过覆膜机大地轮压在提前开好的小沟内，然后通过人力拉动覆膜机匀速前行，人要沿直线行走在开好的两个小沟中间，才能保证覆膜质量。在前进过程中，刮板带动砂砾将小沟抚平的同时，也压实了地膜两侧边缘。

五、砂田注水施肥机

砂田移动式注水施肥机主要由首部枢纽、输配水管、注水器三部分组成。首部枢纽主要由配套动力设备（汽油机或柴油机）、增压泵、过滤器、控制设备和压力表等部件组成。输配水管可根据地块大小，选择能够承受 1.5MPa 的橡胶软管。注水器为农用注射枪。使用前先将肥料全部溶解，再启动注水灌溉装置，调整增压泵压力，使出水压力为 0.3～0.6MPa，通过机械增压，使配备在简单的贮运施水装置中的水或肥液通过管道、注水器，按照作物的农艺要求，分段、定时、定量直接注入作物根际。注水时，将注水枪头插入距作物根部 20cm 左右的砂层下，插入深度为 30cm 左右。增压补水机具机动灵活，不受地形限制，对土壤和地形的适应性强，不产生地面径流，可深层渗漏，可形成类似滴灌或膜下灌溉的微环境，达到极限节水，有效减少地表无效蒸发，显著提高水资源利用率的目的。

第四章 砂田的发展现状与方向

砂田主要分布在我国降雨偏少的甘肃中部及宁夏、青海和新疆的部分地区，曾经在我国农业生产技术相对落后的 20 世纪六七十年代对稳定粮食生产做出了巨大贡献，自 80 年代种植业结构调整以来，又在发展农村经济，增加农民收入方面发挥了重要作用。从未来气候变化及砂田无以取代的农业生态效应、社会经济效益来看，砂田势必将保持稳定发展，但为了适应农业产业化发展和市场化经济的需求，从传统农业模式向现代农业结构转型升级是未来砂田发展的主要方向。

第一节 砂田的发展与区域分布

一、国外砂砾覆盖技术的应用

砂砾覆盖技术作为一种古老的抗旱栽培方法，在世界上一些降水量较少地区以其独特的方式得到了不同程度的应用。如在瑞士的沙莫松（Chamoson），法国的蒙彼利埃（Montpellier），非洲东北部的埃塞俄比亚（Ethiopia），美国的科罗拉多（Colorado）、蒙大拿（Montana）、得克萨斯（Texas）、亚利桑那（Arizona）等地都有利用砂砾覆盖技术进行农业生产和工程应用的报道。北美洲南部格兰德河（Rio Grande）流域的安那萨西（Anasazi）人在公元 14～15 世纪，采用砂砾覆盖技术进行了花园建设。埃塞俄比亚提格雷（Tigray）地区土层中含有大量的石块，影响了该地区的土壤水分平衡，对农业生产和局部微环境有明显的影响。在瑞士沙莫松地区，砂砾覆盖技术被应用于樱桃和葡萄的种植。砂砾覆盖技术的应用在一定程度上改进了樱桃和葡萄的生产品质，提高了产量。在加拿大安大略（Ontario）地区，为了应对夏季干旱少雨日趋严重的问题，当地人尝试在其花园中采用不同覆盖方式进行了种植技术改进，其中以采用砾石覆盖技术的种植方法效果最好。还有报道称几千年前的古希伯来人在西奈沙漠应用过砂砾覆盖技术。

我国砂田主要集中分布在甘肃省中部地区，以及与之毗邻的青海、新疆和宁夏的部分地区，其中甘肃砂田和宁夏砂田占砂田总面积的90%以上。

二、甘肃砂田发展与分布

甘肃砂田研究始于1942年，时任甘肃省农业改进所（现为甘肃省农业科学院）张家寺农艺试验总场主任的盛家廉（著名甘薯科学家）在兰州市红古区的新铺砂田上试种棉花、华莱士甜瓜等多种作物，并根据其间作物生长状况与土壤温湿度变化，撰写了《从甘肃的砂田来看铺砂防旱的作用》论文，发表在1952年3月6日的《人民日报》上。

中华人民共和国成立以后，甘肃砂田研究有两个主要时期。第一个主要研究时期在20世纪60~80年代，兰州大学、甘肃农业大学、甘肃省农业科学院、兰州市农业科技研究推广中心、皋兰县农业技术服务中心等多名研究人员对砂田的作用和管理进行了较为系统的研究，整理汇编了《甘肃的砂田》一书。第二个主要研究时期在20世纪90年代中期以后，随着设施园艺产业的迅速发展和人们对于农村生态环境污染、农业用水紧缺、水果蔬菜安全性等问题的广泛关注，中国科学院寒区旱区环境与工程研究所、甘肃农业大学、甘肃省农业科学院、甘肃省林业勘察设计研究院及兰州市、白银市等多家农业科研和推广单位的研究人员，在砂田作用机理与砂砾粒径的关系、砂田老化与砂田管理、传统砂田与地膜覆盖及设施砂田栽培模式、集雨补灌与优化施肥技术等方面进行了更加广泛深入的研究，形成了砂田地膜、砂田塑料小拱棚、砂田塑料大棚、砂田地膜小拱棚双覆盖，以及砂田塑料大棚双覆盖、三覆盖和日光温室砂田无公害栽培等多种生产方式。

甘肃的砂田遍布包括河西走廊和陇东黄土丘陵区在内的全省各地，但集中分布在甘肃中部的干旱、半干旱地区。在20世纪30年代末到40年代初，适值抗日战争期间，鉴于当时甘肃等省所处的战略地位，开发西北的呼声很高，国民党政府迫于形势，通过向中国农民银行贷款试图恢复和发展砂田，使砂田的发展形成一次高潮。至1945年，陇中地区砂田面积已达2.67万hm^2；据统计，1949年甘肃全省约有砂田3.33万hm^2；甘肃砂田迅速发展是在20世纪五六十年代，至70年代前后，甘肃砂田面积基本稳定在8万hm^2左右，仅兰州市就有约5.57万hm^2；1980年全国砂田面积约为10万hm^2，仅甘肃省就占到8.13万hm^2，主要集中在兰州市永登县、皋兰县和白银市的景泰县，其中兰州市砂田面积为4.42万hm^2，占全省砂田面积的55%，占全国砂田面积的44.2%，

永登、皋兰两县为兰州市砂田最集中的地区，分别占全市砂田面积的 60.00%
和 25.00%；1990 年甘肃省人民政府发布的《甘肃省基本农田保护管理暂行办
法》明确将砂田列为基本农田并加以保护，至 1992 年底，甘肃省仍有砂田 10
万 hm^2。近年来，随着水利建设的发展和兰州新区的扩建，甘肃砂田总体上有
减少的趋势，现稳定在 4.5 万 hm^2 左右（图 4-1，图 4-2）。

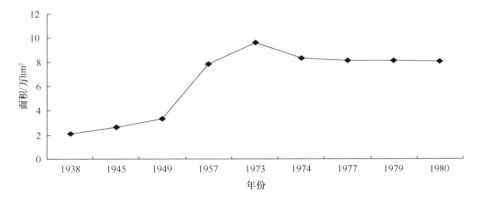

图 4-1　甘肃省砂田面积发展情况

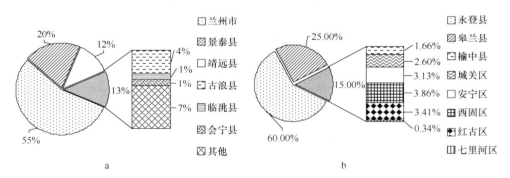

图 4-2　1980 年甘肃省（a）与兰州市（b）砂田面积分布

三、宁夏砂田发展与分布

（一）宁夏砂田发展

　　宁夏砂田最初形成年代已无从考据，相传是从甘肃皋兰传入宁夏山区的，宁

夏压砂田经历了较快的发展变化，大体经历了 3 个发展阶段。

1. 原始生产方式发展阶段

这一阶段主要依靠人肩背扛和驴驮，每铺盖 1 亩压砂地需要 $60\sim70m^3$ 砂石，费工费力，劳动十分艰辛，多数人家无能为力。截至 1949 年，宁夏压砂田的面积仍不足 $1334hm^2$。

2. 农民自发发展阶段

当翻斗车、装卸机相对普及后，接受新事物较快的农民自发使用机械进行铺砂，劳动强度大大减轻，发展相对较快。到 20 世纪 90 年代，宁夏压砂田的面积已扩大到 $5336hm^2$。

3. 有计划、有组织推进阶段

2002 年，宁夏老科技工作者协会组建中部干旱带生态环境建设与农牧业发展研究调研组，通过调研论证，肯定了压砂田对当地农业生产的促进作用，特别是在宁夏回族自治区党委、人民政府研究部署中部干旱带农牧业发展与生态环境建设的盐池工作会议后，压砂田的发展进入了有组织、有计划的大力发展阶段。中卫市把发展压砂瓜产业作为干旱区群众摆脱贫困的特色支柱产业来抓，在数百千米的干旱带掀起了建设百万亩压砂田的高潮。截至 2007 年，宁夏压砂田已发展到 6.67 万 hm^2。

（二）宁夏砂田分布

宁夏砂田主要分布在中卫市南部干旱山区香山、兴仁、海原及中宁一带，位于北纬 $36°57'\sim37°29'$，东经 $104°59'\sim106°09'$。$2003\sim2007$ 年，短短 4 年多时间，压砂地面积已由过去的 10 万亩发展到 100 万亩，成为我国最大的以生产硒砂瓜为主的压砂地集中区域。其中中卫市沙坡头区、中宁县和海原县砂田面积分别为 44 万亩、33 万亩和 23 万亩；沙坡头区砂田主要分布在香山乡、常乐镇和永康镇，分别占宁夏砂田总面积的 21.0%、9.5% 和 6.9%；中宁县砂田主要集中在鸣沙镇和喊叫水乡，分别占宁夏砂田总面积的 11.3% 和 11.8%；海原县砂田主要集中在兴仁镇，占宁夏砂田总面积的 11.9%（图 4-3）。

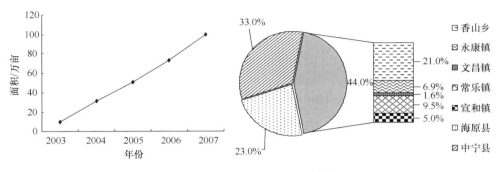

图 4-3 宁夏砂田面积及分布图

第二节 砂田的发展方向

一、砂田面积将持续稳定

随着社会的进步和科技的发展,砂田这一传统而古老的保护性耕作措施是否有其存在的必要性,是在中国旱作农业史上仍发挥重要的作用还是会逐渐退出农业发展的历史舞台。这个话题自 20 世纪 80 年代就被提出,此后随着农田水利事业、新的覆盖技术和生态农业的发展,退耕还林政策的落实,质疑声越来越强烈。对于这个问题,仁者见仁、智者见智,没有绝对的肯定与否定。为此,我们从砂田分布区域的自然资源、生态效应和社会效益来分析砂田存在的必要性。

(一)干旱和水资源短缺仍是我国西北干旱半干旱地区农业的主要限制因子

首先,旱作农业仍然将是我国西北干旱半干旱地区的主要生产方式。"气候变暖使高山区冰川退缩加速,会加剧西北干旱区水资源波动性,尤其表现在供水、需水、水质等方面"。日前,中国科学院新疆生态与地理研究所研究员、荒漠与绿洲生态国家重点实验室主任陈亚宁在接受《中国科学报》记者采访时表示,过去半个世纪,我国西北干旱区的气温上升速率为每 10 年上升 0.33~0.39℃,明显高于全国、全球平均水平,该地区是对气候变化响应最敏感区之一,气候变暖对西北干旱区水资源的影响不容小觑。

西北干旱区深居欧亚腹地,干旱少雨、生态脆弱。水资源作为西北干旱区生产、生态、生活等各个方面的最关键要素,对西北干旱区的可持续发展和生态安

全起着重要作用。全球气候变暖使西北干旱区极端水文事件增加、水资源不确定
性加大、水循环过程和生态需水规律发生改变，让以山区降水和冰雪融水补给为
基础的水资源系统更为脆弱。而人口增长和经济社会发展对水资源需求的增加，
使西北干旱区水资源问题更加突出。

过去 20 年里，西北干旱区气候出现了向暖湿变化的趋势，但由于西北干旱
区降水基数过小，增加的降水量远不抵西北干旱区巨大的蒸发量，不可能从根本
上改变西北干旱区的景观格局。并且，随着气温不断上升，蒸发量也会继续增加，
一方面加剧干旱的严重性和水资源的紧缺，另一方面，土壤水分也会因无效蒸发
而耗散，一些抗旱性差、依托地下水生存的荒漠植物会受到干旱胁迫甚至死亡，
导致生物多样性减少，植被覆盖率降低，荒漠生态系统的生态安全受到威胁。因
此，旱作农业在我国西北干旱半干旱地区仍有很长的路要走，而且会越来越得到
重视。

其次，随着水资源的开发利用，灌溉面积的继续扩大已经接近极限。水是人
类赖以生存的生命之源，水资源紧缺已成为严重制约我国经济可持续发展的瓶
颈，而农业是水资源的最大用户，其用水量约占世界水资源的 70%，占国内水
资源总量的 88%。因此，农业用水的状况直接关系到国家水资源的安全。为了
满足支撑经济快速发展的工业用水和加强环境改善的生态用水，根据我国水资源
条件和《全国水中长期供求规划》，今后相当长时间内农业用水不可能有较大幅
度的增加。从历年统计资料来看，农业用水量占全国总用水量的比例呈逐渐下降
趋势，从 1949 年的 97.1% 逐步下降到 1980 年的 88.2%，再到 20 世纪 90 年代后
期的不足 70%。据有关预测，中国农业用水量到 2030 年将增加到 4257 亿 m^3，
但其占总用水量的比例将进一步下降到不足 60%，其中灌溉用水量仅能维持现
状水平。在我国西北干旱半干旱雨养农业区，旱地多数分布在沟壑坡地，且分布
较零星，因此，在这些区域发展农田灌溉水利工程还具有一定的困难。

（二）砂砾覆盖效应无以取代

自 20 世纪 70 年代引进塑料薄膜覆盖技术以来，目前我国地膜覆盖栽培面积
已达到 1000 多万 hm^2，地膜覆盖栽培的作物共 60 多种，栽培理论和技术已经有
了新的发展。地膜覆盖栽培的最大效应是提高土壤温度，控制土壤水分蒸发，而
且应用起来简单方便，投资额比砂田低 4/5 左右。那么塑料薄膜覆盖能否取代砂
砾覆盖，早在 20 世纪 80 年代，甘肃省农业科学院蔬菜研究所就对此做了研究。

1. 增温效果

图 4-4 和图 4-5 是甘肃省农业科学院蔬菜研究所于 1981 年就水砂田和地膜覆盖对土壤增温效果所做的试验研究。结果表明，两种覆盖方式的土壤温度日变化规律基本相似。覆膜处理的土壤温度总体高于覆砂处理，但随着土层的加深，不同覆盖方式下的土壤温度日变化逐渐平缓，且差距也逐渐减小，覆膜处理土层间的温差大于覆砂处理。从两种覆盖方式 4～5 月的土壤温度来看，覆膜处理 0～10cm 土层日平均地温较覆砂处理提高了 3.5～5.2℃。其原因是覆砂处理土壤温度是经砂砾受热后，向土壤传导而增高的，而薄膜覆盖下的土壤可以直接吸收太阳辐射能而使温度增高，所以覆膜处理的增温效果优于覆砂处理。

近年来，宁夏大学许强团队就旱砂田和地膜覆盖效应也做了相关对比研究。根据测定，就日平均土壤温度而言，6 月以前地膜覆盖和砂田覆盖一般比对照裸田分别偏高 1.15℃和 1.68℃，最多可达 1.94℃和 2.3℃；7 月地膜覆盖和砂田覆盖比对照低 0.95℃和 3.2℃；8 月地膜覆盖和砂田覆盖比对照裸田分别高 1.06℃和 3.58℃。表明砂田的增温效果发生在作物生长前期（苗期）和后期（成熟期），这对保证作物早出苗、防止根部早衰、促进作物提早成熟具有重要意义。另外，

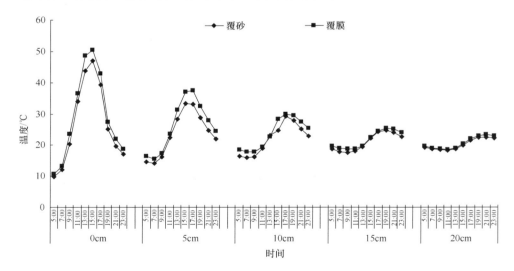

图 4-4　两种覆盖方式的土壤温度日变化

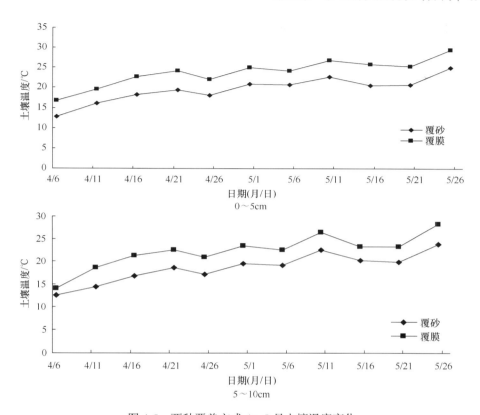

图 4-5　两种覆盖方式 4~5 月土壤温度变化

砂田覆盖对地温的影响深度也大于地膜覆盖,地膜覆盖的影响深度是 15cm 土层;而砂砾覆盖对地温的影响深度是 20cm。原因是砂田地面粗糙,吸光性能好,导热性好,白天增温幅度大,且砂层又具有保温作用,在不断累积的过程中,影响的深度随之加深。

从以上两项研究结果可以看出,地膜覆盖的增温效果介于水砂田和旱砂田之间,水砂田覆砂厚度为 5~7cm,而旱砂田覆砂厚度为 10~15cm。因此,不能一概而论地认为地膜覆盖的增温效果优于砂砾覆盖,要考虑砂田的类型和覆砂厚度。而在我国西北干旱半干旱地区,旱砂田的面积远远大于水砂田,单就土壤增温方面而言,旱砂田的地位是地膜无法取代的。

2. 保墒效果

地面覆盖是指在地面设立一个挡水层或多孔覆盖物,能有效地减少土壤水分蒸发量。地面覆盖在我国采用较多的有秸秆覆盖、地膜覆盖和砂田覆盖,但由于其材料结构不同,在抑制土壤水分的蒸发和降雨的入渗方面也存在较大的差别。2008 年中国科学院针对目前我国农业常用覆盖材料的聚墒抑蒸效应进行了深入而细致的研究。试验分别在干旱棚遮雨的控水条件和接纳外界降雨的露地非控水条件下进行。蒸发过程根据水分蒸发速率分为快速蒸发阶段和慢速蒸发阶段,在快速蒸发阶段各处理累积蒸发量分别为:秸秆覆盖 29.41mm、地膜覆盖 20.05mm、砂田覆盖 16.16mm、无覆盖 46.34mm,无覆盖>秸秆覆盖>地膜覆盖>砂田覆盖。慢速蒸发阶段各处理累积蒸发量虽随时间不断变化,但土面蒸发速率差异不大,土壤水分处于稳定而缓慢减少的状态,各覆盖处理对蒸发速率的影响较小(表 4-1)。

表 4-1　不同蒸发阶段各处理蒸发过程拟合

| 蒸发阶段 | 拟合方程 | 处理 | 参数 | | R^2 |
			a	b	
快速蒸发阶段	$Y=ax^b$（$0<x\leq8$） Y 为累积蒸发量;x 为时间（天）	无覆盖	2.5516	1.1448	0.9939
		秸秆覆盖	2.1626	1.0984	0.9927
		地膜覆盖	1.3712	1.0528	0.9949
		砂田覆盖	1.0584	1.0176	0.9909
慢速蒸发阶段	$Y=ax+b$（$x>8$） Y 为累积蒸发量;x 为时间（天）	无覆盖	0.4169	49.063	0.9904
		秸秆覆盖	0.4776	31.840	0.9881
		地膜覆盖	0.2514	24.199	0.9429
		砂田覆盖	0.3493	15.660	0.9660

在非控水条件下,整个试验期间,对各处理 0~20cm 土壤实际有效含水总量进行比较,发现砂田覆盖和秸秆覆盖分别较无覆盖处理多 5.84m³/亩和 3.55m³/亩,提高幅度分别为 53.8%和 32.7%,地膜覆盖的对应值为 0.53m³/亩,仅提高 4.6%。表明砂田覆盖和秸秆覆盖的正效应比较显著,其中砂田覆盖的保墒能力较秸秆覆盖好一些,而地膜覆盖对该层次的保墒能力较差。可能是因为地膜覆盖有良好的物理密封作用,不利于降雨的入渗,降雨量和降雨强度较大时,不能及时下渗而导致径流损失较多。同时,地膜覆盖以后会产生温室效应,从而

提高地温,使得覆盖条带与未覆盖条带温差增大,水分虽不能从覆盖条带蒸发,却容易扩散到未覆盖条带,然后再蒸发。

控水条件下,无覆盖处理玉米产量仅为 83.53kg/亩,砂田覆盖、地膜覆盖和秸秆覆盖较无覆盖处理分别增产 94.0%、70.5% 和 28.3%;耗水量分别减少 35.3%、36.6% 和 17.4%;作物水分利用效率分别为无覆盖处理的 3 倍、2.69 倍和 0.55 倍。非控水条件下,无覆盖处理玉米产量为 572.87kg/亩,砂田覆盖、地膜覆盖和秸秆覆盖较无覆盖处理分别增产 22.35%、2.4% 和 5.6%,其中砂田覆盖的增产效应显著,值得引起重视;作物水分利用效率较无覆盖处理分别提高了 24.1%、6.0% 和 7.6%。说明在雨量充沛,土壤含水量水平较高条件下,覆盖措施对玉米水分利用效率仍有一定的提高作用,其中砂田覆盖处理玉米水分利用效率较其他两种覆盖处理提高幅度高出 2～3 倍,提高效应比较显著。

以上研究结果表明,无论是干旱水分胁迫时的抑蒸能力,还是雨水充沛时的蓄水能力,砂田覆盖均优于地膜覆盖,从而使得作物产量和水分利用效率同步提高。

3. 保肥效果

由于覆盖物种类不同,在不同覆盖条件下土壤耕层中水、热、气循环协调的程度就不同,微生物活动的强度不同,矿化度不同,进而使得加速养分有效化过程存在差异,对肥料的利用率也就不同。宁夏大学通过对不同覆盖方式下西瓜地土壤养分进行对比研究发现,在相同施肥量条件下,砂田覆盖和地膜覆盖西瓜收获后土壤全氮分别比无覆盖裸田多释放 0.11g/kg 和 0.084g/kg;碱解氮分别比对照多释放 20.00mg/kg 和 16.85mg/kg;速效磷分别比对照多释放 0.19mg/kg 和 0.02mg/kg;速效钾分别比对照多释放 40mg/kg 和 20mg/kg。表明由于覆盖处理改善了土壤的水、气、热状况,因此有利于土壤养分的矿化,其中砂田覆盖的土壤养分利用效果优于地膜覆盖(表 4-2)。

表 4-2　不同覆盖 0～20cm 土层土壤养分变化

处理	全氮/（g/kg）	碱解氮/（mg/kg）	全磷/（g/kg）	速效磷/（mg/kg）	速效钾/（mg/kg）
无覆盖	0.144	65.15	0.21	8.50	160
地膜覆盖	0.060	48.30	0.20	8.48	140
砂田覆盖	0.034	45.15	0.20	8.31	120

　　地膜覆盖在农业生产中无疑是应用最广泛的，也产生了巨大的经济效益，但是地膜覆盖农业导致的"白色污染"问题严重，残膜导致出苗率降低，死苗率大大增加，土壤结构变差，农业生态环境受到威胁。而砂田覆盖除在农业生产方面具有显著作用外，还具有抗风蚀、减尘、水土保持等生态效应。

（三）砂田的经济社会效益

　　压砂西甜瓜完全是旱作条件下的栽培产物，其西瓜个大皮厚、便于运输、果肉鲜红、果汁丰富、甘甜爽口，糖分含量高达 13.8%。砂田出产的西甜瓜营养元素种类全面，含量合理，其中含人体必需氨基酸 8 种、维生素 3 种、微量元素 5 种，特别是含有人体保健必需的硒和锌等微量元素，具有提高人体免疫力、抗衰老作用。另外由于砂田区自然生态环境好，数百平方千米范围不仅没有影响环境的工业企业，也很少有大型居民聚集区，非常适宜生产纯天然的有机商品瓜。近年来，砂田西甜瓜也形成了自己独特的品牌，其中宁夏中卫地区以"香山绿豪""香山硒砂瓜"等商标注册的压砂瓜已畅销四川、重庆、北京、上海等国内 30多个省（自治区、直辖市）；甘肃皋兰、白银的砂田籽瓜亦是我国传统出口特优名牌产品之一，内销全国各地，外销东南亚、日本和欧美诸国。

　　压砂西甜瓜在树立了"品牌效应"的同时，也增加了农民收入，促进了地方经济的发展。在甘肃中部的白银，砂田西瓜不仅栽培历史悠久，且种植规模较大，产量和效益也较为突出，常年种植面积已发展到 0.5 万 hm^2 以上，年总产值高达 1.5 亿元左右，砂田西瓜已发展成为全市一大特色支柱产业。甘肃酒泉现有砂田 3000 余亩，分布在玉门、金塔、和肃州区的铧尖与泉湖二乡，主要种植西甜瓜，亩产量为 3000～4000kg，亩产值约为 2000 元。宁夏中部干旱带压砂瓜种植面积也逐年增加，产业迅速发展。2005 年，中卫市 13 个乡镇、60 个行政村压砂田面积达 10 万亩，总产量达 20 万 t 以上，总收入达 1.2 亿元，瓜农人均收入达 2500元，与此同时，中卫地区已经成为宁夏面积最大的西甜瓜集中产区。砂田西甜瓜的种植促进了我国西部干旱地区种植业生产的和谐发展，促进了社会主义新农村建设、增加了农民经济收入，产生了显著的经济效益和社会效益。

　　由此可见，砂田既有其存在的客观自然条件，又有其存在的社会经济价值，对西北干旱半干旱地区的农业生产、生态环境保护和经济发展做出了重要贡献。在目前或今后暂且找不出比砂田更好的替代品的条件下，如果摒弃砂田，将会带来水土流失、土地荒漠化、人口流转等一系列严重的生态环境和社会稳定问题。

因此，砂田在今后很长一段时间内，不但不会销声匿迹，而且还会发展壮大，至少会保持稳定。

二、转型发展和升级发展将成为未来砂田发展的主题方向

转型发展是指农业从一种产业形态发展到另一种产业形态，主要体现在农业生产方式、经营方式和管理方式的转型。今后一段时期，我国农业生产方式转型将主要体现在生产主体由小农户向规模化、集约化合作经营组织的转变，生产要素由土地、劳动力等向科技第一核心要素等投入的转变，生产工具由以手工、人畜力为主向以现代化机械应用为主的转变；农业经营方式转型将主要体现在市场形式由孤立、封闭的小农市场形式向开放化、信息化、社会化市场形式的转变，经营模式由立足国内自给自足经营向全球化布局经营的转变，经营主体由一家一户向新型经营主体主导的转变；农业管理方式转型将主要体现在理念上由单一投入管理向全产业链、系统化集中管理转变，方式上由传统人工管理向自动、高效和智能的智慧化管理转变，目标上由注重提高产能向提高综合效益、可持续发展转变。

升级发展是指从一种产业水平提升到另一种产业水平，主要体现在农业品种、农业技术和农业产业（产品）的优化与升级。今后一段时期，我国农业品种的优化升级将主要体现在品种特性由高产、优质、多抗、广适向高产、优质、高效、安全、营养及专用化的升级，品种结构布局由多样性向专业化、由随意性向标准化、由小面积向规模化等方向的优化发展；技术的优化升级将主要体现在由单一技术向技术体系、技术系统方向的发展，更加注重多元技术系统的综合发展和目标产品的生产技术系统应用；产业（产品）的优化升级将主要体现在产品由传统农产品向商品、专用功能产品的发展，由初级产品向精深加工的产业链延伸，更加突出土地产出率、资源利用率、劳动生产率的提升，由过去高投入高产出向资源节约型和环境友好型可持续发展的升级。

（一）砂田经营主体和生产要素的转变

砂田作为典型的西北旱作农业技术，从甘肃皋兰的每户10亩左右到宁夏中卫的每户上百亩，目前仍以一家一户分散经营为主，宁夏环香山地区虽已形成了集中、连片的规模化硒砂瓜生产基地，但经营方式并未发生改变。随着农村劳动

力人口的流转，加之砂田铺设、耕作、翻新劳动强度大，若生产主体再不从小农户向规模化、集约化合作经营组织转变，最终将会成为限制砂田可持续发展的社会因素。另外，生产要素的转变也是未来砂田发展的一个重要方向。传统砂田的田间作业还主要以手工和人畜力为主，劳动强度大，生产成本高，效率低下，严重影响砂田的可持续发展。例如，传统铺 1 亩砂田用砂量为 10 万～20 万 kg，需要 60～80 个劳动力；每亩砂田施用农家肥时至少需要 8 个劳动力作业 1 天才能完成，如果很少或长期不施用有机肥，便会造成土壤肥力下降，连作障碍加重，砂田老化后，农民无心也无力再去更新，老砂田则会被荒弃，形成"人造戈壁"。目前研究人员对砂土分离、覆膜、注水、施肥等机械已进行了相应的研制，但多数还处于试验、示范阶段，还需要根据生产实际对设备的技术参数、性能指标等进行不断的完善改进，使之大规模投入生产并真正地推动产业发展。因此，生产要素要向以科技为第一核心要素转变，生产工具应向以现代化机械应用为主转变。

（二）砂田农产品的升级

2016 年 12 月 1 日，中国食品发展大会在北京举行，此次大会主题为"新动能、新趋势、食品产业转型升级与可持续发展"。大会上，农业部农产品质量安全监管局副局长金发忠表示，农业部将大力培育农产品品牌，培育打造一批知名农产品、培育打造一批知名农产品生产经营主体、培育打造一批知名农产品产地。目前砂田西瓜品种过于单一，如宁夏砂田西瓜种植面积的 80% 以金城 5 号为主；甘肃砂田西瓜 70% 为金城 5 号，15% 为丰抗 8 号；青海砂田 80% 为西农 8 号，20% 为金城 5 号。由此可见，砂田西瓜目前仍以金城 5 号和西农 8 号传统品种占绝对优势。同一地区同一品种一旦遇上爆发性病虫害就会导致全面减产甚至失收，大农业裸露在大自然中，深受气候制约，品种单一难逃恶劣环境的统一破坏，导致大面积减产失收而影响粮食安全。例如，19 世纪 40 年代爱尔兰马铃薯晚疫病大流行；20 世纪初期加勒比海地区香蕉萎蔫病大流行；1946 年美国 350 万亩燕麦叶枯病大流行；1970 年美国玉米小斑菌 T 小种大流行；2006 年，广西桂平市北区，晚稻品种博优 358 感染稻颈瘟，疫情迅速汹猛，造成大面积减产，而其他品种不感染稻瘟病，产量不受影响。以上都是品种单一化的历史教训。其次，品种单一也不适应市场需求。早、中、迟品种可以在不同时间成熟上市，拉长上市时间，品种多样，物质多彩，既可满足生活需求，又可获取高效益。另外，未来我国农业品种特性主要由高产、多抗、广适向优质、高效、安全、营养及专用化升级。砂田出产的瓜营养元素种类全面，含量合理，主要以富含"硒"元素而著称，因之得名"硒砂瓜"。自 2002 年以来，"香山硒砂瓜"逐渐形成规模化生产、品牌化经营，当地政府加强了对香山硒砂瓜包装、商标、地理标志、有机食品标志的管理使用工作。严格推行一瓜一标，一年一印，建立硒砂瓜包装、标志档案管理和备案查询制度，充分应用电子防伪技术，建立硒砂瓜商标查询追溯体系，实现产品质量手机短信和网站追溯，确保让每个硒砂瓜都有自己的"身份证"。宁夏中卫市香山乡目前拥有优质压砂地 107 万亩，产品远销陕西、四川、北京、湖南等20 多个省市。

第三节 砂田的制约因素与对策建议

一、砂田的制约因素

（一）砂田老化

砂田老化包括覆砂层和土壤质量的下降。覆砂层质量下降包括砂砾间隙土粒填充形成毛细管，增加了土壤水分的蒸发损失；长期耕作导致砂层变薄，砂石粒径比例失调等，最终影响砂田的增温保墒效果。土壤质量下降包括物理结构变差、养分含量下降、微生物区系失调，最终影响砂田西瓜的可持续发展。传统压砂地的耕种过程，实际上就是压砂地的衰老过程。旱砂田使用年限为 40～60 年，而20 年之后砂田老化严重，作物产量几乎减半，40 年之后基本弃耕；水砂田使用年限一般为 3～5 年。俗语称"苦了老子，富了儿子，穷了孙子"，就是对砂田耕作历程的真实写照。在现实生产中，既要做到保护砂层质量，又要提高土壤肥力，二者往往存在矛盾性。砂田传统施肥，尤其是农家肥，要经过"扒砂—翻土—再覆砂"3 个基本工序，因此施肥过程势必会造成底土与砂砾的混合，这也是在砂田所有耕作管理过程中对砂层质量影响最大的，而长期不施肥或少施肥会使土壤潜在肥力消耗殆尽，生产力将严重下降，甚至弃耕。

（二）土壤盐渍化

"盐随水来，盐随水走，水去盐存"是水盐运移的特点。土壤表层的覆砂不仅可以提高土壤的含水量、减少土壤水分的蒸发量，还可以减轻土壤盐分的表聚作用，在干旱和半干旱地区土壤表层进行覆砂是减少土壤水分蒸发量，防治盐渍化的有效途径。而随着砂田退化程度的加重，砂层中混入土的重量百分比的提高，保墒效应逐渐减弱，土壤水分蒸发量随着砂层土砂比的增加而增加，致使土壤水分丧失严重，蒸发量增大，土壤表层返盐量增大，导致土壤易发生板结和盐碱化。

另外还包括由不合理的耕作灌溉引起的土壤次生盐渍化过程。近年来，随着砂田微灌技术的发展，微喷灌技术在宁夏中卫地区得到了快速普及，此项技术对缓解砂田西瓜干旱胁迫、促进农民增产增收起到了积极作用。但其水源多为农民自发打井所得的苦咸水，长期灌溉会对土壤造成次生盐渍化危害。

2014 年，本项目组对宁夏三合、新水、兴仁三地送来的两批砂田 0～10cm 土壤样品和灌溉水样品进行了检测，结果如下。

1. 灌溉水盐分严重超标

根据《农田灌溉水质标准》（GB 5084—2005），当水质全盐含量（EC）达 1mS/cm 以上时，则不能作为农田灌溉用水。宁夏新水地区灌溉水全盐含量为 3.7mS/cm，属咸水，已超出灌溉水质标准的两倍多。另外，灌溉用水氯离子含量应≤350mg/L，而新水地区灌溉水中氯离子含量已超出灌溉水标准的两倍多（表 4-3）。

表 4-3　宁夏新水地区灌溉水样品水溶性盐含量及 pH

全盐/(mS/cm)	pH	HCO_3^-/(g/L)	SO_4^{2-}/(g/L)	Cl^-/(g/L)	Ca^{2+}/(g/L)	Mg^{2+}/(g/L)	K^+/(g/L)	Na^+/(g/L)
3.735	7.82	0.14	0.288	1.108	0.02	0.005	0.005	7.62

2. 土壤盐分积累加剧

由于受灌溉水质影响，新水地区的表土全盐含量比三合、兴仁两地极显著高出 40%～130%。CO_3^{2-} 和 HCO_3^- 是盐碱土和碱土中的重要成分，高浓度的 HCO_3^- 不仅会降低土壤中有效铁的含量，抑制根系对铁的吸收，还会造成细胞内 pH 上升，使植物组织碱化，从而降低植物体内铁的生理活性。除此之外，HCO_3^- 过高还会抑制根系生长，降低细胞分裂素（cytokinin，CTK）向地上部的运输量，导致蛋白质合成和叶绿素发育受阻，造成植株失绿。三合、新水、兴仁三地表土中 HCO_3^- 含量在 320～440mg/kg。在 3 月 20 日的土壤样品检测中，新水土壤 HCO_3^-

含量较三合、兴仁两地分别显著提高 8.55%和 17.35%；在干旱地区的盐土中易溶性盐往往以硫酸盐为主，新水、兴仁两地土壤 SO_4^{2-}含量均大于 500mg/kg，且显著高于三合地区土壤，属于异常。盐土中以氯化物为主的盐土毒性较大，西瓜是忌氯作物，氯过量主要表现为生长缓慢，植株矮小，叶片少，叶面积小，叶色发黄，严重时叶尖呈烧灼状，叶缘焦枯并向上卷筒，老叶死亡，根尖死亡。另外，氯过量时种子吸水困难，发芽率降低。三合、新水、兴仁三地两个不同时段的土壤 Cl^-含量均在 40～250mg/kg，已超过正常值范围，属偏多。在 4 月 23 日的土壤样品检测中，新水土样 Cl^-含量较三合、兴仁两地分别极显著高出了 180%和64%（图 4-6）。

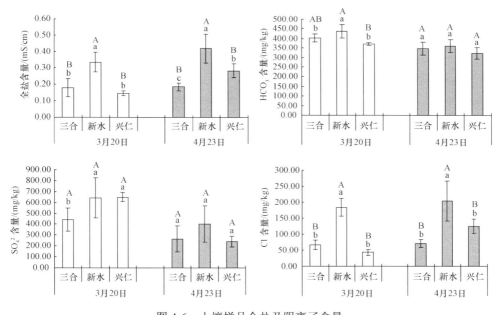

图 4-6　土壤样品全盐及阴离子含量
不同大、小写字母分别表示不同处理间差异极显著（$P<0.01$）与差异显著（$P<0.05$）

在使用苦咸水灌溉后，并未对三合、新水、兴仁三地土壤中的 Ca^{2+}、Mg^{2+}含量产生显著影响，Ca^{2+}含量在 60～130mg/kg，Mg^{2+}含量在 14～30mg/kg，均属正常范围。以上三地土壤中 K^+含量均小于 125mg/kg，按照土壤水溶性钾的诊断基准，土壤 K^+含量属偏低。由于受灌溉水质影响，新水地区土壤 Na^+含量极显著高于三合和兴仁两地，达到了 220mg/kg 左右，是三合地区土壤 Na^+含量的 2.3～

3.5倍，兴仁的2.7～3.5倍。以4月23日土壤样品为例，三合、新水、兴仁三地土壤的Na^+：Ca^{2+}、Na^+：Mg^{2+}、Na^+：K^+分别为0.8：1、1.97：1、0.66：1。综上分析，旱砂田苦咸水灌溉引起的土壤次生盐渍化主要表现为Cl^-和Na^+在土壤表层的积累（图4-7）。

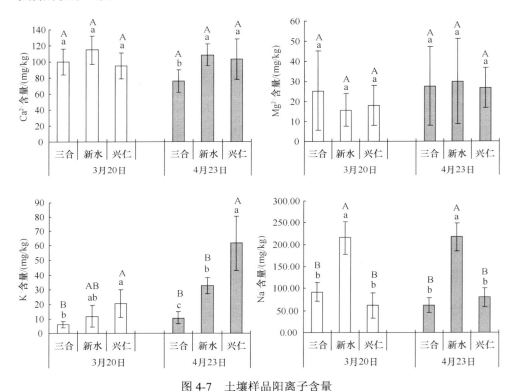

图4-7　土壤样品阳离子含量

不同大、小写字母分别表示不同处理间差异极显著（$P<0.01$）与差异显著（$P<0.05$）

（三）连作障碍加重

近几年，越来越多的学者认为根际微生态失调可能是连作障碍发生的主要原因，并提出从根际微生态角度综合研究连作障碍的新思路。他们认为连作所引起的土壤理化性状的改变及作物根系分泌物和残茬在土壤中的长期存留均可导致土壤微生态的变化，影响作物的生长，导致连作障碍。

一方面，西瓜自毒作用和化感作用被认为是西瓜连作障碍的一个重要原因。

近些年来，西瓜的自毒作用和化感作用方面的研究较多。Singh 等（1999）认为自毒作用是指植物向环境释放某些化学物质而影响自身的生长和发育的化学生态现象和化感作用的表现形式。王倩和李晓林（2003）认为自毒物质肉桂酸、苯甲酸的作用与其浓度密切相关：低浓度苯甲酸、肉桂酸（0.125mmol/L）可显著提高西瓜幼苗根系过氧化物酶（peroxidase，POD）活性，降低枯萎病发病程度，而对西瓜幼苗生长、根活力无显著影响；随着处理浓度升高，其促进作用消失，转为抑制作用。邹丽芸（2005）通过水培试验研究了添加与未添加活性炭条件下西瓜根系分泌物对植株生长的影响，结果表明，未添加活性炭的西瓜植株生长量明显偏低，根系中总酚含量显著高于添加活性炭的植株，在西瓜果实膨大期植株枯萎率也明显增加；叶片中叶绿素含量下降，从而可能影响植株正常的光合作用，体内光合产物积累量减少，导致植株生长发育不良。而添加活性炭的处理，由于活性炭对西瓜根系分泌物中的有机生长抑制物质具有较强的吸附作用，从而有效地缓解了根系分泌物对植株生长的自毒作用。以上研究结果表明，西瓜根系分泌物对西瓜植株自身生长发育具有自毒作用。

另一方面，砂田老化与土壤次生盐渍化也是导致砂田西瓜连作障碍的主要原因。土壤微生物是土壤微环境中的重要组成部分，微生物群落结构组成和变化在一定程度上反映了土壤的质量及其健全性，同时也是克服连作障碍及其他土壤障碍因子的关键所在。一般而言，土壤微生物群落结构丰富的土壤一定具有较丰富的土壤养分和较高的土壤酶活性。土壤微生物的数量与土壤肥力和土壤酶活性有极为密切的关系，较高的微生物活性通常是土壤肥沃的标志，更重要的是，土壤微生物群落结构和组成的多样性与均匀性不仅可以提高土壤生态系统的稳定性与和谐性，同时也可以提高对土壤微生态环境恶化的缓冲能力。

土壤微生物多样性受土壤营养状况、pH、质地、温度、水分和通气性等条件的影响，任何能改变土壤性质或植被的管理措施均可影响土壤微生物区系。随着砂田种植年限的延长，砂田蓄水保墒及增温效应逐年降低，土壤也将变得紧实，通气性差，养分消耗殆尽，从而导致土壤微生物活性减弱、微生物数量和多样化水平下降。

土壤次生盐渍化不仅会影响作物生长，还会直接影响土壤微生物的活性，通过改变土壤的部分理化性质来间接地影响土壤微生物的生存环境，从而导致土壤微生物在其种群、数量及活性上的变化。土壤中的盐分会抑制土壤微生物的活动，影响土壤养分的有效化过程，从而间接影响土壤对作物的养分供应。随着土壤含盐量的增加，首先抑制土壤微生物活动，降低土壤中硝化细菌、磷细菌和磷酸酶的活性，从而使氮的氨化作用和硝化作用受到抑制，土壤有效磷含量减少，硫酸根和尿素中氨的挥发量也随之增加，而氯化物盐类能显著地抑制硝化作用。例如，当土壤中 NaCl 含量达到 2.0g/kg 时，氨化作用大为降低；达到 10g/kg 时，氨化作用几乎完全被抑制，硝化细菌对盐类的危害更敏感。

（四）水肥利用效率低下

压砂覆盖栽培西瓜甜瓜是我国黄土高原地区农民在长期与干旱斗争的实践中创造出的一种独特栽培方式，由于土壤表面覆盖的疏松的砂石层切断了土壤毛细管蒸发路径，因此能够显著减少土壤水分的蒸发量。但由于砂田区极端干旱的气候条件，年蒸发量是年降雨量的数十倍，且降雨期与瓜类生育期不吻合，因此受作物生育期降水量不足的限制，砂田西甜瓜产量很难进一步提高，所以怎样更有效地提高雨水资源利用率成为砂田发展的核心问题。为促进雨水资源的有效利用，现代集雨补灌与覆膜技术被应用于砂田西甜瓜生产中。补充灌溉可以大幅度提高砂田生产效益和水分利用效率，但对补充灌溉的临界时期、数量、方式和适宜机械仍缺乏必要的研究。目前砂田西甜瓜生产中应用较多的是砂田覆膜栽培，研究表明砂田覆膜能更有效地减少土壤水分蒸发量、提高土壤含水量，使西瓜早出苗，缩短西瓜的生育期，提高西瓜产量，增加经济效益，但对不同覆膜方式的保墒效果、水分利用效率缺乏系统的研究。

施肥困难和不平衡是砂田西甜瓜生产的一大缺陷，因为压砂地栽培不能频繁翻动砂石层，否则若砂石层因不合理施肥而被多次搅拌翻动，将导致砂石与耕作层土壤的混合，降低压砂地砂石层的物理效果，减少压砂的使用年限，最终失去压砂的作用，成为不能进行作物栽培的人造戈壁滩，导致严重影响当地生态环境的生态灾难。且有机肥施用量偏少，化肥种类比较单一，氮肥主要以尿素为主，磷肥以磷酸二铵和过磷酸钙为主，目前尚未发现适合砂田瓜类生产的专用肥料。化肥施用也缺乏科学性，重氮轻磷，少施甚至不施钾肥及微量元素肥料；施肥方式主要为播前施基肥和伸蔓期追肥；追肥的种类及数量存在盲目性和不确定性。造成化肥损失严重，肥料利用效率低，施肥效益下降，土壤土质退化，养分比例失调，砂田老化加快，致使西瓜的产量和品质降低，严重制约着砂田西瓜产业的可持续发展。

（五）机械化程度低

砂田耕作劳动强度大、成本高、生产效率低均与机械化程度低有关。从砂田的生产过程来看，整地→施肥→播种→覆膜→追肥→喷药→收获→运输，整个生产过程机械化程度低，有的环节甚至还处于原始作业状态，严重制约着砂田西甜瓜产业的快速发展。如整地需要起砂、施肥、翻地、耙平、镇压和重新覆砂等过程，目前传统作业至少需 6 人完成，且 1 天最多完成 1 亩地，劳动量极其繁重。播种和追肥属纯手工作业，3 人 1 天最多完成两亩地。受地形限制，有些地块农用车无法到达，收获、运输要靠人工背送。机械化程度低也会造成劳动力人口外流、原有砂田因杂草丛生而荒废。

二、解决对策与建议

（一）砂田用养并举

对于西甜瓜连作障碍与砂田老化问题，第一，要根据压砂地使用年限，合理安排选用适宜的西甜瓜品种，一定程度上可大大减少重茬病发病率，并减少农药使用次数，节省生产用工，提高西瓜品质和产量。例如，一般黑美人、新金兰等西瓜品种抗病性较差，宜选择新压砂地种植；金城 5 号、丰抗 8 号、无籽西瓜在土壤墒情允许的条件下，新老砂地都宜选择种植。第二，定期进行人工补肥，尤其多施有机肥。研究表明，土壤有机质含量的下降是引起砂田作物产量下降的重要原因之一，是砂田老化的特征之一，也是砂田可持续利用中必须引起高度重视的问题之一。增施有机肥可以提高土壤有机质含量，有机质经微生物分解后形成腐殖质中的胡敏酸，促进土壤团聚体的形成，使土壤容重变小，从而改善土壤结构。因此 4～5 年后必须进行人工补肥，并注重施用有机肥。第三，精耕细作。当年西瓜采收后，清除瓜蔓、杂草以防带菌，进行耙砂，目的是疏松砂层，破除板结，蓄积雨水，利用高温季节的太阳能进行消毒。第四，定期轮作倒茬或休闲。一般压砂地连作 5～6 年，需轮作倒茬一次，而瓜农所采用的唯一方法是在压砂地上种植春小麦，但这种情况下小麦出苗稀，产量低。因此，应结合瓜农的需求和土壤、作物病虫害特性开展研究，筛选最佳轮作倒茬模式与方法，选择最优轮作倒茬作物种类与密度。另外，连续种植若干年后休闲 1～2 年也有利于砂田性能的恢复。

（二）合理灌溉

在我国，苦咸水主要分布在甘肃、新疆、宁夏和内蒙古等西部干旱地区的沙漠、草原地带。这里年均降水量一般小于 250mm，而水分蒸发量高出降水量几倍甚至几十倍。据初步统计，宁夏苦咸水分布面积约占全区总面积的 54.1%；甘肃苦咸水分布面积约占全省总面积的 43.9%。由于苦咸水中盐分的含量较高，长期灌溉会造成土壤盐碱化，抑制作物生长。因此，为防止土壤盐碱化危害，作为农业灌溉用水需进行淡化处理。研究表明，净化水灌溉与微咸水灌溉相比，番茄产量增加了 44.78%，0～20cm 土层土壤电导率降低了 67.21%。目前治理苦咸水的方法主要有蒸馏法、电渗析法、离子交换法和反渗透法，而这些处理技术由于运行成本较高，目前多应用于生活饮用水的处理。怎样才能避免或减轻不合理灌溉造成的土壤次生盐渍化，笔者建议要因地制宜。在具有灌溉潜力的沿黄灌区，可通过提灌工程发展微灌技术，并优选滴灌水肥一体化技术。其一是节水，据试验研究，砂田喷灌每亩需用水 50m³ 以上，而滴灌仅用水 30m³ 左右；其二是灌溉精确可控，较喷灌可降低土壤盐碱化的范围和程度，并可抑制病虫害的传播。其次，在位置偏僻且无固定灌溉水源的区域，可发展集雨窖水补灌，宜采用根部注水方式，联合水肥药一体化技术效果更佳。无论采用哪种灌溉方式，保证水质符合国家《农田灌溉水质标准》（GB 5084—2005）是前提，否则宁可不灌。

（三）水肥资源的高效利用

首先必须充分认识到制约压砂西甜瓜生产能否获得高产、稳产的首要因素是土壤水分，因此当面临持续干旱时，必要的储水、保水、用水、节水一系列相关研究和技术措施是大规模发展压砂西甜瓜栽培时必须解决的问题。对于具有灌溉条件的砂田区，应进行压砂西甜瓜栽培的适宜补水时期、补灌量及水肥耦合效应研究，制定科学合理的水肥管理方案，建立标准化示范园区，提高砂田西甜瓜水肥利用效率。

另外，地膜覆盖等栽培模式对提高旱砂田西甜瓜水分利用效率也是十分必要的。例如，全膜覆盖较传统半膜覆盖土壤含水量提高了 1.5 个百分点，西瓜产量及可溶性糖含量分别增加了 26%和 10%，水分利用效率也提高了 32%。今后还需在其他覆膜方式对旱砂田的保墒效应方面作进一步研究，以促进干旱地区水资源的高效利用和压砂田西甜瓜产业的持续发展。

科学施肥是提高压砂西甜瓜肥料利用率的关键技术之一。压砂西甜瓜平衡施肥主要有以下两大优点：①有机肥配合无机肥的配肥制度具有涵养肥力和改善土壤结构的效能，对土壤肥力的提高效果极其明显，可以延缓砂田的老化；②合理施肥可以促进西甜瓜根系的发育，提高根系的吸水功能，改善叶片的光合能力，增加同化物含量；另外合理施肥还可以改变脱落酸（abscisic acid，ABA）代谢机制，对改善植物对干旱信号的感应能力及提高耐旱性有实际意义，因此在干旱砂田区平衡合理施肥有利于提高西甜瓜的抗病性和抗逆性。已有研究表明，有机肥与无机肥平衡施用可使砂田西瓜的瓜蔓、茎、叶、果实等部分生长更加健壮，从而显著增加坐果数，提高单瓜重及果实含糖量。再者，应加快压砂西甜瓜专用肥料的研制推广，如缓控释肥、长效复合肥及有机液态肥料，以提高肥料利用率，减少砂石的翻动次数，延长压砂地的使用年限。

（四）农艺与农机相结合

农艺与农机是现代农业发展的两个方面。农艺包括农作物的种植方法和栽培技术等。农机是指现代农业生产中所采用的农业机械，大力推广农业机械设备，可以促进农作物产量及农业生产效率的提高。农艺与农机相结合不但可以提升农业的生产效率、农业种植的规模、农作物产量，提高农业生产的现代化程度，更有利于我国城镇化建设的发展，降低农业生产成本，改变落后的生产方式，增加农民的经济收入。所以说，农艺与农机相结合是我国未来农业发展的必然选择。传统砂田种植劳动强度大，生产效率低，唯有将农艺与农机相结合，才能实现规模化可持续发展。应加强推广农机新技术与新机具，改革农作物耕作栽培制度；加强政府、企业、科研部门的配合工作，加大农业科研的资金投入，推动农业技术的发展与创新。例如，宁夏中卫市农业机械管理局研制的压砂西瓜种植旋窝机、宁夏大学研制的农田铺砂机和土石分离机、中卫农牧机械厂研制出的耖砂施肥机和覆膜机等为压砂地种植提供了便利条件。

第五章 砂田的退化及其机理

砂田由于人为（如施肥和灌溉导致的耕作不当）或者自然原因（如年限已久、雨水冲刷等）会产生退化，使得砂砾层和土层相混合，界面模糊，导致砂田的一系列与水肥气热相关的优良特性逐步丧失。砂田的铺设费工费时，机械化耕作尚未实现，而各种原因引起的退化又使其难以被长期持续利用，这种弊端严重威胁着砂田的生存和发展。因此，进行砂田的退化及其机理研究，以期制定相应的防治对策已经刻不容缓。

第一节 砂田退化的生物效应

一、砂田退化对西瓜生理、生长指标的影响

（一）对西瓜生育期的影响

随着铺砂年限的延长，西瓜生育期也逐渐延长，其中 5 年新砂田西瓜生育期最短，为 94 天；30 年老砂田的西瓜生育期最长，为 103 天；5～10 年砂田西瓜较 30 年砂田提前 7～9 天成熟，15～20 年砂田西瓜较 30 年砂田提前 4 天成熟。从不同年限旱砂田西瓜的各生育时期来看，主要是从西瓜出苗至坐果期差距较大，而坐果后至成熟期差距减少（表 5-1）。

表 5-1 不同铺砂年限砂田对西瓜生育期的影响（月-日）

年限	播种期	出苗期	幼苗期	伸蔓期	坐果期	成熟期	总生育期
5	4-15	4-20	4-28	5-28	6-19	7-18	94
10	4-15	4-22	5-1	6-1	6-21	7-20	96
15	4-15	4-25	5-7	6-6	6-24	7-23	99
20	4-15	4-25	5-8	6-8	6-25	7-23	99
30	4-15	4-27	5-10	6-12	6-29	7-27	103

（二）对西瓜根系发育的影响

　　作物生长的土壤环境直接影响其根系的发育，而根系发育的好坏决定作物利用土壤养分和水分能力的高低。西瓜幼苗根系的整体形态指标均表现出随砂田年限增加先增加后降低的规律，除平均根直径外，5 年砂田的根系形态指标均显著高于其他年限砂田，10～20 年砂田次之，1 年和 30 年砂田最低，其中 5 年砂田的总根长、根面积、根表面积、根体积和根尖数均为 1 年和 30 年砂田的 3～4 倍，是 10～20 年砂田的 2～3 倍（图 5-1，表 5-2）。

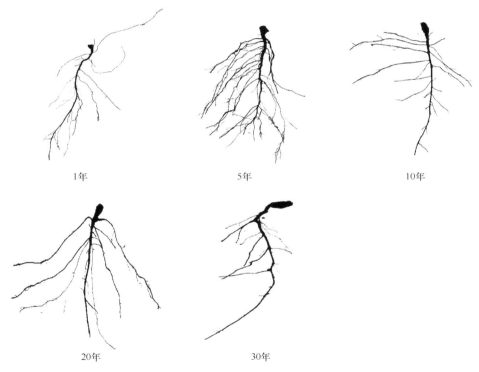

　　　　1年　　　　　　　　　　　5年　　　　　　　　　　　10年

　　　　20年　　　　　　　　　　30年

图 5-1　不同年限砂田西瓜根系形态

（三）对西瓜叶片光合速率及叶绿素含量的影响

　　受根系形态发育及对水分、养分吸收的影响，西瓜幼苗叶片光合速率和叶绿素含量也表现出相似的变化趋势，即随着砂田种植年限的延长先增加后降低。其

表 5-2   不同年限砂田对西瓜幼苗根系整体形态的影响

年限	总根长/cm	根面积/cm²	根表面积/cm²	平均根直径/mm	根体积/cm³	根尖数/个	分叉数/个
1	36.64c	1.58c	4.95c	0.39cd	0.05c	131c	63c
5	143.54a	5.49a	15.58a	0.44bc	0.17a	435a	377a
10	45.12b	2.24b	7.03b	0.54a	0.10b	152b	94b
20	44.46b	2.15b	6.27b	0.48b	0.08bc	138bc	89b
30	42.28bc	1.64c	5.06c	0.37d	0.05c	122c	71c

注：同一列中不同小写字母表示不同处理间差异显著（$P<0.05$）

中 5 年砂田的西瓜幼苗叶片光合速率和叶绿素含量最高，10～20 年砂田次之，1 年和 30 年砂田最低（图 5-2）。

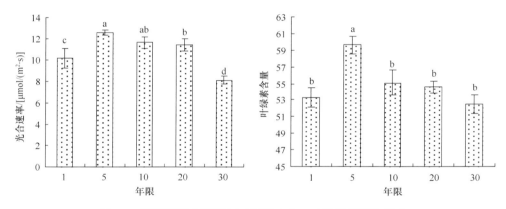

图 5-2   不同铺砂年限砂田对西瓜光合、叶绿素指标的影响
不同小写字母表示不同处理间差异显著（$P<0.05$）

（四）对西瓜干物质积累和养分吸收的影响

土壤环境和根系形态是影响作物生长和水分、养分吸收的直接因素。1 年砂田由于土壤盐分含量高，西瓜根系发育受阻，进而影响到整个植株的生长发育，主要表现在其植株总干重和含水量较低，较 5～10 年砂田分别降低了 25%和9.41%，磷、钾养分含量仅为 5～10 年砂田的 1/2，5～10 年砂田西瓜植株总干重、含水量和氮磷钾养分含量均较高，20 年后砂田西瓜植株总干重含水量、氮磷钾养分含量开始下降，其中 30 年砂田西瓜植株总干重、含水量、氮磷钾养分含量较 5～10 年砂田分别降低了 37.50%、7.96%、10.73%、18.60%和 36.36%。由以上分析可知，1 年砂田主要受土壤盐分胁迫影响较大，而 20 年以上砂田则受土壤水分胁迫影响较大（表 5-3）。

表 5-3　不同年限砂田对西瓜幼苗干物质积累及养分吸收的影响

年限	总干重/g	含水量/%	氮素含量/%	磷素含量/%	钾素含量/%
1	0.30bc	85.66b	5.18a	0.21c	0.05c
5	0.45a	94.35a	5.30a	0.41ab	0.11a
10	0.35b	94.77a	5.32a	0.45a	0.11a
20	0.30bc	94.17a	5.08a	0.37ab	0.08b
30	0.25c	87.03b	4.74a	0.35b	0.07b

注：同一列中不同小写字母表示不同处理间差异显著（$P<0.05$）

二、砂田退化对西瓜产量、品质的影响

不同年限砂田之间西瓜的产量及品质有显著差异，以 30 年砂田为对照，其中 5 年、10 年、15 年、20 年砂田西瓜单瓜重分别提高了 81.27%、25.10%、12.75% 和 9.96%；西瓜产量分别增加了 120.24%、55.43%、33.82% 和 21.59%；西瓜中心含糖量（简称中糖）分别提高了 1.5 个百分点、1.6 个百分点、1.1 个百分点和 0.7 个百分点；边缘含糖量（简称边糖）分别提高了 1.9 个百分点、1.7 个百分点、1.4 个百分点和 0.8 个百分点；5 年和 10 年的西瓜维生素 C 含量较 30 年砂田分别提高了 20.48% 和 13.60%。由此可见，砂田西瓜的产量与品质随着种植年限的延长而逐渐下降（表 5-4）。

表 5-4　不同年限砂田西瓜的产量与品质

年限	单瓜重/kg	采收瓜数/（个/48m²）	产量/（kg/hm²）	中糖/%	边糖/%	维生素 C/(mg/kg)
5	4.55a	45	42 667.29a	11.1a	9.3a	37.65a
10	3.14b	46	30 111.15b	11.2a	9.1ab	35.50a
15	2.83bc	44	25 925.97c	10.7ab	8.8b	31.85b
20	2.76bc	41	23 556.83c	10.3b	8.2c	31.80b
30	2.51c	37	19 373.30d	9.6c	7.4d	31.25b

注：同一列中不同小写字母表示不同处理间差异显著（$P<0.05$）

三、砂田退化对西瓜水分利用效率的影响

由于不同年限砂田西瓜植株生长情况和产量的差异,西瓜生育期土壤耗水量表现出了随产量增加而变大的趋势。不同年限砂田西瓜水分利用效率之间也表现出了显著差异,以 30 年砂田为对照,5 年、10 年、15 年、20 年砂田西瓜水分利用效率均有显著提高,分别提高了 49.18%、13.58%、14.14%和 8.96%,其中 5 年砂田的水分利用效率最高,达到了 26.48kg/m³(表 5-5)。

表 5-5 不同铺砂年限砂田西瓜的水分利用情况

年限	有效降水量/mm	土壤贮水变化量/mm	耗水量/mm	水分利用效率/(kg/m³)
5	118.7	42.44	161.14	26.48a
10	118.7	30.7	149.40	20.16b
15	118.7	9.29	127.99	20.26b
20	118.7	3.13	121.83	19.34b
30	118.7	−9.55	109.15	17.75c
40	118.7	−14.86	103.84	—

注:同一列中不同小写字母表示不同处理间差异显著($P<0.05$)

第二节 长期砂田土壤水热效应变化特征

一、长期砂田的土壤温度变化特征

(一)长期砂田土壤温度日变化特征

土壤温度的日变化是 1 天内土壤热状况的直接反映。由图 5-3 可知,各处理砂层下 0～20cm 土层土壤温度日变化曲线均为"∧"形,以 0cm 土壤表层的温度变化最为明显,且日最高和最低温度均出现在此层,并随着土层的加深,变化幅度逐渐减缓。从各层土壤温度变化的峰值来看,整体上,各处理在 0cm、10cm 和 20cm 土层最高温度分别出现在 7:00、9:00 和 11:00;最低温度分别出现在 21:00、23:00 和 1:00,土层每加深 10cm,各处理土壤温波相位依次推移两小时。与 40 年老砂田相比,5～10 年新砂田、15～30 年中砂田土壤表层日平均地温分别提高 2.55～3.14℃和 1.71～2.23℃;10cm 土层处分别提高 2.29～3.03℃

和 1.04～1.54℃；20cm 土层处分别提高 1.80～2.47℃和 0.86～0.64℃。因此随着土层的加深，增温效果递减。

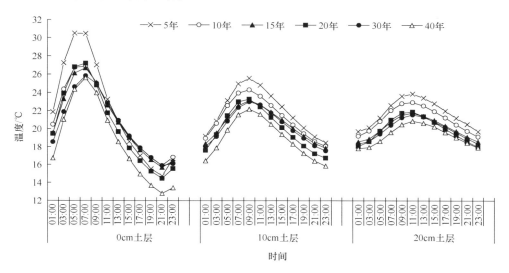

图 5-3　不同年限旱砂田 0～20cm 土层土壤温度的日变化

（二）长期砂田西瓜生育期土壤温度变化特征

通过对不同铺砂年限砂田 0～20cm 土层土壤温度的动态监测可以看出，不同铺砂年限下，砂田表层土壤温度均随着外界气温的升高而升高。较 40 年老砂田而言，新砂田（5～10 年）与中砂田（15～30 年）的增温幅度在西瓜生长前期较大，但在西瓜生长的中后期逐渐降低。在 5 月中旬前，西瓜属苗期生长，植株对地面光照面积基本无影响，新、中砂田的日平均地温较老砂田分别提高了 1.93～3.38℃和 0.70～2.34℃；5 月中旬至 6 月中旬，西瓜正值蔓叶生长旺盛的伸蔓期，植株的遮光面积均不同幅度地增大，新砂田西瓜蔓叶的长势优于中砂田，中砂田优于老砂田，因此增温幅度逐渐降低，新、中砂田的日平均地温较老砂田分别提高了 0.58～2.48℃和 0.49～1.54℃；6 月中旬至 7 月中旬，西瓜除蔓叶生长达到最大期外，果实也开始发育，对地表的遮光面积进一步增大，直至西瓜成熟期，蔓叶开始干枯凋谢，地面受光面积又逐渐增加，这段时期新、中砂田较老砂田的日平均增温幅度分别为 -0.64～1.68℃和 -0.82～1.65℃（图 5-4）。

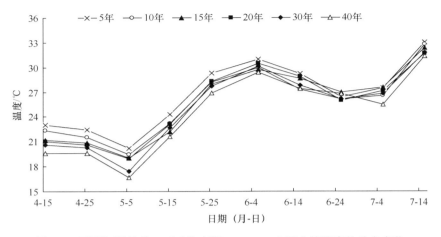

图 5-4 不同年限旱砂田西瓜生育期 0～20cm 土层土壤温度的动态变化

（三）长期砂田土壤积温变化特征

积温是热量资源的主要标志，根据积温多少，可以确定某作物在某地种植能否正常成熟，预计作物能否高产、优质。在西瓜整个生育期内，5 年、10 年、15 年、20 年砂田 0～20cm 土层土壤积温较 30 年砂田（40 年砂田西瓜未出苗）分别显著提高了 206.56℃、158.88℃、89.28℃和 84.07℃。其中 5 年砂田最高，为 4373.29℃，30 年砂田最低，为 4166.73℃，而 15 年砂田和 20 年砂田土壤积温间差异不显著（图 5-5）。

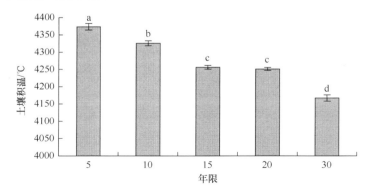

图 5-5 不同年限旱砂田西瓜生育期 0～20cm 土层的土壤积温

不同小写字母表示不同处理间差异显著（$P < 0.05$）

二、长期砂田的土壤水分变化特征

（一）长期砂田的降雨入渗变化特征

随着砂田种植年限的延长，覆砂层含土量增加，砂砾的孔隙度及地表径流会影响砂田对降雨的入渗。兰州理工大学研究表明，在 0～20cm 土层，降雨 1.9mm 时砂田土壤平均含水率均高于降雨 7.1mm 时的含水率，裸地土层 0～10cm 和 30～50cm 与之相反，裸地土层 10～20cm 和 20～30cm 与之相同。两次降雨土壤平均含水率都呈现出新、中砂田最高、老砂田次之、裸地最低的规律。说明砂田能更好地保持水分、抑制蒸发；裸地的持水能力弱，不能高效利用雨水。随着种植年限的增加，砂田利用雨水的功能逐渐降低。降雨为 7.1mm 时，新砂田、中砂田、老砂田土层 0～10cm 平均含水率较裸地分别增加了 53.2%、46.8%、39.4%，土层 10～20cm 平均含水率分别增加了 159.6%、161.6%、119.2%，土层 20～30cm 平均含水率分别增加了 101.6%、101.6%、89.1%，土层 30～50cm 平均含水率分别增加了 35.5%、30.0%、29.7%；降雨为 1.9mm 时，新砂田、中砂田、老砂田土层 0～10cm 平均含水率较裸地分别增加了 174.7%、158.4%、112.3%，土层 10～20cm 平均含水率分别增加了 153.3%、141.3%、115.0%，土层 20～30cm 平均含水率分别增加了 104.8%、87.5%、76.0%，土层 30～50cm 平均含水率分别增加了 48.3%、33.6%、31.1%（图 5-6）。在荒漠区，当降雨量小于某一临界值时，降雨对深层土壤水分的补充几乎不起作用，当降雨量大于该临界值时称为有效降雨。和裸地相比，砂田降低了有效降雨的临界值，提高了雨水的利用效率。

（二）长期砂田的土壤蒸发变化特征

砂石覆盖的土壤表面能形成一个很好的保护层，有利于降雨的下渗，促进作物对水分的吸收利用，具有良好的蓄水保墒效果，减少土壤实际水分蒸发量，从而促进作物的生长发育。砂田对土壤水分蒸发的抑制效果与砂层厚度、砂土混合比例、砂石粒径、砂石颜色等因素有关。研究表明，土壤累积蒸发量随砂石粒径的增大而增大，说明砂石粒径越小对土壤水分蒸发的抑制效果越好；紫色砂石对土壤水分蒸发的抑制效果最好，白色次之，青色最小。在以上影响土壤水分蒸发的各因素中，砂石粒径和砂石颜色相对比较稳定，随砂田种植年限的变化较小；

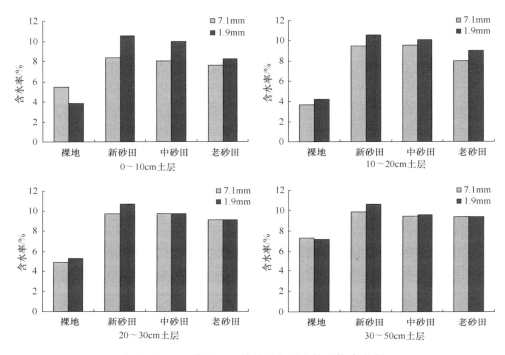

图 5-6 不同降雨量下的砂田各层土壤平均含水率

而砂层厚度和砂土混合比例随砂田种植年限的变化较大,因此是影响长期砂田土壤水分蒸发的主要因素。土壤累积蒸发量随着覆砂厚度和砂土混合比例的增大总体表现出减小的趋势(表 5-6)。

表 5-6 **6mm 降雨量下不同覆砂厚度与砂土混合比例对土壤累积蒸发量的影响**
(引自王艳伟,2015)

覆砂厚度/cm	砂土混合比例/%	土壤导水率控制阶段/天	扩散控制阶段/天	累积蒸发量/mm
3	0	2	4	6.30
7	25	2	4	6.42
11	50	2	4	6.16
15	75	2	6	6.11
19	100	2	8	6.05

土壤水分蒸发阈值是指在灌水量为定值 N(mm)的条件下,土壤累积蒸发量达到 N 时所需要的时间 T(天)。当覆砂厚度大于 7cm 时,土壤水分蒸发平均

阈值随覆砂厚度的增加而增大；当覆砂厚度为19cm时，平均阈值取得最大值10.6
天。当砂土混合比例大于 25%时，土壤水分蒸发平均阈值随砂土混合比例的增
加而增大；当混合比例为100%时，平均阈值取得最大值11.8天。由此可见，砂
土混合比例和覆砂厚度随着砂田退化而减小，在一定范围内对土壤水分蒸发的抑
制作用也随之减弱（图5-7）。

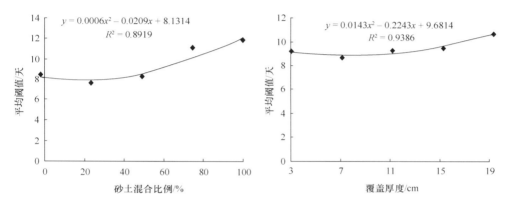

图 5-7　土壤水分蒸发平均阈值与砂层特性之间的关系（引自王艳伟，2015）

（三）长期砂田西瓜生育期土壤水分变化动态

从不同铺砂年限砂田西瓜生育期0～100cm土壤水分的动态变化曲线可以看
出，随着土层的加深，土壤水分变化曲线趋于平缓。西瓜生育期内 0～40cm 土
层的土壤含水量变化较大，这主要是由于0～40cm土层受外界环境的影响较大，
另外，此层也是西瓜根系分布的相对集中区。从时间来看，4 月中旬至 5 月中旬，
即西瓜生长前期，砂田 0～100cm 土层均表现出随着铺砂年限的延长土壤含水量
逐渐降低的趋势。其中 5 年、10 年、15 年、20 年、30 年砂田较 40 年砂田在 0～
20cm 土层土壤含水量分别提高了 6.51%～7.71%、4.96%～5.52%、3.42%～5.37%、
3.18%～4.49%和 1.56%～3.06%；在 20～40cm 土层分别提高了 6.27%～6.42%、
4.38%～6.1%、3.52%～4.8%、2.88%～4.16%和 0.72%～1.64%；在 40～60cm 土
层分别提高了 5.93%～7.39%、4.53%～6.41%、3.43%～5.57%、3.32%～4.36%和
2.14%～2.41%；在 60～100cm 土层分别提高了 5.87%～7.17%、4.9%～6.28%、
3.52%～4.12%、3.19%～3.81%和 2.51%～3.15%。5 月 30 日至 6 月 14 日，正值
西瓜坐果期至果实膨大期,植株耗水量加大，由于不同年限砂田西瓜的长势不同，

因此对土壤水分的需求也发生了变化。0~40cm土层土壤含水量总体表现为中砂田（15~30年）高于新砂田（5~10年），而40~100cm土壤含水量仍表现为新砂田＞中砂田＞老砂田（40年）（图5-8）。

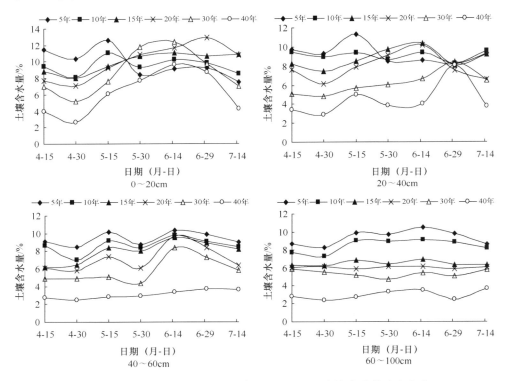

图 5-8　不同年限旱砂田西瓜生育期0~100cm土壤水分的动态变化

第三节　长期砂田覆砂层及土壤物理结构变化特征

一、长期砂田覆砂层物理结构变化特征

覆砂层砂砾的优劣是砂田性能的决定条件，而砂砾的纯度又是决定砂砾质量的重要指标之一，优质的砂砾要求含土量少。对不同铺砂年限砂田砂层含土量的分析表明，砂层含土量随着铺砂年限的延长而增加（图5-9）。5~10年新砂田砂层含土量显著低于15~30年中砂田和40年老砂田，中砂田砂层含土量又显著低

于老砂田，老砂田砂层含土量较新砂田和中砂田分别增加了 20.26%～22.37%和
8.83%～13.66%。铺砂年限与砂层含土量呈直线相关，铺砂年限每增加 1 年，砂
层含土量将平均增加 0.6%左右。覆砂层厚度也是决定砂田增温保墒性能的主要
因素之一，铺砂年限与砂层厚度也呈直线相关，砂层厚度随铺砂年限的延长而逐
年变薄，其中 10 年内旱砂田砂层厚度为 9.3～10.1cm，显著高于 20 年以上中砂
田和老砂田，40 年老砂田的平均砂层厚度最低，仅为 5.5cm，铺砂年限每增加 1
年，砂层厚度平均将减少 0.12cm 左右。

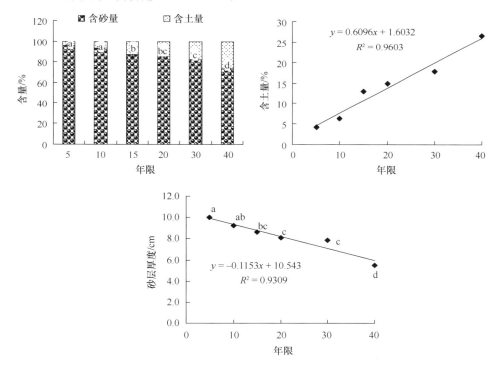

图 5-9　不同年限旱砂田覆砂层含土量及厚度变化

不同小写字母表示不同处理间差异显著（$P < 0.05$）

二、长期砂田土壤物理结构变化特征

（一）土壤容重变化特征

土壤容重随着旱砂田种植年限的延长而增加，在 0～20cm 土层，种植年限

每增加 5 年，土壤容重平均增加 2.4%。其原因可能有以下三方面：其一，长期人畜践踏和机械碾压；其二，砂田自铺设后，很少再进行翻动及施入有机肥；其三，随着砂田的退化，水、温、气、肥等因素会影响作物根系的发育，导致根系对耕层土壤的穿插扰动变弱（图 5-10）。

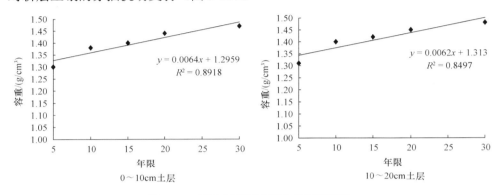

图 5-10　不同年限旱砂田土壤容重变化

（二）土壤团聚体分布特征

土壤团聚体是由矿物颗粒和有机物在土壤成分的参与下形成的不同尺度大小的多孔结构单元，土壤团粒结构是土壤肥力的物质基础，影响着土壤养分、水分和空气的传输，是作物高产所必需的土壤条件之一。旱砂田 0～20cm 土层的土壤团聚体含量总体表现出在＞1mm 粒级时，随着粒级的减小而降低；在 0.05～1mm 粒级时，随着粒级的减小而增加；当＜0.05mm 粒级时，又急剧降低的变化趋势。

不同粒级的土壤团聚体含量在覆砂年限间的变化趋势也不同，其中＞1mm 粒级的土壤团聚体含量随着覆砂年限的延长而降低，5～10 年旱砂田土壤团聚体含量高于 15～30 年；0.05～1mm 粒级的土壤团聚体含量随着覆砂年限的延长而增加，20～30 年旱砂田土壤团聚体含量显著高于 5～10 年。造成以上结果的因素主要有两方面：一方面，随着砂田种植年限延长，砂层含土量逐年增加，砂土混合容易造成板结，影响砂田的蓄水透气性能，导致增温保墒效果变差，因此传统砂田耕作需进行耙砂作业，且砂田年限越长，操作越频繁，而耙砂过程势必会造成表层土壤团聚体的机械破坏；另一方面，砂田由于有砂砾层覆盖，有机肥施入程序复杂，劳动强度大，成本高，因此传统砂田种植很少施入有机肥，长期施用化肥造成土壤肥力下降，减少了作为团聚体胶结剂的土壤有机质的含量，不利于团聚体的形成和稳定。

另外，在 0～10cm 土层，5～10 年旱砂田土壤＞5mm 粒级的团聚体含量最高，达到了 34.38%～36.33%，而 15～30 年旱砂田土壤在 0.05～0.25mm 粒级的团聚体含量最高，达到了 31.11%～37.23%；在 10～20cm 土层，所有年限旱砂田土壤团聚体最高含量均出现在 0.05～0.25mm 粒级。0～10cm 土层＞1mm 粒级的团聚体含量总体高于 10～20cm 土层，而＜1mm 粒级团聚体含量则呈相反的变化趋势（表 5-7）。这主要与砂田的水、温分布特征有关，砂田由于砂砾层覆盖，表面凸凹不平，颜色较深，对太阳辐射能吸收力较强，地表温度较高，水分蒸发到地表后，砂砾层切断了土壤毛管水运动，因此砂田土壤温度和水分含量随土层加深而递减，表层土壤较高的温度和水分含量有利于促进微生物活动，从而提高了有机碳含量，有机碳含量是提高大团聚体稳定性的主要因素。

表 5-7　不同年限旱砂田土壤团聚体分布特征

土层 /cm	覆砂 年限	不同粒级土壤团聚体含量/%						$R_{0.25}$ /%	MWD/mm
		＞5mm	2～5mm	1～2mm	0.25～1mm	0.05～0.25mm	＜0.05mm		
0～10	5	36.33aA	12.83cA	5.78dA	17.79bcB	23.44bC	3.84dA	72.73A	1.56A
	10	34.38aA	11.97cA	5.01dA	19.66bB	24.92bBC	4.07dA	71.02A	1.46A
	15	21.78bB	9.55cB	4.72dAB	28.26aA	31.11aAB	4.58dA	64.31B	1.19ABC
	20	19.58cB	7.41dC	3.68dBC	29.90bA	35.23aA	4.21dA	60.57B	1.04BC
	30	18.08cB	6.58dC	3.44dC	30.55bA	37.23aA	4.12dA	58.65B	0.97C
10～20	5	26.82abA	10.21cA	4.55dA	22.81bB	30.93aC	4.67dA	64.39A	1.24A
	10	24.71bA	8.05cB	3.92dAB	25.83bB	32.87aC	4.63dA	62.51AB	1.09AB
	15	20.42bAB	6.71cC	3.32dB	30.64aA	34.09aBC	4.82cdA	61.09AB	1.00ABC
	20	17.66bB	6.44cC	3.24cB	30.96aA	37.14aAB	4.56cA	58.30BC	0.96BC
	30	15.04cB	4.88deD	3.04eB	31.32bA	40.67aA	5.06dA	54.28C	0.85C

注：同一行不同小写字母表示不同粒级团聚体差异显著（$P<0.05$），同一列不同大写字母表示不同年限相同粒级团聚体差异显著（$P<0.05$）

团聚体分组一般以 0.25mm 为界线，把团聚体分为大团聚体（＞0.25mm）和微团聚体（＜0.25mm）两类。旱砂田土壤＞0.25mm 团聚体含量（$R_{0.25}$）和团聚体平均质量直径（mean weight diameter，MWD）均随着覆砂年限的延长而减小。其中在 0～10cm 土层，5～10 年旱砂田 $R_{0.25}$ 较 15～30 年砂田显著提高了

10.4%～24.0%，团聚体平均质量直径提高了 22.7%～60.8%；在 10～20cm 土层，5 年旱砂田 $R_{0.25}$ 较 20～30 年砂田显著提高了 10.4%～18.6%，团聚体平均质量直径提高了 29.2%～45.9%，5～15 年砂田 $R_{0.25}$ 和团聚体平均质量直径差异不显著。且不同覆砂年限旱砂田 0～10cm 土层的 $R_{0.25}$ 和团聚体平均质量直径均大于 10～20cm 土层。

（三）土壤团聚体有机碳变化特征

土壤有机碳含量的提高有利于土壤结构的形成及土壤结构稳定性的增强，因此土壤有机碳的固存与团聚体的结构形成相辅相成。在 0～10cm 土层，不同年限旱砂田土壤团聚体有机碳含量随粒级减小总体表现出 >1mm 粒级时增加，在 0.25～1mm 粒级时降低，<0.25mm 粒级时又增加的变化趋势，其中 <0.05mm 粒级时土壤团聚体中的有机碳含量最高。这主要是因为微团聚体中的有机、无机胶体结合得更紧密，且团聚体粒级越小，比表面积越大，吸附的有机物质就越多。不同粒级土壤团聚体有机碳含量整体上表现出随旱砂田连作年限的延长而降低的趋势，其中以 15 年以上旱砂田的土壤团聚体有机碳含量下降得最为明显，5 年和 10 年旱砂田不同粒级土壤团聚体有机碳含量均显著高于 15 年以上旱砂田。在 10～20cm 土层，不同年限旱砂田土壤团聚体有机碳含量随粒级减小总体表现出 >2mm 粒级时增加，在 0.25～2mm 粒级降低，<0.25mm 粒级时又增加的变化趋势，其中 <0.05mm 粒级土壤团聚体中的有机碳含量最高，0.25～1mm 粒级最低，不同粒级土壤团聚体有机碳含量总体上也表现出随着旱砂田连作年限的延长而降低的趋势，5 年旱砂田不同粒级土壤团聚体有机碳含量均显著高于 20 年以上旱砂田（表 5-8）。

（四）土壤团聚体对有机碳的贡献率

将各粒级土壤团聚体含量和不同粒级团聚体有机碳含量综合考虑，不仅可以更好地反映各粒级团聚体对有机碳含量的贡献率，而且能全面、客观地反映覆砂年限对有机碳库的作用。旱砂田不同粒级土壤团聚体对有机碳含量贡献率总体表现出在 >1mm 粒级时，随着粒级的减小而降低，在 0.05～1mm 粒级时急剧增加，<0.05mm 时又急剧下降的变化趋势，这与团聚体含量分布特征相似。从不同粒级团聚体对不同年限旱砂田土壤有机碳含量的贡献率来看，在 0～10cm 土层，5～10 年旱砂田 >5mm 和 0.05～0.25mm 粒级团聚体对有机碳含量贡献率较大，

表 5-8 不同覆砂年限土壤团聚体有机碳含量

土层/cm	覆砂年限	不同粒级土壤团聚体有机碳含量/%					
		>5mm	2~5mm	1~2mm	0.25~1mm	0.05~0.25mm	<0.05mm
0~10	5	0.36dA	0.47cA	0.55bA	0.42cdA	0.55bA	0.67aA
	10	0.33cA	0.36cB	0.48bA	0.35cB	0.45bB	0.56aB
	15	0.22bcB	0.23bcC	0.26bB	0.20cC	0.33aC	0.38aC
	20	0.16bC	0.19bC	0.27aB	0.16bCD	0.31aC	0.33aCD
	30	0.13cC	0.21bC	0.24bB	0.14cD	0.23bC	0.31aD
10~20	5	0.33abcA	0.39abA	0.30bcA	0.26cA	0.38abA	0.41aA
	10	0.29bA	0.33aAB	0.24cB	0.21cAB	0.33aA	0.35aB
	15	0.25bcAB	0.23bcC	0.27bAB	0.17dBC	0.22cB	0.36aB
	20	0.18cBC	0.27aBC	0.23bB	0.14dC	0.19bcB	0.31aBC
	30	0.15cdC	0.24abC	0.22abB	0.13dC	0.20bcB	0.26aC

注：同一行不同小写字母表示不同粒级团聚体差异显著（$P<0.05$），同一列不同大写字母表示不同年限相同粒级团聚体差异显著（$P<0.05$）

而 15~30 年旱砂田仅 0.05~0.25mm 粒级团聚体对有机碳含量贡献率较大。>1mm 粒级团聚体对有机碳含量的贡献率随着旱砂田连作年限的延长而降低，其中 5~10 年旱砂田均显著高于 15~30 年旱砂田；而<1mm 各粒级团聚体对有机碳含量的贡献率在不同年限间差异不显著，表明>1mm 粒级团聚体有机碳对长期旱砂田有机碳变化响应敏感。在 10~20cm 土层，不同连作年限旱砂田均表现为 0.05~0.25mm 粒级团聚体对有机碳含量贡献率较大，显著高于其他粒级团聚体，表明 0.05~0.25mm 粒级团聚体对土壤有机碳的保护作用有利于砂田土壤有机碳的长期固存，<0.05mm 粒级团聚体有机碳含量较高，但其对有机碳的贡献率较小。另外，不同粒级团聚体对有机碳含量的贡献率总体随着旱砂田连作年限的延长和土层的加深而递减（表 5-9）。

（五）土壤团聚体有机碳储量变化特征

土壤团聚体是土壤有机碳稳定和保护的载体，是土壤有机碳储存的场所，土壤有机碳的数量和质量与团聚体密切相关。旱砂田 0~20cm 土壤团聚体有机碳储量均随着覆砂年限的延长而降低，5~10 年旱砂田土壤团聚体有机碳储量显著高于 15~30 年旱砂田，其中 10 年、15 年、20 年、30 年旱砂田较 5 年旱砂田土壤团聚体有机碳储量在 0~10cm 土层分别降低了 8.0%、24.4%、27.5%和 31.4%；

在 10～20cm 土层分别降低了 1.4%、15.8%、19.4%和 21.8%。

表 5-9　不同覆砂年限土壤各粒级团聚体对土壤有机碳含量的贡献率

土层/cm	覆砂年限	不同粒级土壤团聚体对土壤有机碳含量的贡献率/%					
		>5mm	2～5mm	1～2mm	0.25～1mm	0.05～0.25mm	<0.05mm
0～10	5	36.76aA	16.98bA	8.97cA	21.02bA	36.89aA	7.25cA
	10	36.87aA	14.14cA	7.82dA	22.56bA	36.15aA	7.41dA
	15	19.56bB	8.89cB	4.95cB	21.98bA	40.83aA	6.96cA
	20	13.53bcB	6.21cdB	4.38dB	20.32bA	47.21aA	5.98cdA
	30	11.08cB	6.46dB	3.74dB	19.74bA	40.59aA	5.84dA
10～20	5	29.05bA	13.26cdA	4.46eA	19.76cA	38.56aA	6.41deA
	10	25.25bA	9.56dB	3.35eB	19.89cA	38.81aA	5.90deA
	15	21.83bAB	6.66cCD	3.88cAB	21.54bA	32.04aB	7.42cA
	20	14.81bcBC	9.03cdBC	3.34dB	19.71bA	32.44aAB	5.67dA
	30	11.16cC	5.65dD	3.22dB	18.96bA	38.23aAB	6.29dA

注：同一行不同小写字母表示不同粒级团聚体差异显著（$P<0.05$），同一列不同大写字母表示不同年限相同粒级团聚体差异显著（$P<0.05$）

　　从不同粒级团聚体对有机碳含量的贡献率来看，主要是>1mm 粒级大团聚体对土壤有机碳含量的贡献率降低明显。由于 0～10cm 和 10～20cm 土层团聚体 $R_{0.25}$ 和 MWD 在 5～10 年砂田最大，表明该年限内砂田土壤对有机碳的固持能力较强，这也是土壤团聚体有机碳储量在 5～10 年旱砂田维持较高水平的主要原因。

　　从土壤团聚体有机碳储量变化趋势来看，15 年之内下降迅速，15 年之后降至最低且趋于平稳（图 5-11）。这一方面与砂田的耕作措施有关，土壤蓄存的碳与累积输入土壤的有机碳存在显著正相关关系。砂田由于砂砾层的阻隔，地上作物凋落的枝叶很难到达土壤表层，加之很少施用有机肥，导致土壤碳输入量减少。另一方面也与种植制度有关，砂田西瓜长期连作，研究表明连作可导致土壤养分比例失调，不利于球囊霉素相关土壤蛋白（glomalin related soil protein，GRSP）的积累，而土壤碳含量与 GRSP 呈显著正相关。其次，土壤环境因子通过影响作物生长过程和土壤物理、化学、微生物等过程，进而对土壤有机碳的固存和损失产生强烈影响，温度变化对土壤有机碳和氮分解的影响与湿度变化密切相关，土壤呼吸速率随着土壤温度和湿度的增加而增加。15 年之内的砂田，砂层透气性较好，土壤水温变化幅度较大，加速了土壤的碳代谢过程，导致土壤团聚体有机碳含量下降迅速；而 15 年以上砂田随着砂层含土量的增加，砂层透气性减弱，土壤水热也降至最低且趋于平稳，从而可能减慢了土壤的碳代谢过程。此外，不同年限旱砂田 0～10cm 土层团聚体有机碳储量均高于 10～20cm 土层，且随着土层的加深，团聚体有机碳储量随种植年限延长而降低的幅度变小，这可能与表层土壤受外界环境及人为因素干扰较大有关。

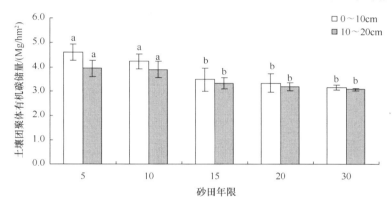

图 5-11　不同年限旱砂田土壤团聚体有机碳储量变化

不同小写字母表示不同年限相同土层差异显著（$P<0.05$）

第四节　长期砂田土壤盐分变化特征

一、长期砂田土壤全盐变化特征

土壤盐分动态变化是指土壤中的盐分组成及其含量在气象、地形、地貌地质及水文地质条件、人为因素等作用下随时间的变化过程。土壤次生盐渍化不仅会危害作物生长发育各个阶段，还会影响土壤的性状及土壤的可持续发展利用过程。从不同年限旱砂田耕层土壤的全盐含量来看，第 1 年新铺砂田的土壤全盐含量最高，至第 10 年降至最低且趋于稳定。其中 1 年砂田的土壤全盐含量是 10～30 年砂田的 3 倍左右，且随着土层加深而降低。这主要是因为铺砂前，土壤经过裸露曝晒，加之蒸发作用较强，导致土壤盐分随水分蒸发而聚集于表层，铺砂后由于砂田具有保水作用，土壤盐分也趋于稳定。随着砂田的退化，土壤保墒作用也随之减弱。至 40 年老砂田，土壤盐分又有上升趋势，且表现出与 1 年砂田相似的变化趋势，即土壤盐分向表层聚集。因此，新铺砂田不利于种植作物，需经 2～3 年的休闲后才能利用（图 5-12）。

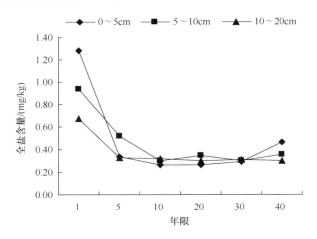

图 5-12　不同年限旱砂田土壤全盐含量变化

二、长期砂田土壤酸碱度变化特征

砂田土壤酸碱度（pH）随种植年限的延长基本呈上升的趋势，其中只有 1 年砂田土壤（0～10cm 土层）的 pH 低于 8.5，为碱性土壤，5 年及以上砂田土壤的 pH 均在 8.5 以上，为强碱性土壤。随着砂田种植年限的延长，土壤酸碱度较盐分的变化更为敏感（图 5-13）。

三、长期砂田土壤水溶性盐变化特征

不同年限砂田土壤 HCO_3^- 含量总体表现出随铺砂年限延长而增加，在 10 年砂田最高，之后又逐年下降的趋势，在 1～5 年层次分布比较明显，随土层加深而递增，5 年之后则基本一致。不同年限砂田土壤 Cl^- 含量普遍偏低，其时空分布表现为：在 10～20cm 土层含量最高，且随着砂田年限的延长而降低；5～10cm 土层 Cl^- 含量在 10 年内砂田高于 0～5cm 土层，而在 20 年以上砂田则低于 0～5cm 土层，且随着砂田年限的延长而降低；0～5cm 土层 Cl^- 含量大体上表现出随着砂田年限的延长而递增的趋势。SO_4^{2-} 为砂田土壤中含量最高的水溶性阴离子，且

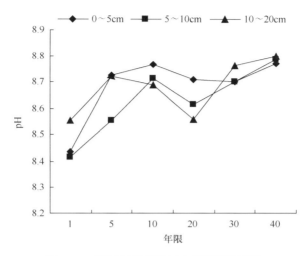

图 5-13 不同年限旱砂田土壤酸碱度变化

1 年砂田 SO_4^{2-} 含量显著高于其他砂田，5～30 年砂田土壤 SO_4^{2-} 含量基本趋于稳定，40 年砂田又有所下降；且 SO_4^{2-} 含量在不同土层间的分布较为明显，5～10cm 土层最高，10～20cm 土层次之，0～5cm 土层最低，1 年砂田 0～20cm 土层的 SO_4^{2-} 含量是 5 年后砂田的 2.48 倍。SO_4^{2-} 含量在不同年限旱砂田中的变化趋势正好解释了其酸碱度的规律。

不同年限旱砂田土壤 Mg^{2+} 含量总体表现为先降低后增加的变化趋势，10～20 年砂田含量最低，1 年砂田和 40 年砂田 Mg^{2+} 含量分别均为 10～20 年砂田的 2.6 倍和 1.7 倍，且在 5～10cm 土层中的含量最高。Ca^{2+} 为砂田土壤中含量最高的水溶性阳离子，其中 1 年砂田土壤含量最高，5～20 年砂田趋于稳定，20 年以上砂田呈逐年上升趋势；1 年砂田和 40 年砂田 Ca^{2+} 含量分别均为 5～20 年砂田的 2.65 倍和 1.61 倍；除 1 年砂田外，Ca^{2+} 含量在不同土层间总体表现为 5～10cm 土层最高，10～20cm 土层次之，0～5cm 土层最低。K^+ 和 Na^+ 在砂田土壤中含量均较低，都表现出在 1 年砂田中最高，5～20 年砂田较低，30 年以上砂田逐年递增的变化趋势，且在不同土层间的分布不明显。综上所述，砂田土壤盐分在种类上主要以 $CaSO_4$ 盐为主，$MgSO_4$ 盐次之，其他盐含量均较低；在时间分布上以 1 年砂田土壤中的盐含量最高，5～20 年砂田维持在较低水平，30 年以上砂田开始升高；在空间分布上以 5～10cm 土层最高，10～20cm 土层次之，0～5cm 土层最低（图 5-14）。

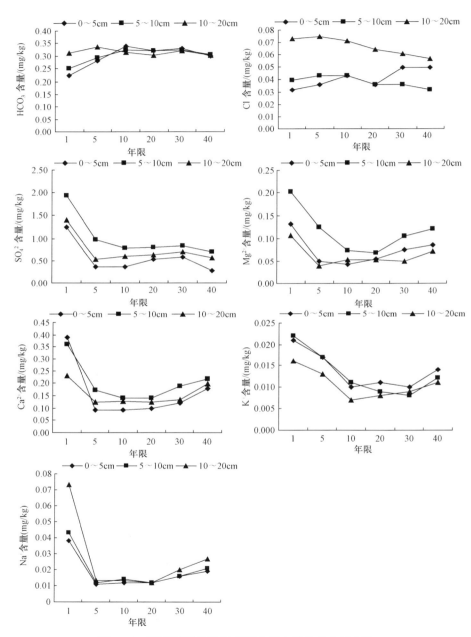

图 5-14　不同年限旱砂田表层土壤水溶性盐含量变化

第五节 长期砂田土壤养分变化特征

一、旱砂田土壤养分变化特征

不同砂龄土壤有机质含量随着种植年限的延长表现出逐渐降低的趋势（表5-10），至40年撂荒老砂田又有所回升，变化区间为0.26%～0.58%，其中10年以内新砂田土壤有机质含量显著高于中砂田和老砂田，高出29.27%～123.08%；土壤全氮与碱解氮含量随砂田种植年限延长表现出逐渐降低的趋势，不同种植年限砂田表层土壤全氮含量在0.32～0.45g/kg，40年老砂田土壤全氮含量较5年新砂田降低了16.28%，耕层碱解氮含量变化区间为14.58～27.15mg/kg，且5～10年新砂田显著高于20年中砂田，20年中砂田显著高于40年老砂田，40年老砂田土壤碱解氮含量较5年新砂田降低了46.30%，按照土壤碱解氮等级标准，15年以内砂田土壤碱解氮含量大于25mg/kg，为低，15年以上砂田土壤碱解氮含量小于25mg/kg，为极低；土壤全磷含量在15年以内砂田表现出上升趋势，15年以上砂田表现出下降趋势，速效磷含量则随着种植年限的延长表现出逐渐降低的趋势，变化区间为0.02～2.66mg/kg，5～10年新砂田显著高于15～30年中砂田和40年老砂田，按照速效磷的土壤肥力等级标准，所有砂田的供磷能力均为极低；砂田土壤全钾含量和速效钾含量随种植年限延长虽也表现出逐渐降低的趋势，但除40年老砂田外，变化幅度不大，且根据土壤速效钾的等级标准，所有砂田土壤的速效钾含量均大于50mg/kg，为足够。综上分析可知，整个砂田区土壤表现出有机质含量低、少氮、缺磷、富钾的特征，有机质含量下降、土壤碱解氮含量及速效磷含量极低是砂田随种植年限延长土壤肥力下降的主要表现。

表5-10 不同年限旱砂田0～20cm土壤养分变化

年限	有机质/%	全氮/(g/kg)	碱解氮/(mg/kg)	全磷/(g/kg)	速效磷/(mg/kg)	全钾/(g/kg)	速效钾/(mg/kg)
5	0.58a	0.43ab	27.15a	0.64b	2.66a	20.00a	91.70a
10	0.53a	0.45a	26.41a	0.69b	1.80b	18.83bc	95.50a
15	0.41b	0.40ab	26.18a	0.81a	0.93c	18.24cd	74.93b
20	0.33c	0.38abc	20.46b	0.46c	0.44cd	18.25cd	83.30ab
30	0.26c	0.32c	16.26bc	0.38cd	0.12d	18.24cd	72.90b
40	0.32c	0.36bc	14.58c	0.32d	0.02d	17.68d	51.57c

注：同一列中不同小写字母表示不同年限相同土壤养分差异显著（$P<0.05$）

二、水砂田土壤养分变化特征

水砂田较旱砂田土壤养分含量高，主要有以下三方面原因。其一，地理分布。旱砂田多分布于坡地沟壑地带，质地为沙土，土壤贫瘠；而水砂田多分布于平原盆地，质地为壤土，土壤基础较好。其二，耕作措施。旱砂田砂层较厚，施肥困难，加之干旱少雨，自铺砂后很少施入农家肥，化肥投入量也相对较少且施肥较浅，肥料利用率偏低；而水砂田砂层较薄，具备一定的灌溉条件，肥料投入量大且施肥较深，肥料利用率较高。其三，栽培模式。旱砂田多为旱作露地栽培，基本为一年一茬种植，种植密度较小，施肥量较低；而水砂田现已发展为"两膜一砂""三膜一砂"等多种栽培模式，复种指数较高，种植密度较大，从而施肥量也较高。

水砂田由于灌水带入的泥土较多，复种指数高，每年翻耕的次数多，砂土混合较快，一般只使用3～5年。为此，笔者选择了1～5年的水砂田为研究对象，从不同年限水砂田的土壤肥力变化可以看出，3年水砂田的土壤肥力最高，而1年与5年水砂田的土壤肥力相近，这主要与田间管理措施相关。1年新铺砂田由于盐分含量较高，不利于作物生长，农民一般会闲置一年；而5年水砂田由于砂土混合严重，作物长势差，产量低，因此管理粗放，濒临弃耕；2～3年水砂田土壤"水-气-热-肥"环境条件最佳，正适合作物生长，因此复种指数高、施肥量大、管理精细。从0～20cm土壤不同养分的变化情况来看，5年水砂田较3年水砂田土壤有机质、碱解氮、速效磷、速效钾含量分别下降了27.06%、13.13%、45.41%和50.14%。由此可见，土壤速效钾和速效磷含量下降幅度最大，其原因与农民的施肥习惯有关，水砂田主要种植瓜菜类经济作物，加之砂田区土壤普遍缺磷，因此，农民传统施肥主要以磷酸二铵和钾肥为主。按照土壤肥力等级标准，1～5年水砂田土壤均属于中等及以上肥力标准，因此，与旱砂田不同，土壤肥力下降不是水砂田退化的主要原因，而砂土混合造成土壤"水-气-热"协调功能下降可能是其限制因素（表5-11，表5-12）。

表 5-11　不同年限水砂田 0～20cm 土壤养分变化

年限	有机质/%	全氮/（g/kg）	碱解氮/（mg/kg）	全磷/（g/kg）	速效磷/（mg/kg）	全钾/（g/kg）	速效钾/（mg/kg）
1	1.10	1.12	72.66	0.86	69.11	16.98	104.23
3	1.70	1.56	101.74	1.59	179.78	17.26	241.40
5	1.24	1.25	88.38	0.96	98.14	16.55	120.37

表 5-12　不同年限水砂田 20～40cm 土壤养分变化

年限	有机质/%	全氮/（g/kg）	碱解氮/（mg/kg）	全磷/（g/kg）	速效磷/（mg/kg）	全钾/（g/kg）	速效钾/（mg/kg）
1	0.34	0.83	29.16	0.52	15.48	16.55	101.12
3	0.70	1.17	50.48	0.81	72.36	16.70	158.85
5	0.36	0.86	26.53	0.54	15.68	16.50	126.98

第六节　长期砂田土壤微生物变化特征

一、长期砂田土壤酶活性变化特征

　　土壤酶是参与土壤新陈代谢的重要物质，它主要来源于微生物细胞，也可以来自动植物残体，土壤酶通过催化土壤中的一系列生物化学反应，在碳、氮、硫、磷等各类元素的物质循环中发挥着重要作用。土壤酶活性能反映土壤微生物活性和土壤生化反应强度，是评价土壤肥力、土壤质量及土壤健康程度的重要指标。近年来，土壤酶活性作为表征土壤性质的生物活性指标，已被广泛应用于评价土壤营养物质的循环转化情况，以及评价各种农业措施和肥料施用的效果。因此，研究土壤酶活性的变化，将有助于了解土壤肥力的现状和演化过程。

　　不同砂龄土壤脲酶活性平均值表现为 1 年＞3 年＞10 年＞5 年＞7 年，即随连作年限的增加，脲酶活性表现为先下降后略有上升的变化趋势，连作 1～3 年与连作 5～10 年之间差异显著。土壤蔗糖酶活性随连作年限的增加而变化的规律性不强，具体表现为 1～3 年酶活性增加，3～5 年降低，5～7 年上升，7～10 年再次下降；其中，压砂 5 年蔗糖酶活性最低，5 年较 1 年下降 62.03%，10 年较 1 年降低 34.64%，蔗糖酶活性在波动中呈现出下降趋势。土壤中性磷酸酶活性随年限的增加呈现先上升后下降的变化趋势，具体表现在 1～3 年先上升，3～10 年下降，在 10 年时中性磷酸酶活性最低，较 1 年、3 年分别下降了 29.67%和 30.85%。土壤过氧化氢酶活性平均值表现为 1 年＞3 年＞5 年＞10 年＞7 年，随压砂田年限的增加大体表现为下降趋势，连作 7 年时过氧化氢酶活性最低，7 年较 1 年、5 年分别下降 22.67%和 11.14%。由此可见，随砂田连作年限的增加，土壤酶活性降低，土壤微生物环境逐渐变劣（图 5-15）。

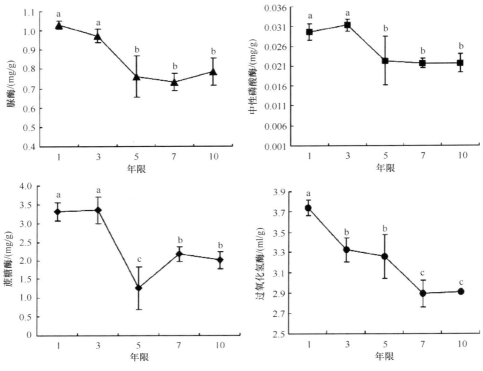

图 5-15　不同年限旱砂田土壤酶活性变化（引自王菲等，2015）

不同小写字母表示不同处理间差异显著（$P<0.05$）

二、长期砂田土壤微生物数量变化特征

在所调查的年限范围内（图 5-16），随着种植年限的增加，砂田土壤微生物量碳含量逐渐下降，由种植 5 年的 223.76mg/kg 下降到＞20 年的 126.65mg/kg，下降了 43%；但在种植西瓜的前 10 年期间，土壤微生物量碳含量一直维持在一定的水平，之后才逐渐下降，直至连作 20 年的砂田上在一个相对较低的水平达到平衡。与微生物量碳含量的变化趋势相似，不同年限砂田土壤中微生物量氮含量有一定的差异，经过连续几年的西瓜种植后，砂田土壤中的微生物量氮含量逐渐下降，10 年、15 年、20 年及＞20 年的砂田中微生物量氮含量分别为 5 年砂田的 97%、86%、81% 和 79%。在前 10 年内，微生物量氮含量下降并不明显，之后迅速下降，直至 20 年后微生物量氮含量下降趋于缓和。

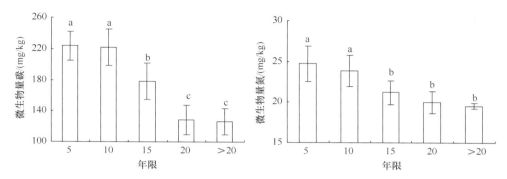

图 5-16 不同年限砂田土壤微生物量碳、氮含量变化

不同小写字母表示不同处理间差异显著（$P < 0.05$）

砂田土壤微生物数量大体上随着连作年限的增加而降低（表 5-13），其中 10 年以内砂田土壤微生物数量相对较高且保持稳定，而 10 年以上砂田则急剧下降。这与砂田本身的耕作性质有密切关系，因为砂田耕作较少施用有机肥且不能归还枯枝落叶为微生物提供足够的碳源，高温少雨的气候无法为微生物提供足够的能源，这不利于土壤微生物的生长与繁殖。同时，随着连作年限延长，同一类根系分泌物持续释放，形成了单一的土壤环境和根际条件，导致土壤微生物种类与数量减少，使得微生物区系从高肥的"细菌型"土壤向低肥的"真菌型"土壤转化，这就进一步破坏了砂田土壤中的微生物生态环境，从而容易引发连作障碍。

表 5-13 不同年限砂田土壤微生物数量变化

连作年限	细菌/（个/g）	真菌/（个/g）	放线菌/（个/g）	微生物总量/（个/g）
5	1.70×10^8b	1.13×10^5a	5.39×10^6b	1.76×10^8b
10	1.82×10^8a	7.44×10^4b	5.48×10^6a	1.88×10^8a
15	1.09×10^8c	6.81×10^4c	2.48×10^6c	1.12×10^8c
20	8.46×10^7d	6.60×10^4c	2.35×10^6e	8.70×10^7d
>20	5.54×10^7e	5.01×10^4d	2.42×10^6d	5.79×10^7e

注：同一列中不同小写字母表示不同年限相同土壤微生物差异显著（$P < 0.05$）

第六章　覆膜方式与旱砂田的水热效应

地膜覆盖技术是在 20 世纪中叶，随着塑料工业的兴起而发展起来的。我国自 1978 年开始引进地膜覆盖栽培技术，地膜覆盖栽培试验始于 1979 年，当年在全国 14 个省（自治区、直辖市）对以蔬菜为主的作物组织试验，试验区面积达 44hm²，获得了全面成功；20 世纪 80 年代，逐步从多点试验进入大面积推广阶段。此后，全国地膜覆盖栽培面积迅速扩大。据不完全统计，我国地膜覆盖栽培面积达 666.7 万 hm² 以上，成为世界上地膜覆盖栽培面积最大的国家，地膜覆盖栽培的作物有 60 多种，栽培理论和技术有了重大突破和创新。

目前，地膜覆盖在我国农业生产中的应用主要有以下几种技术模式。

1. 种植行平铺半覆膜技术

该技术应用较早，且成本较低，增产效果明显，适应作物范围较广，因而应用也较为普遍。目前种植砂田西瓜多采用平铺半覆膜技术，研究表明，甘肃砂田籽瓜半覆膜栽培较裸砂田出苗早 6～7 天，生育期缩短 20～25 天，增产 52.5%。

2. 全覆膜技术

即在作物种植行与闲置行都进行地膜覆盖，以减少土壤的蒸发面积，进而起到增温、保墒、增产的作用。此技术在旱地玉米、小麦等作物中报道较多，定西旱地玉米秋季全膜平铺水分利用效率为 19.56kg/(mm·hm²)，秋季半膜平铺水分利用效率为 18.30kg/(mm·hm²)，而常规播前半膜平铺为 17.55kg/(mm·hm²)；旱地籽瓜采用全膜覆盖较半膜覆盖生育期提前 4～9 天，0～20cm 土壤含水量提高了 13%，增产 8%。

3. 垄盖膜际种植技术（农田微集水种植技术）

垄盖膜际种植技术具有较好的蓄水、集水效果，该技术适用地区及适用作物广泛。利用田间人工产流，形成降水叠加，以改善作物水分环境。通过田间微集水种植技术，可以将小雨变为大雨，将无效降水变为有效降水，提高水分利用效率。该技术近年来已经在陕、甘、宁等地大面积推广，在干旱地区，玉米、小麦的集流增墒技术比较成功，增产效果显著，旱地玉米起垄覆膜微集水种植技术的生态效应研究表明，起垄覆膜技术在 0～60cm 土层的平均含水量分别较平铺膜和无膜常规种植法提高了 0.64%～0.87% 和 1.81%～2.12%，具有明显的集雨增墒效应。

砂田土壤表面覆盖疏松的砂石层虽然能够切断土壤毛细管蒸发路径，显著减少土壤水分的蒸发量，具有保墒作用，但由于砂田区极端干旱的气候条件，年蒸发量是年降雨量的数十倍，且降雨期与瓜类生育期不吻合，因此受作物生育期降雨量不足的限制，砂田西瓜产量很难进一步提高。干旱仍是限制砂田西瓜发展的最直接、最主要的因素，因此怎样更有效地提高雨水资源利用率成为砂田西瓜可持续发展的核心问题。

砂田覆膜能够进一步起到保墒、增温、增产的作用，但目前砂田西瓜覆膜方式比较单一，主要以瓜行平铺半覆膜为主，另外，在覆膜方面对砂田土壤水-温-肥-作物整个体系状况缺乏系统的研究。为此，笔者将现代旱地玉米、小麦覆膜栽培中常用的全覆膜、起垄覆膜技术应用于旱砂田西瓜栽培，通过在旱砂田区开展平铺半覆膜（HM）、平铺全覆膜（FM）、起垄覆膜（RM）及不覆膜（CK）的西瓜栽培试验，系统地研究了不同覆膜方式对旱砂田土壤表层温度、水分状况及对西瓜生长发育、产量、品质的影响，筛选出了在旱砂田西瓜生产中有利于土壤增温保墒、高产优质、水肥资源高效利用的再覆盖栽培模式，提高了砂田西瓜的生产效率。

第一节　覆膜方式与旱砂田土壤增温效应

西瓜是喜温作物，在整个生长发育过程中，要求有较高的温度。土壤温度可以影响根系和根部有益微生物的活动，以及水分和矿物质的吸收，从而影响叶片的光合作用。西瓜根系生长的最低温度为 10℃，最高温度为 38℃，最适温度为 25～30℃。形成根毛的最低温度为 13～14℃，最高温度为 38℃。据观测土温在 13℃时，主根的伸长幅度仅为 32℃时的 1/50，因此，提高地温，对西瓜幼苗根系的生长极为有利。

一、不同覆膜方式下土壤温度日变化特征

土壤温度的日变化是一天内土壤热状况的直接反映。砂田各覆膜处理 5~25cm 土层土壤温度日变化曲线均为 "S" 形（图 6-1），且在 5cm 土层的温度变化最为明显，日最高地温和最低地温均出现在此层，随着土层的加深，变化幅度逐渐平缓。各处理 5cm 土层最低温度均出现在 9:00，最高温度均出现在 17:00~18:00，FM、RM、HM 的日平均温度分别比 CK 高 3.7℃、2.7℃和 2.4℃。不同覆膜处理在 10cm 土层的最低温度均出现在 10:00，最高温度均出现在 18:00~19:00，FM、RM、HM 的日平均温度分别比 CK 高 3.0℃、2.3℃和 2.0℃。15cm 土层最低温度均出现在 11:00，最高温度均出现在 20:00~21:00，FM、RM、HM 的日平均温度分别比 CK 高 2.7℃、2.0℃和 1.7℃。20cm 土层最低温度均出现在 12:00，最高温度均出现在 22:00，FM、RM、HM 的日平均温度分别比 CK 高 2.5℃、1.7℃和 1.6℃。25cm 土层最低温度均出现在 13:00，最高温度均出现在 23:00，FM、RM、HM 的日平均温度分别比 CK 高 2.2℃、1.5℃和 1.4℃。由此可见，在 5~25cm 土层，土层每加深 5cm，各处理土壤温波相位依次推移 1h，且不同处理在各土层的日平均温度均以 FM 最高，RM 和 HM 差异不明显，CK 最低。

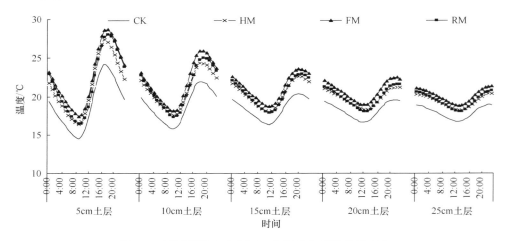

图 6-1　不同覆膜方式在同一土层的土壤温度日变化

不同覆膜处理在 5～25cm 垂直土层也表现出相似的土壤温度日变化规律，各处理土壤温波的日变化曲线均为"S"形（图 6-2）。随着土层的加深，振幅逐渐减弱，波周期逐渐延长。25cm 土层在 0:00～23:00 才传递了整个日温波的 3/4，因此导致各土层温波相位逐渐后移。不同处理在各土层的温度日变化曲线均相交于 12:00 左右，在 5～25cm 土层，CK 与 HM 在 4:00～12:00，随着土层的加深，土温大体上呈上升趋势；在 12:00～21:00，随着土层的加深土温逐渐降低。RM 与 FM 在 8:00～12:00，随着土层的加深，土温大体上呈递增趋势；在 14:00～23:00 随着土层的加深，土温递减。且一天中各处理在下午随着外界气温的升高，近表层 5cm 土层的温度最高，5～25cm 土层温差也最大；在夜间至凌晨 4:00 左右外界气温较低时，土壤温差较小；在 4:00～8:00 左右随着外界气温的进一步下降，温差又逐渐变大，此时间段内，CK、HM、RM、FM 的最大温差分别为 2.7℃、2.4℃、2.1℃和 1.6℃，这进一步表明 FM 的保温效果优于其他处理。

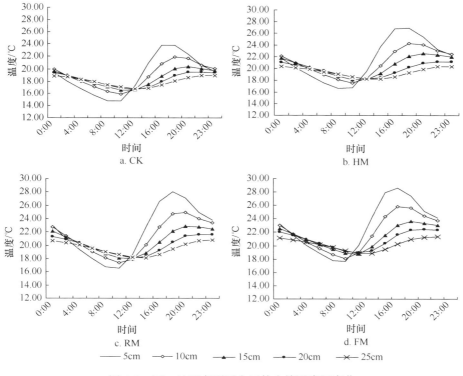

图 6-2　同一处理在不同土层的土壤温度日变化

二、不同覆膜方式下西瓜生育期土壤温度变化

随着西瓜生育期外界气温的上升，不同覆膜处理在各土层的平均地温也逐渐上升，但与日温差相反，各处理 25cm 土层从出苗期至结果期的温差大于 5cm 土层的温差。其中 FM 处理 5cm、25cm 土层的温差分别为 6.21℃和 7.96℃；RM 处理 5cm、25cm 土层的温差分别为 6.78℃和 8.16℃；HM 处理 5cm、25cm 土层的温差分别为 6.87℃和 8.01℃；CK 处理 5cm、25cm 土层的温差分别为 7.99℃和 8.45℃，且 CK 各土层的温差最大，FM 的最小。各覆膜处理在西瓜不同生育时期最高地温均出现在 5cm 土层，最低地温出现在 25cm 土层，且每一土层地温均为 FM＞RM＞HM＞CK（表 6-1）。

表 6-1 不同覆膜方式在砂田西瓜各生育时期不同土层的平均地温

覆膜方式	土壤深度/cm	出苗期/℃	幼苗期/℃	伸蔓期/℃	结果期/℃
全膜覆盖（FM）	5	23.00	23.30	27.49	29.21
	10	22.10	22.61	26.80	28.85
	15	21.33	22.10	26.29	28.66
	20	20.86	21.80	25.97	28.48
	25	20.21	21.35	25.49	28.17
起垄覆盖（RM）	5	22.20	22.52	26.21	28.98
	10	21.33	21.89	25.65	28.60
	15	20.87	21.36	25.15	28.24
	20	20.15	20.96	24.79	27.98
	25	19.57	20.63	24.45	27.73
半膜覆盖（HM）	5	21.92	21.73	25.86	28.79
	10	21.31	21.35	25.40	28.52
	15	20.71	20.97	24.96	28.21
	20	20.07	20.60	24.54	27.92
	25	19.60	20.26	24.16	27.61
不覆盖（CK）	5	19.35	19.33	23.54	27.34
	10	19.11	19.21	23.38	27.20
	15	18.68	18.89	22.99	26.90
	20	18.40	18.74	22.78	26.77
	25	18.08	18.53	22.50	26.53

　　砂田西瓜不同生育时期 5～25cm 土层的平均地温均为 FM＞RM＞HM＞CK，在出苗期和幼苗期由于气温较低，FM、RM、HM 较 CK 的增温幅度大，出苗期 FM、RM、HM 处理 5～25cm 土层的平均地温比 CK 分别高出 2.78℃、2.10℃、2.00℃；幼苗期 FM、RM、HM 处理的平均地温比 CK 分别高出 3.29℃、2.53℃、2.04℃；伸蔓期和结果期随着气温的升高，除 FM 外，各覆膜处理较 CK 的增温幅度变小，伸蔓期 FM、RM、HM 处理 5～25cm 土层的平均地温比 CK 分别高出 3.37℃、2.21℃、1.94℃；结果期增幅进一步降低，FM、RM、HM 处理的平均地温比 CK 分别高出 1.72℃、1.36℃、1.26℃，说明外界气温越低，覆膜对砂田的增温效果越好（表 6-2）。

表 6-2　不同覆膜方式在砂田西瓜不同生育时期 5～25cm 土层的平均地温（单位：℃）

覆膜方式	出苗期	幼苗期	伸蔓期	结果期
FM	21.50	22.23	26.41	28.67
RM	20.82	21.47	25.25	28.31
HM	20.72	20.98	24.98	28.21
CK	18.72	18.94	23.04	26.95

三、不同覆膜方式下西瓜生育期土壤积温变化

　　砂田西瓜各生育时期的土壤积温均为 FM＞RM＞HM＞CK，在整个生育期中，各覆膜处理在结果期的积温最大。FM、RM、HM 在西瓜全生育期的土壤总积温较 CK 分别提高了 266.83℃、197.49℃和 172.54℃，FM 较 RM 和 HM 也分别提高了 69.34℃和 94.29℃（表 6-3）。

表 6-3　不同覆膜方式在砂田西瓜不同生育时期＞10℃的土壤积温　（单位：℃）

覆膜方式	出苗期	幼苗期	伸蔓期	结果期	总积温
FM	193.48	689.18	554.58	1147.01	2584.25
RM	186.84	665.62	530.26	1132.19	2514.91
HM	186.48	650.45	524.66	1128.37	2489.96
CK	168.52	587.18	483.78	1077.94	2317.42

第二节　覆膜方式与旱砂田土壤保墒效应

西瓜的整个生育期需水量都很大，但它又是耐旱性很强的作物，其之所以具有强大的耐旱力除了因为它具有地上部的耐旱生态特征外，主要是由于它拥有发育强大的根系并且根毛细胞具有强大的吸收能力，因此适宜的土壤水分是西瓜丰产和稳产的必要条件。西瓜不同生育期对田间土壤持水量的需求有所不同，苗期为65%，伸蔓期为70%，而果实膨大期为75%，土壤水分不足会影响果实膨大，最终导致减产。

不同覆膜处理对砂田土壤水分含量的影响随土层深度、外界气候条件、植株的生长状况等因素而变化。除伸蔓期和结果期以外，旱砂田西瓜各生育期土壤含水量在0～20cm土层最高，20cm以下大体上随着土层的加深而降低，在100cm左右又有所回升。这主要是由于砂田土壤的砂砾层和表层的温度比较高，引起水分向上运动，又因毛细管作用被砂砾层切断，水分就积滞于土壤表层，而外界环境对100cm左右土层的含水量影响不大。西瓜结果期叶片面积和干重要比前期大数十倍乃至数百倍，同时又面临果实迅速生长之际，因此此时植株需水量最大，而此期当地基本无有效降雨，使得各处理土壤表层含水量明显降低。不同覆膜方式对旱砂田土壤水分的影响在西瓜幼苗期和成熟期0～40cm土层最为明显，随着土层的加深，影响逐渐减弱。而0～40cm土层也是西瓜根系分布相对集中区，此层的土壤水分状况对作物根系的发育及矿质养分的吸收起到至关重要的作用（图6-3）。

就同一土层而言，不同覆膜方式又对西瓜生长前期的幼苗期和伸蔓期影响较为明显。从播种后至幼苗期，由于有少量降雨，RM的集雨作用比较明显；幼苗期0～20cm土层RM较HM和FM分别增加了1.6个百分点和1.1个百分点，HM较CK土壤含水量提高0.6个百分点，FM较CK提高1.1个百分点；20～40cm土层，HM较CK平均土壤含水量仅提高0.2个百分点，FM较CK提高0.8个百分点，RM较CK提高1.1个百分点，较HM和FM分别提高了0.9个百分点和0.3个百分点；由此可见随着土层的加深，不同覆膜方式之间差异逐渐缩小。伸蔓期随着外界气温的大幅度上升且干旱无降雨，FM的保墒作用变得显著；在0～20cm土层，FM较CK和HM土壤含水量分别提高了2.0个百分点和1.4个百分点；在0～40cm土层，FM较CK和HM分别提高了2.0

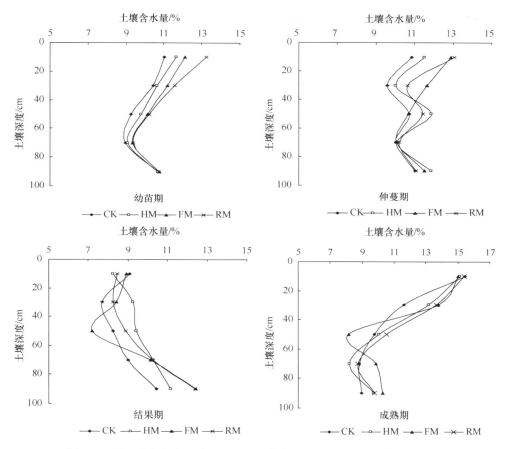

图 6-3　不同覆膜方式下砂田西瓜不同生育时期 0~100cm 土壤水分含量

个百分点和 1.6 个百分点，较 RM 提高了 1.0 个百分点。结果期 0~20cm 土层土壤含水量 CK 略大于其他覆膜处理，主要是由于 CK 处理的西瓜植株生长势最差，因此植株耗水量也最少。西瓜收获前期因有少量降雨，各处理土壤表层含水量又有所回升，其中 0~20cm 土层各处理土壤含水量差异不大；20~40cm 土层，HM 较 CK 土壤平均含水量提高 1.5 个百分点，FM 和 RM 较 CK 均提高 2.0 个百分点左右。由于从西瓜播种期至伸蔓期当地基本无有效降雨，从土壤水分变化曲线可以看出，在 0~40cm 土层，FM 与 RM 西瓜幼苗期和伸蔓期较播前土壤水分变化曲线比较平缓，而 HM 与 CK 则呈明显的下降趋势，因此 FM

与 RM 表现出了较好的保墒效果（图 6-4）。

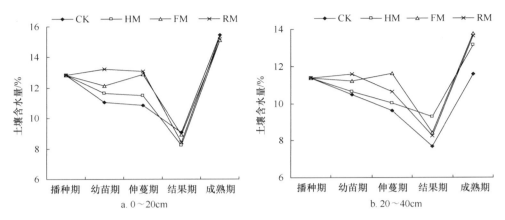

图 6-4　不同覆膜方式对砂田西瓜各生育时期 0～40cm 土壤含水量的影响

第三节　覆膜方式与旱砂田西瓜的生长效应

一、覆膜方式对西瓜株高/蔓长的影响

在西瓜生长前期，FM 与 HM 处理的西瓜保持较强的生长势，出苗期和幼苗期西瓜株高显著高于 RM 和 CK。伸蔓期后，RM 西瓜生长加快。至结果期，FM、RM 和 HM 之间西瓜主蔓长度差异不显著，但显著大于 CK，主蔓长度分别较 CK增加 12.7%、11.5% 和 8.8%（表 6-4）。

表 6-4　不同覆膜方式对西瓜株高/蔓长的影响　　　　（单位：cm）

覆膜方式	株高		蔓长	
	出苗期	幼苗期	伸蔓期	结果期
FM	7.9aA	10.2aA	92.4aA	103.2aA
HM	7.6aA	9.9aAB	87.6aAB	99.7aA
RM	6.1bB	9.4bB	79.8abAB	102.1aA
CK	3.0cC	7.4cC	61.5bB	91.6bA

注：同一列不同小写字母表示差异达到显著水平（$P<0.05$）；同一列不同大写字母表示差异达到极显著水平（$P<0.01$）

二、覆膜方式对西瓜叶面积的影响

子叶是出苗期的主要光合器官,同株高变化相似,FM 和 HM 西瓜子叶面积显著高于 RM 和 CK。FM 和 HM 子叶面积较 CK 分别增加 64.5% 和 69.2%,RM 子叶面积较 CK 增加 32.0%。伸蔓期 FM、HM 和 RM 叶面积指数(leaf area index,LAI)较 CK 分别增加 78.0%、85.3% 和 61.0%;至结果期,FM 叶面积指数显著高于其他处理,较 HM、RM、CK 分别提高了 27.7%、33.6% 和 67.8%(表 6-5)。

表 6-5　不同覆膜方式对西瓜子叶面积/叶面积指数的影响

覆膜方式	出苗期(叶面积)/cm²	伸蔓期(LAI)	结果期(LAI)
FM	9.46aA	1.46aA	2.03aA
HM	9.73aA	1.52aA	1.59bB
RM	7.59bAB	1.32aAB	1.52bBC
CK	5.75cB	0.82bB	1.21cC

注:同一列不同小写字母表示差异达到显著水平($P<0.05$);同一列不同大写字母表示差异达到极显著水平($P<0.01$)

三、覆膜方式对西瓜叶片叶绿素含量的影响

从西瓜各生育期叶片叶绿素含量的变化可以看出,随着生育阶段的推移,各覆膜处理西瓜的叶片叶绿素含量逐渐升高,至伸蔓期达到最高值,随后相对下降。幼苗期 FM、HM 和 RM 叶片叶绿素含量显著高于 CK,较 CK 分别提高 14.1%、13.7% 和 12.2%。伸蔓期只有 FM 处理的西瓜叶片叶绿素含量显著高于 CK,HM、RM 与 CK 的差异不显著。至结果期,FM、HM、RM 处理的叶片叶绿素含量较伸蔓期均有所下降,而 CK 的叶绿素含量有所增加,主要是其生育期推迟的缘故(表 6-6)。

表 6-6　不同覆膜方式对西瓜叶片叶绿素含量的影响

覆膜方式	幼苗期	伸蔓期	结果期
FM	61.5aA	63.6aA	62.2aA
HM	61.3aA	62.7abA	59.8bB
RM	60.5aA	62.2abA	61.3aAB
CK	53.9bB	61.0bA	62.6aA

注:同一列不同小写字母表示差异达到显著水平($P<0.05$);同一列不同大写字母表示差异达到极显著水平($P<0.01$)

四、覆膜方式对西瓜生育期的影响

砂田覆膜可以促使西瓜提前成熟，FM 处理的生育期最短，整个生育期为 95 天，比 RM 和 HM 分别提前两天和 4 天成熟，比 CK 提前 10 天成熟，RM 比 CK 提前 8 天成熟，HM 比 CK 提前 6 天成熟。其中覆膜处理的出苗期和幼苗期比 CK 分别提前 4～6 天，且各覆膜处理的小区出苗率达到 99%，而无地膜覆盖的小区出苗率仅为 89%；从伸蔓期开始，各覆膜处理的小区与 CK 的生育期间距进一步拉大（表 6-7）。

表 6-7 不同覆膜方式对砂田西瓜生育时期的影响（月-日）

覆膜方式	播种期	出苗期	幼苗期	伸蔓期	结果期	成熟期	总生育期/天
FM	4-10	4-15	4-18	5-15	6-5	7-14	95
RM	4-10	4-16	4-20	5-18	6-7	7-16	97
HM	4-10	4-16	4-19	5-16	6-7	7-18	99
CK	4-10	4-19	4-24	5-26	6-17	7-24	105

五、覆膜方式对西瓜产量的影响

不同覆膜方式对不同年限砂田西瓜单瓜重和产量均有显著的影响，且西瓜单瓜重和产量大体表现为 FM＞RM＞HM＞CK。其中 5 年砂田西瓜 FM、RM、HM 处理的西瓜单瓜重较 CK 分别显著提高了 27.64%、25.16% 和 17.70%；西瓜坐果率较 CK 分别提高了 11.87%、11.68% 和 8.76%；西瓜产量较 CK 分别显著提高了 43.66%、40.86% 和 28.39%。20 年砂田西瓜 FM、RM、HM 处理的西瓜单瓜重较 CK 分别显著提高了 93.70%、55.90% 和 58.27%；坐果率均表现为 FM＞RM＞HM＞CK。西瓜产量较 CK 分别显著提高了 145.81%、99.32% 和 95.46%。以上结果表明，全膜覆盖（FM）栽培在老砂田上的应用效果会更好（表 6-8）。

六、覆膜方式对西瓜品质的影响

西瓜中心和边缘部位的可溶性固形物含量是从一个侧面反映西瓜品质优劣的重要指标之一，无论是 5 年砂田还是 20 年砂田，不同覆膜方式对西瓜可

表 6-8　不同覆膜方式对砂田西瓜产量的影响

覆膜方式	5 年砂田			20 年砂田		
	单瓜重/kg	坐果率/%	产量/（kg/hm²）	单瓜重/kg	坐果率/%	产量/（kg/hm²）
FM	4.11a	98.93a	45 248.75a	2.46a	98.3a	26 948.6a
RM	4.03ab	98.76a	44 363.86a	1.98b	98.1a	21 851.9b
HM	3.79b	96.18a	40 436.37b	2.01b	95.7a	21 428.0b
CK	3.22c	88.43b	31 495.46c	1.27c	77.1b	10 963.0c

注：同一列中不同小写字母表示不同覆膜方式相同年限差异显著（$P<0.05$）

溶性固形物含量的影响均为 FM＞RM＞HM＞CK。FM、RM、HM 处理的 5 年砂田西瓜可溶性糖含量较 CK 分别显著提高了 17.54%、14.07%和 10.51%；20年砂田西瓜可溶性糖含量较 CK 分别提高了 15.77%、9.16%和 4.72%。FM、RM、HM 处理的 5 年砂田西瓜 V_C 含量较 CK 分别显著提高了 15.24%、19.21%和 9.84%；20 年砂田西瓜 V_C 含量较 CK 分别提高了 8.14%、19.60%和 1.50%。不同覆膜方式下西瓜有效酸度均有所增加，但差异不显著。综合分析，不同覆膜处理对 5 年新砂田西瓜的提质作用大于 20 年老砂田，且均以 FM 处理的西瓜品质最优（表 6-9）。

表 6-9　不同覆膜方式砂田西瓜品质的影响

砂田年限	覆膜方式	可溶性固形物含量/%		可溶性糖含量/%	V_C 含量/（mg/kg）	有效酸度（pH）
		中心	边缘			
5	FM	12.1a	9.1a	11.86a	7.26ab	5.68a
	RM	11.9ab	9.0a	11.51ab	7.51a	5.61a
	HM	11.3b	8.4b	11.15b	6.92b	5.59a
	CK	10.2c	7.8c	10.09c	6.30c	5.36b
20	FM	10.74a	8.89a	8.59a	6.51ab	5.18a
	RM	10.38ab	8.49ab	8.10b	7.20a	5.19a
	HM	9.88bc	8.15bc	7.77bc	6.11b	5.15a
	CK	9.62c	7.82c	7.42c	6.02b	5.10a

注：同一列中不同小写字母表示不同处理方式差异显著（$P<0.05$）

第四节　覆膜方式与旱砂田西瓜的水肥利用效应

一、覆膜方式对西瓜水分利用的影响

从西瓜播前 1m 土壤的田间贮水量可以看出，5 年新砂田的保墒效果明显要好于 20 年老砂田。且 5 年砂田西瓜生育期的耗水量也大于 20 年砂田，这主要是因为 5 年砂田西瓜长势较旺，作物需水量也较大。而两者耗水量规律均表现为 FM＜RM＜HM＜CK，与作物产量规律正好相反（见第六章第三节），表明在同一年限砂田上，土壤棵间蒸发水分损失大于作物的蒸腾损失，FM 处理的保墒效果最好。不同年限砂田西瓜水分利用效率均表现为 FM＞RM＞HM＞CK，且 FM 处理的西瓜水分利用效率均显著高于其他处理，5 年、20 年砂田 FM 处理的西瓜水分利用效率较传统覆膜方式 HM 分别显著提高了 20.33%和 36.87%，表明 FM 处理对老砂田的保墒效果更好（表 6-10）。

表 6-10　不同覆膜方式下的旱砂田西瓜水分利用效率

砂田年限	覆膜方式	播前 1m 土壤贮水量/mm	成熟期 1m 土壤贮水量/mm	1m 土壤贮水变化量/mm	耗水量/mm	水分利用效率/（kg/m³）
5	FM	137.08	106.75	30.33	148.43	30.48a
	RM	137.08	98.87	38.21	163.31	27.17bc
	HM	137.08	97.56	39.52	159.62	25.33c
	CK	137.08	80.92	56.16	174.26	18.07d
20	FM	101.92	87.47	14.45	100.95	26.69a
	RM	101.92	80.22	21.70	108.20	20.20b
	HM	101.92	78.51	23.41	109.91	19.50b
	CK	101.92	70.10	31.82	118.32	9.27c

注：同一列中不同小写字母表示不同处理方式差异显著（$P<0.05$）

二、覆膜方式对西瓜养分吸收的影响

（一）对氮素吸收的影响

不同砂田覆膜方式下，西瓜果皮（瓜皮）、果肉（瓜瓤）、蔓叶中的氮素含量与单位面积西瓜总氮素积累量各不相同。总体而言，西瓜成熟期各器官中的氮素

含量大小依次为：蔓叶＞瓜皮＞瓜瓤，覆膜处理西瓜果实中的氮素含量高于不覆膜处理，而不覆膜处理蔓叶中的氮素含量却较高，表明覆膜有利于氮素由营养器官向果实的转运。本研究 FM 处理的单位面积西瓜总氮素积累量显著高于其他处理，较 RM 和 HM 分别提高了 25% 和 39%（表 6-11）。

表 6-11　不同覆膜方式对砂田西瓜氮素吸收的影响

覆膜方式	施氮量 / (kg/hm²)	产量 / (kg/hm²)	植株干重 / (kg/hm²)	氮素含量/%			总氮素积累量 / (kg/hm²)
				瓜皮	瓜瓤	蔓叶	
FM	210	26 948.56aA	258.80aA	1.47	1.13	1.32	34.34aA
RM	210	21 851.85bB	226.25bAB	1.22	1.11	1.33	27.46bAB
HM	210	21 427.98bB	222.75bAB	1.30	1.08	1.32	24.70bB
CK	210	10 962.96cC	202.81bB	1.17	1.06	1.43	13.65cC

注：同一列不同小写字母表示差异达到显著水平（$P < 0.05$）；同一列不同大写字母表示差异达到极显著水平（$P < 0.01$）

（二）对磷素吸收的影响

西瓜各器官中磷素含量含均低于磷素含量，磷素在西瓜成熟期各器官中的分布从高到低依次为：瓜皮＞瓜瓤＞蔓叶，虽各覆膜处理磷素含量略高于不覆膜处理，但与氮素含量相比，磷素含量比较稳定。砂田各覆膜处理的单位面积西瓜总磷素积累量显著高于裸砂田，其中 FM 最高，较 RM 与 HM 分别增加了 34.88% 和 47.58%（表 6-12）。

表 6-12　不同覆膜方式对旱砂田西瓜磷素吸收的影响

覆膜方式	施磷量 / (kg/hm²)	产量 / (kg/hm²)	植株干重 / (kg/hm²)	磷素含量/%			总磷素积累量 / (kg/hm²)
				瓜皮	瓜瓤	蔓叶	
FM	110	26 948.56aA	258.80aA	0.25	0.25	0.16	6.11aA
RM	110	21 851.85bB	226.25bAB	0.22	0.19	0.14	4.53bAB
HM	110	21 427.98bB	222.75bAB	0.21	0.19	0.16	4.14bAB
CK	110	10 962.96cC	202.81bB	0.20	0.17	0.15	2.04cB

注：同一列不同小写字母表示差异达到显著水平（$P < 0.05$）；同一列不同大写字母表示差异达到极显著水平（$P < 0.01$）

（三）对钾素吸收的影响

西瓜成熟后，果皮中的钾素含量最高，各覆膜处理西瓜果实钾素含量均高于CK，而蔓叶钾素含量却低于CK，不同处理瓜瓤钾素含量的变化规律与其果实含糖量相符（见第六章第三节）。不同覆膜处理的单位面积西瓜总钾素积累量显著高于裸砂田，FM、RM、HM处理的西瓜单位面积总钾素积累量分别是CK的2.52倍、2.09倍和1.80倍，其中FM最高，较RM与HM分别增加了20.66%和39.78%（表6-13）。

表6-13　不同覆膜方式对旱砂田西瓜钾素吸收的影响

覆膜方式	产量 /（kg/hm²）	蔓叶干重/（kg/hm²）	钾素含量/%			总钾素积累量 /（kg/hm²）
			瓜皮	瓜瓤	蔓叶	
FM	26 948.56aA	258.80aA	2.90	1.09	0.74	35.21aA
RM	21 851.85bB	226.25bAB	2.84	1.06	0.89	29.18bAB
HM	21 427.98bB	222.75bAB	2.88	0.94	1.02	25.19bB
CK	10 962.96cC	202.81bB	2.83	0.90	1.30	13.98cC

注：同一列不同小写字母表示差异达到显著水平（$P<0.05$）；同一列不同大写字母表示差异达到极显著水平（$P<0.01$）

三、覆膜方式与旱砂田西瓜的经济效益

从原料和用工两方面对不同覆膜栽培方式下砂田西瓜的投入情况进行分析，在原料方面，由于FM为全覆膜，因此地膜用量为RM、HM单覆膜的两倍；在用工方面，播种期FM和RM较HM的覆膜工序有所增加，苗期覆膜处理的用工主要为放苗，收获后，FM较HM的撤膜量增加，RM撤膜后还需平垄；从总投入看，FM、RM、HM较CK每亩增加投入256元、203元和128元（表6-14）。

表6-14　不同覆膜栽培方式下砂田西瓜的投入情况分析

覆膜方式	原料/（元/亩）	用工/（元/亩）			总投入/（元/亩）
		播种期	苗期	收获后	
FM	213.00	100.00	25.00	50.00	388.00
RM	160.00	100.00	25.00	50.00	335.00
HM	160.00	50.00	25.00	25.00	260.00
CK	107.00	25.00	0.00	0.00	132.00

注：原料包括地膜、种子、化肥；地膜用量为3.5kg/亩，地膜价格为15元/kg；工值为50元/日

从价格和产量两个方面对不同覆膜栽培方式下砂田西瓜的收入情况进行分析，由于 CK 成熟较晚且品质较差，因此价格也相应较低，FM、RM、HM 较 CK 每亩可增加收入 1423.88 元、1016.26 元和 982.28 元（表 6-15）。

表 6-15　不同覆膜栽培方式下砂田西瓜的收入分析

覆膜方式	成熟期（月-日）	价格*/（元/kg）	产量/（kg/亩）	收入/（元/亩）
FM	7-14	1.20	1796.39	2155.67
RM	7-16	1.20	1456.71	1748.05
HM	7-18	1.20	1428.39	1714.07
CK	7-24	1.00	731.79	731.79

*价格为 2009 年同一时期，相同质量的西瓜市场价格

从收入和总投入两方面对不同覆膜栽培方式下砂田西瓜的经济效益进行分析，结果表明，覆膜处理的砂田西瓜总投入虽高于裸砂田，但由于其西瓜产量显著高于裸砂田，因此，其收入和效益也均高于裸砂田。FM、RM、HM 处理的西瓜经济效益分别是 CK 的 2.95 倍、2.36 倍和 2.42 倍，其中 FM 处理的西瓜经济效益最高，较 RM 和 HM 分别提高了 25.10%和 21.57%（表 6-16）。

表 6-16　不同覆膜栽培方式下砂田西瓜的经济效益分析

覆膜方式	收入/（元/亩）	总投入/（元/亩）	效益/（元/亩）	投入∶产出
FM	2155.67	388.00	1767.67	1∶5.56
RM	1748.05	335.00	1413.05	1∶5.22
HM	1714.07	260.00	1454.07	1∶6.59
CK	731.79	132.00	599.79	1∶5.54

第七章　旱砂田西瓜的需肥特征与肥料效应

西瓜产量的高低和品质的优劣主要取决于品种的遗传特性、栽培条件和环境条件。在各种栽培措施中，密度主要是通过调整西瓜的群体结构，进而影响西瓜地上的叶面积指数、光合强度、透光率及地下养分竞争。氮是构成西瓜体内蛋白质、核酸、叶绿素和多种酶、多种维生素的主要成分，氮素营养水平直接影响西瓜的产量和品质。磷对碳水化合物的合成与运输、氮的代谢、脂肪的合成，以及提高西瓜对外界环境的适应能力方面起着重要的作用，增施磷肥有利于提高单株瓜的数量和单瓜重，进而提高产量，并且可以增加西瓜可溶性糖和维生素 C 含量。钾素能促进蔗糖的合成，有利于糖分的运输和积累，生长期植株的钾素含量与西瓜糖分含量呈正相关，因此是公认的"品质元素"。

第一节　旱砂田西瓜的需肥特征

一、旱砂田西瓜干物质积累与分配规律

由图 7-1 可知，旱砂田西瓜干物质积累量随生育时期的推移而递增，其中播种后至苗期的干物质增长量为 2.7g/株，占营养器官干物质总积累量的 3.37%，仅占西瓜总干物质积累量的 0.74%；苗期至伸蔓期的干物质增长量为 12g/株，占营养器官干物质总积累量的 15%，占西瓜总干物质积累量的 3.3%，干物质增长速率为 0.8g/（株·天）；伸蔓期至坐果期的干物质增长量为 35.24g/株，占营养器官干物质总积累量的 45%，占西瓜总干物质积累量的 9.71%，干物质增长速率为 1.76g/（株·天）；坐果期至成熟期的茎、叶干物质增长量为 30.25g/株，占营养器官干物质总积累量的 37.73%，果实干物质增长量为 282.75g/株，总干物质增长量占西瓜总干物质积累量的 86.24%，干物质增长速率为 12.04g/（株·天）。由此可见，西瓜干物质积累量最大期和积累速度最快期是坐果期至成熟期，即果实膨大期，而西瓜果实膨大期营养器官的干物质增长量仅占此期干物质总积累量的 9.66%，果实的干物质增长量则占 90.34%，因此西瓜果实膨大期主要以

果实生长为主。从西瓜不同器官的干物质分配来看，果实＞叶＞茎，其干物质分配比例为 14∶3∶1。

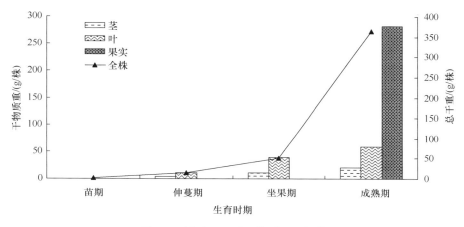

图 7-1　旱砂田西瓜干物质积累规律

二、旱砂田西瓜氮素养分积累、分配规律

西瓜营养器官氮素含量表现出叶＞茎，且随生育期的推移而逐渐降低的趋势（图 7-2），至西瓜成熟期，茎、叶氮素含量较苗期分别降低了 68.65% 和 64.37%。而随着西瓜生育期干物质量的积累，总氮素积累量却逐渐升高。其中播种后至苗期，植株总氮素积累量为 0.1g/株，占西瓜生育期总氮素积累量的 1.6%；苗期至伸蔓期植株氮素积累量为 0.5g/株，占西瓜氮素积累总量的 8.01%，茎、叶氮素积累比例为 1∶5；伸蔓期至坐果期植株氮素积累量为 0.76g/株，占西瓜氮素积累总量的 12.18%，茎、叶氮素积累比例为 1∶24；坐果后至成熟期西瓜氮素积累量为 4.88g/株，占西瓜氮素积累总量的 78.21%，茎、叶、果实氮素积累比例为 1∶3.6∶72.3，此期是西瓜氮素积累量和需求量最大期，其中营养器官氮素转运量为 0.18g/株，氮素转运率为 13.25%，氮素转运贡献率为 3.56%，主要是氮素由西瓜叶片向果实的转运。

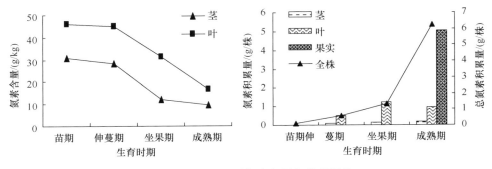

图 7-2 旱砂田西瓜氮素积累与分配规律

三、旱砂田西瓜磷素养分积累、分配规律

与氮素相似，西瓜营养器官磷素也表现出叶片中含量高于茎，且随生育期的推移而逐渐降低的变化趋势（图 7-3），至西瓜成熟期，茎、叶磷素含量较苗期分别降低了 77.40% 和 69.42%。西瓜磷素积累量也随着生育时期的推移而逐渐增加，其中西瓜苗期磷素积累量为 0.008g/株，仅占西瓜生育期总磷素积累量的 1.46%；苗期至伸蔓期磷素积累量为 0.04g/株，占西瓜总磷素积累量的 6.76%，茎、叶磷素积累比例为 1：3.5；伸蔓期至坐果期磷素积累量为 0.02g/株，占西瓜总磷素积累量的 3.47%，茎、叶磷素积累比例为 1：47.5，磷素主要由叶片积累；坐果期至成熟期磷素积累量为 0.48g/株，占西瓜总磷素积累量的 88.30%，茎、叶、果实磷素积累比例为 1：1.5：118.5，主要以果实积累为主，且无营养器官磷素向果实的转运。

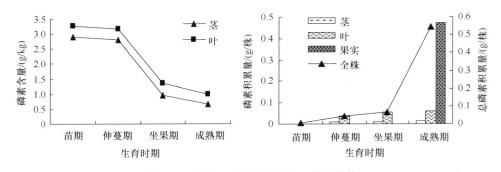

图 7-3 旱砂田西瓜磷素积累与分配规律

四、旱砂田西瓜钾素养分积累、分配规律

与氮、磷养分含量不同,西瓜营养器官钾素含量分布规律为茎高于叶,但也表现出随生育期推移而逐渐降低的趋势(图 7-4),至西瓜成熟期,茎、叶钾素含量较苗期分别降低了 32%和 33.28%。受西瓜干物质积累的影响,钾素积累量表现为果实＞叶＞茎,且随生育时期推移而逐渐增加。其中西瓜苗期钾素积累量为 0.07g/株,占西瓜总钾素积累量的 1.16%;苗期至伸蔓期钾素积累量为 0.27g/株,占西瓜总钾素积累量的 4.49%,茎、叶钾素积累比例为 1∶1.62;伸蔓期至坐果期,西瓜钾素积累量为 0.53g/株,占西瓜总钾素积累量的 8.8%,茎、叶钾素积累比例为 1∶4.3;坐果期至成熟期,西瓜钾素积累量为 5.15g/株,占西瓜总钾素积累量的 85.55%,为西瓜钾素积累量和需求量最大期,此期植株所吸收的钾素全部为果实所积累,且营养器官钾素转运量为 0.25g/株,钾素转运率为 28.74%,钾素转运贡献率为 4.63%,主要是钾素由西瓜叶片向果实的转运。从西瓜生育期总钾素积累量来看,营养器官和果实分别占 10.30%和 89.70%。

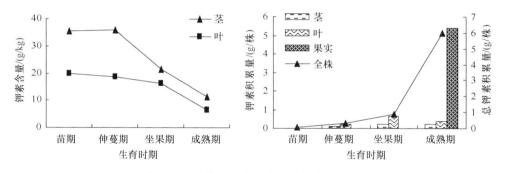

图 7-4　旱砂田西瓜钾素积累与分配规律

五、旱砂田西瓜养分需求规律

从图 7-5 可知,旱砂田西瓜氮、磷、钾养分积累量均随生育时期的推移而增加,其中坐果后至成熟期为养分最大需求期。西瓜氮、磷、钾吸收比例在苗期为 1∶0.08∶0.7;伸蔓期为 1∶0.07∶0.54;坐果期为 1∶0.03∶0.70;成熟期为 1∶0.1∶1.06。由此可见,西瓜坐果前主要以氮吸收为主、钾吸收次之、磷吸收最少,而坐果后则逐渐以钾吸收为主。至西瓜成熟期,氮、磷、钾总吸收量分别

为 4.88g/株、0.48g/株、5.15g/株，吸收比例为 1∶0.09∶0.96。

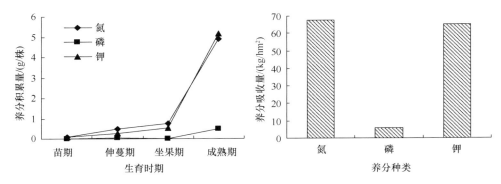

图 7-5　旱砂田西瓜氮磷钾养分吸收规律

第二节　不同种植密度下旱砂田西瓜的氮肥效应

一、氮肥与密度互作对西瓜产量的影响

双因素方差分析表明，施氮量和种植密度均能显著影响西瓜单瓜重（$F=27.58$ 和 $F=27.83$）（表 7-1），单瓜重总体上表现出随氮肥施用量增加、种植密度降低而增加的变化趋势。施氮处理的西瓜平均单瓜重均极显著高于无氮处理，N_{100}、N_{200}、N_{300} 处理的平均单瓜重较 N_0 分别提高了 19.64%、27.65%和 24.55%，其中以 N_{200} 处理的平均单瓜重最高，较 N_{100} 显著提高了 6.70%，而 N_{300} 与 N_{100} 处理之间差异不显著。不同种植密度间的平均单瓜重表现出低密度＞中密度＞高密度，且不同处理之间差异达到了极显著水平，D_3 处理较 D_2 和 D_1 分别提高了 8.04%和 20.34%。氮肥和密度之间的互作效应不显著（$F=0.86$）。

表 7-1　不同肥密处理的单瓜重　　　　　　（单位：kg）

处理	N_0（0kg/hm²）	N_{100}（100kg/hm²）	N_{200}（200kg/hm²）	N_{300}（300kg/hm²）	平均值
D_1（13 000 株/hm²）	3.45±0.29	4.14±0.18	4.63±0.09	4.30±0.22	4.13cC
D_2（9 525 株/hm²）	3.73±0.18	4.68±0.12	5.05±0.16	4.95±0.10	4.60bB
D_3（7 407 株/hm²）	4.42±0.22	5.08±0.14	5.15±0.13	5.22±0.20	4.97aA
平均值	3.87cB	4.63bA	4.94aA	4.82abA	

注：本节中各密度、氮肥处理条件均相同；数据后不同大小写字母分别表示差异达极显著水平（$P<0.01$）和显著水平（$P<0.05$）

西瓜产量受氮肥、密度因素的影响均达到显著水平（F=27.03 和 F=107.41），而其互作效应不显著（F=1.75）（表 7-2）。产量总体上表现出随施氮量和种植密度的增加而增加的变化趋势，施氮处理的平均西瓜产量极显著高于无氮处理，N_{100}、N_{200}、N_{300} 处理的平均西瓜产量较 N_0 分别提高了 20.25%、29.41% 和 25.24%，N_{200} 处理较 N_{100} 显著提高了 7.62%，而 N_{300} 与 N_{100} 处理间差异不显著。不同种植密度间的平均西瓜产量表现出高密度＞中密度＞低密度，且差异达到了极显著水平，D_1 处理较 D_2 和 D_3 分别提高了 23.46% 和 45.58%。

表 7-2　不同肥密处理的西瓜产量　　　　　　　（单位：kg/hm²）

处理	N_0	N_{100}	N_{200}	N_{300}	平均值
D_1	46 034±3 832	55 183±1 604	61 754±1 263	57 356±2 972	55 082aA
D_2	36 156±1 441	45 401±1 616	48 920±1 659	47 987±1 287	44 616bB
D_3	33 655±1 710	38 715±1 083	39 236±1 013	39 738±1 517	37 836cC
平均值	38 615cC	46 433bB	49 970aA	48 360abAB	

注：数据后不同大小写字母分别表示差异达极显著水平（$P<0.01$）和显著水平（$P<0.05$）

二、氮肥与密度互作对西瓜品质的影响

西瓜含糖量受氮肥、密度影响显著（F=6.40 和 F=4.83），平均含糖量表现出随施氮量的增加先增加后降低的变化趋势，在 N_{100} 时最高，显著高于 N_0 和 N_{300} 处理，较 N_0 和 N_{300} 分别提高了 2.68% 和 3.17%，N_0 和 N_{300} 处理间差异不显著；另外，西瓜平均含糖量随着种植密度的降低而增加，其中 D_3 处理显著高于 D_1 处理。西瓜有效酸度受氮肥影响显著（F=7.18），其变化趋势和含糖量相似，中氮处理（N_{100} 和 N_{200}）显著高于无氮（N_0）和高氮（N_{300}）处理。从表 7-3 不同密度下氮肥处理间西瓜的糖酸比来看，总体也表现出在 N_{100} 处理下最大，之后随着施氮量的增加而逐渐下降的趋势。双因素方差分析表明，密度与氮肥的互作效应对西瓜含糖量和有效酸度影响均不显著（F=1.11 和 F=0.50）。

氮肥极显著地影响西瓜 V_C 含量，西瓜 V_C 含量随施氮量的增加呈先上升后下降的趋势（图 7-6），施氮量在 100～200kg/hm² 时西瓜平均 V_C 含量为 35.06～35.67g/kg，极显著高于 N_0 和 N_{300} 处理，N_{200} 处理的西瓜平均 V_C 含量较 N_0 和 N_{300} 处理分别提高了 13.09% 和 8.42%，而密度、密度和氮肥的交互作用对西瓜 V_C 含量的影响均不显著（F=0.76 和 F=1.07）。西瓜硝酸盐含量随着施氮量的增加而提

表 7-3　不同肥密处理对西瓜含糖量和有效酸度的影响

处理	D₁			D₂			D₃			糖均值	酸均值
	糖/%	酸（pH）	糖/酸	糖/%	酸（pH）	糖/酸	糖/%	酸（pH）	糖/酸		
N_0	10.18	5.17	1.15	10.58	5.21	1.20	10.61	5.23	1.21	10.46bc	5.20b
N_{100}	10.69	5.31	1.23	10.71	5.35	1.24	10.83	5.32	1.25	10.74a	5.33a
N_{200}	10.59	5.27	1.21	10.50	5.31	1.21	10.73	5.27	1.23	10.61ab	5.28a
N_{300}	10.34	5.21	1.18	10.37	5.19	1.18	10.53	5.11	1.18	10.41c	5.17b
平均含糖量	10.45b			10.54ab			10.68a				

注：同一行或同一列中不同小写字母表示不同处理间差异显著（$P<0.05$）

高，且不同处理间差异达显著水平，N_{100}、N_{200} 和 N_{300} 处理的西瓜硝酸盐含量较 N_0 分别极显著提高 8.11%、21.56% 和 36.98%，但密度、密度和氮肥的交互作用对西瓜硝酸盐含量的影响均不显著（$F=1.37$ 和 $F=1.04$）。

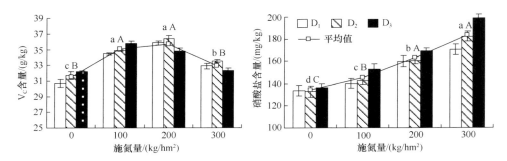

图 7-6　不同肥密处理对西瓜维生素 C 和硝酸盐含量的影响

方柱上不同大、小写字母分别表示差异达极显著水平（$P<0.01$）和显著水平（$P<0.05$）

三、氮肥与密度互作对西瓜氮素积累及利用的影响

从不同密度、氮肥处理下砂田西瓜营养器官及果实中氮素的积累量可以看出（表7-4），西瓜蔓叶中氮素积累量较少，果实中较多，蔓叶氮素积累量占西瓜总氮素积累量的 35%～39%，而果实氮素积累量占西瓜总氮素积累量的 61%～65%。在不同种植密度下，施氮处理的西瓜地上部营养器官、果实中氮素积累量及总氮素积累量大体上显著高于无氮处理，且随着施氮量的增加而增加，当施氮量大于 200kg/hm² 时趋于稳定，甚至有下降趋势，氮素积累量最大

值均出现在 D_1N_{200} 处理；在施氮量相同条件下，受作物生物量的影响，氮素积累量总体表现为随种植密度的增加而增加。氮肥偏生产力和利用率均随着施氮量的增加呈现逐渐降低的趋势，而随着种植密度的增大而增大，其在 D_1N_{100} 处理中达到最高值，分别为 551.83kg/kg 和 24.58%。由此可见，种植密度相同条件下，适当增施氮肥可以显著提高单位面积植株中氮素积累量，但也会显著降低氮肥偏生产力和氮肥利用率指标，在 D_1N_{100} 和 D_1N_{200} 条件下，能够实现产量与氮肥利用率的同步改善。

表 7-4　不同肥密处理对西瓜氮素积累量和氮肥利用率的影响

密度	施氮量/（kg/hm²）	蔓叶氮素积累量/（kg/hm²）	果实氮素积累量/（kg/hm²）	总氮素积累量/（kg/hm²）	氮肥偏生产力/（kg/kg）	氮肥利用率/%
D_1	0	31.95±1.24e	53.49±4.45e	85.45±3.28e		
	100	38.41±0.55bc	71.62±2.08bc	110.03±2.63bc	551.83±20.06a	24.58±2.63a
	200	47.56±0.79a	82.47±1.69a	130.03±2.21a	308.77±7.90d	22.29±1.11a
	300	43.03±2.95ab	74.54±2.91b	117.58±5.44b	191.19±12.39f	10.71±1.81d
D_2	0	29.41±1.46ef	46.05±5.66fg	75.46±5.56f		
	100	38.17±0.62bcd	60.45±1.08d	98.63±0.72d	454.02±10.10b	23.17±0.71a
	200	41.24±3.62b	67.31±1.41c	108.55±2.79c	244.60±5.18e	16.55±1.40b
	300	43.88±3.81ab	67.29±0.90c	111.17±3.98bc	159.96±2.68g	11.9±1.33cd
D_3	0	24.79±0.42f	40.25±2.05g	65.04±2.28g		
	100	29.36±2.91ef	51.11±0.60ef	80.47±3.17ef	387.16±6.77c	15.43±3.17bc
	200	32.33±3.45de	53.11±0.95e	85.43±4.13e	196.18±6.34f	10.20±2.06d
	300	33.85±2.74cde	52.37±1.76e	86.22±3.14e	132.46±6.32h	7.51±1.05d

注：同一列中不同小写字母表示不同处理间差异显著（$P<0.05$）

四、氮肥的西瓜产量、品质效应方程

为了更好地分析氮密互作效应，获得施氮量和种植密度的最佳平衡点，对不同种植密度下的西瓜产量、含糖量与施氮量的关系进行回归分析，分别建立了施氮量与产量和含糖量的数学关系（表 7-5）。结果显示施氮量与产量和含糖量之间的关系曲线均为抛物线，通过对这些一元二次方程求导数，并采用当年当地西瓜平均销售价及氮肥的价格，分别求得了不同种植密度下西瓜的最高产量施氮量、最佳经济产量施肥量，以及对应的最高产量、最佳经济产量和最佳含糖量。不同种植密度间的西瓜最高产量及最佳经济产量差异较大，以 D_1 密度处理的最高，其西瓜最高产量及最佳经济产量分别为 60 514kg/hm² 和 60 511kg/hm²，且对应的最高产量施氮量和最佳经济产量及品质施氮量为最低，分别为 210kg/hm² 和 206kg/hm²，而其最佳含糖量对应的施氮量为 158kg/hm²。由于 N_{100} 与 N_{200} 处理间西瓜含糖量差异不显著（表 7-3），因此，D_1N_{200} 为适合砂田西瓜生产的较优处理。

表 7-5　不同种植密度下氮肥的西瓜产量、品质效应方程

密度	项目	效应方程	最高产量施氮量/(kg/hm²)	最高产量/(kg/hm²)	最佳经济产量及品质施氮量/(kg/hm²)	最佳经济产量/(kg/hm²)或最佳含糖量/%
D_1	产量/(kg/hm²)	$Y=-0.339N^2+142.14N+45\ 614.59$ $R^2=0.973$	210	60 514	206	60 511
	含糖量/%	$S=-1.9\times10^{-5}N^2+0.006N+10.203$ $R^2=0.935$			158	10.68
D_2	产量/(kg/hm²)	$Y=-0.254N^2+115.35N+36\ 219.73$ $R^2=0.999$	227	49 316	223	49 311
	含糖量/%	$S=-6.5\times10^{-6}N^2+0.001N+10.601$ $R^2=0.855$			77	10.64
D_3	产量/(kg/hm²)	$Y=-0.114N^2+52.965N+33\ 881.06$ $R^2=0.957$	232	40 033	223	40 023
	含糖量/%	$S=-1.05\times10^{-5}N^2+0.003N+10.621$ $R^2=0.954$			143	10.84

第三节　旱砂田西瓜磷肥与钾肥效应

一、磷钾肥互作对西瓜叶片光合作用的影响

西瓜的光合特性影响着其碳水化合物的合成与积累，是影响西瓜产量和品质的重要生理因子。磷钾肥配施对西瓜不同生育期叶片光合作用的互作效应显著（表 7-6），西瓜叶片光合速率和蒸腾速率在无钾和低钾处理中，整体上表现出随施磷量的增加先增加后降低的趋势；在高钾处理中，则整体上随施磷量的增加而增加，且随着磷钾肥总配施量的增加而提高。其中 $K_{260}P_{170}$ 处理的西瓜叶片光合速率和蒸腾速率在开花期较 K_0P_0 处理分别显著提高了 49.88%和 30.48%；在果实膨大期分别显著提高了 60.68%和 49.12%。从西瓜不同生育时期叶片的光合特性来看，光合速率至果实膨大期达到最大，而蒸腾速率反而降低，这主要是因为西瓜果实在膨大期进行着大量糖分和水分的积累。

表 7-6　磷钾肥配施对砂田西瓜叶片光合作用的影响

处理	开花期		果实膨大期	
	光合速率/ [μmol/（m²·s)]	蒸腾速率/ [mmol/（m²·s)]	光合速率/ [μmol/（m²·s)]	蒸腾速率/ [mmol/（m²·s)]
K_0P_0	8.42fD	3.15hG	15.77fD	2.83deD
K_0P_{90}	10.58bcB	3.29ghFG	17.77deBCD	3.13cdeBCD
K_0P_{130}	10.03cdBC	3.35fghEFG	21.07cdABC	3.23cdeBCD
K_0P_{170}	9.37deCD	3.87cBC	15.36fD	2.58eD
$K_{130}P_0$	8.70efD	3.30ghFG	20.80cdABC	2.92deCD
$K_{130}P_{90}$	10.51bcB	3.57defCDEF	21.40bcdABC	3.23cdeBCD
$K_{130}P_{130}$	11.07bB	3.75cdCD	21.88bcABC	3.32bcdBCD
$K_{130}P_{170}$	10.14cBC	3.50efgDEF	25.27abA	3.63bcBC
$K_{260}P_0$	9.28eCD	3.60deCDEF	16.36efCD	3.16cdeBCD
$K_{260}P_{90}$	10.68bcB	3.65cdeCDE	22.58abcAB	3.46bcBCD
$K_{260}P_{130}$	10.98bB	4.51aA	23.15abcAB	4.01bAB
$K_{260}P_{170}$	12.62aA	4.11bB	25.34aA	4.22aA

注：同一列不同小写字母表示差异达到显著水平（$P<0.05$）；同一列不同大写字母表示差异达到极显著水平（$P<0.01$）

二、磷钾肥互作对西瓜产量及构成因素的影响

由图 7-7 可知，西瓜单瓜重和产量先随施磷量的增加而提高，在施磷量达到 130kg/hm² 后趋于稳定，P_{170} 处理的西瓜单瓜重和产量较 P_0 分别显著提高了 13.75% 和 43.79%；西瓜单瓜重和产量均随施钾量的增加而递增，其中 K_{260} 处理的西瓜单瓜重和产量较 K_0 分别显著提高了 9.22% 和 7.54%。双因素方差分析表明，磷钾肥配施对西瓜产量的交互效应显著（$F=9.65$）。从图 7-8 可以看出，在主因素 K_0、K_{130}，即低钾和中钾条件下，西瓜产量随施磷量的增加呈先增加后降低的趋势；而在 K_{260}，即高钾条件下，则随施磷量的增加而递增。

为了更好地分析磷钾肥互作效应，获得施磷量和施钾量的最佳平衡点，以施磷量和施钾量为自变量，西瓜产量为因变量，进行二次多项式回归分析，得出西瓜产量（Y）与施磷量（X_1）、施钾量（X_2）之间的回归方程：$Y=27\,078+89.566X_1+30.110X_2-0.277X_1^2+0.181X_1X_2-0.068X_2^2$（$R^2=0.824$），对该效应方程进行 F 检验，$F=6.62>F_{0.05}(5,6)=4.39$，回归关系显著，说明该方程能够反映施肥量与产量

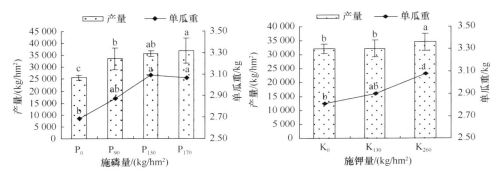

图 7-7 磷、钾肥单作对西瓜单瓜重和产量的影响

不同小写字母表示不同处理间差异显著（$P < 0.05$）

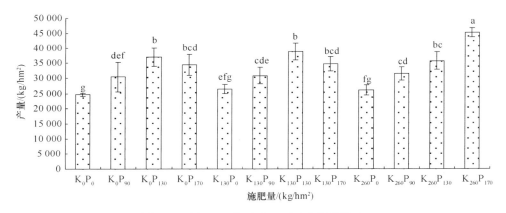

图 7-8 磷钾肥互作对砂田西瓜产量的影响

不同小写字母表示不同处理间差异显著（$P < 0.05$）

之间的关系。从施磷量、施钾量与西瓜产量回归模型的一次项可以看出，磷的偏回归系数大于钾，说明磷对砂田西瓜产量的影响较大。将西瓜产量回归模型中两个自变量的任意一个固定为 0 值，可以得到施磷量、施钾量与西瓜产量的单因子效应方程（表 7-7）。通过对这些一元二次方程求导数，并采用当年当地西瓜平均销售价及肥料的价格，在砂田西瓜栽培模式下，分别求得磷肥、钾肥的最高产量施肥量为 162kg/hm² 和 221kg/hm²；最佳经济产量施肥量为 150kg/hm² 和 185kg/hm²。

表 7-7　磷、钾肥处理的西瓜产量效应方程

肥料	效应方程	最高产量施肥量/（kg/hm²）	最高产量/（kg/hm²）	最佳经济产量施肥量/（kg/hm²）	最佳经济产量/（kg/hm²）
P_2O_5	$Y=-0.277X_1^2+89.566X_1+27\,078$	162	34\,318	150	34\,280
K_2O	$Y=-0.068X_2^2+30.110X_2+27\,078$	221	30\,411	185	30\,321

三、磷钾肥互作对西瓜品质的影响

由图 7-9 可知，磷、钾肥单因素均对西瓜含糖量影响显著，西瓜含糖量先随施钾量的增加而提高，在 130kg/hm² 后趋于稳定。K_{260} 处理的西瓜中心含糖量和边缘含糖量较 K_0 分别显著提高了 4.81% 和 6.90%，K_0、K_{130}、K_{260} 处理的西瓜糖分梯度（中糖含量与边糖含量的差值）分别为 1.7%、2.1% 和 1.6%，因此 K_{260} 处理的西瓜糖分梯度最低，不同施钾量对西瓜有效酸度影响不显著。施磷处理的西瓜含糖量及有效酸度均显著高于无磷处理，且随着施磷量的增加而提高，在 130kg/hm² 之后趋于稳定。P_{90}、P_{130}、P_{170} 处理的西瓜中心含糖量较 P_0 分别显著提高了 4.85%、7.77% 和 8.74%；边缘含糖量较 P_0 分别显著提高了 11.25%、17.50% 和 18.75%；有效酸度较 P_0 分别显著提高了 1.52%、3.04% 和 3.61%。P_0、P_{90}、P_{130}、P_{170} 处理的西瓜糖分梯度分别为 2.3%、1.9%、1.7% 和 1.7%，由此可见随着施磷量的增加，西瓜糖分梯度呈降低趋势。磷钾肥配施对西瓜糖分含量及有效酸度的互作效应不显著（$F=0.97$ 和 $F=0.28$）。

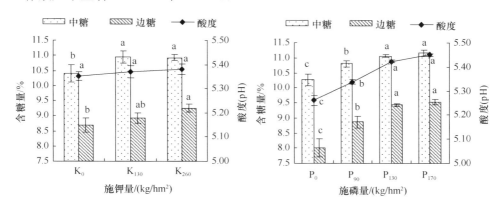

图 7-9　磷、钾肥单作对西瓜含糖量和酸度的影响
不同小写字母表示不同处理间差异显著（$P<0.05$）

由表 7-8 可知，施磷处理对西瓜维生素 C 含量影响显著，施磷处理的西瓜平均 V_C 含量显著高于无磷处理，在 P_{130} 时达到最大后有下降趋势，P_{90}、P_{130}、P_{170} 处理的西瓜平均 V_C 含量较 P_0 分别显著提高了 13.07%、13.73%和 9.48%；而施钾处理及磷钾肥配施的交互效应均不显著（$F=2.90$ 和 $F=0.72$）。磷、钾处理均对西瓜平均蛋白质含量产生显著影响，K_{130} 处理的西瓜平均蛋白质含量较 K_0 和 K_{260} 分别显著提高了 7.87%和 9.09%；施磷处理的西瓜平均蛋白质含量均显著高于无磷处理，P_{90}、P_{130}、P_{170} 处理的西瓜平均蛋白质含量较 P_0 分别显著提高了 7.14%、11.90%和 11.90%；而磷钾肥配施的交互效应不显著（$F=1.73$）。施钾处理的西瓜平均硝酸盐含量显著高于无钾处理，K_{130}、K_{260} 处理的西瓜平均硝酸盐含量较 K_0 分别显著提高了 11.14%和 11.24%；西瓜平均硝酸盐含量随施磷量增加而提高，在 P_{130} 后有下降趋势，但各处理间差异不显著；磷钾肥配施对西瓜硝酸盐含量具有显著的交互效应，在无钾条件下，西瓜硝酸盐含量大体上随施磷量的增加而降低，在施钾条件下，则大体上随着施磷量的增加而提高。

表 7-8　磷、钾肥处理对砂田西瓜品质的影响

处理	V_C 含量/（mg/100g）				蛋白质含量/%				硝酸盐含量/（mg/kg）			
	K_0	K_{130}	K_{260}	均值	K_0	K_{130}	K_{260}	均值	K_0	K_{130}	K_{260}	均值
P_0	2.88	3.08	3.22	3.06b	0.85	0.85	0.83	0.84b	154.50	132.26	131.32	139.36a
P_{90}	3.49	3.43	3.45	3.46a	0.88	0.98	0.85	0.90a	146.96	142.44	144.93	144.78a
P_{130}	3.40	3.44	3.61	3.48a	0.90	1.03	0.90	0.94a	109.68	160.63	167.7	146.00a
P_{170}	3.30	3.31	3.44	3.35a	0.93	0.96	0.92	0.94a	119.45	154.40	146.28	140.04a
均值	3.27a	3.32a	3.43a		0.89b	0.96a	0.88b		132.65b	147.43a	147.56a	

注：同一列或同一行中不同小写字母表示不同处理间差异显著（$P<0.05$）

四、磷钾肥互作对西瓜矿质养分积累和利用的影响

通过对磷钾肥配施各处理条件下砂田西瓜氮磷钾养分的积累、利用进行双因素方差分析，结果表明，磷钾肥配施对砂田西瓜氮、磷、钾养分的积累总量及肥料利用率的交互效应均达到显著水平（表 7-9）。总体而言，氮、磷、钾养分积累总量在 K_0 和 K_{130} 处理中随着施磷量的增加而提高，到 P_{130} 时达到较高水平，之后有下降趋势；在 K_{260} 处理中则随着施磷量的增加而增加，且在 P_{170} 时达到最高，显著高于其他处理，氮肥偏生产力也表现出相似趋势。磷肥利用率在 K_0 和 K_{130} 处理中随着施磷量的增加而降低，在 K_{260} 处理中则随着施磷量

的增加而提高；钾肥利用率则大体上随着施钾量的增加而降低，而随着施磷量的增加而提高。在以上所有磷钾肥配施处理中，$K_{260}P_{170}$ 处理的西瓜氮、磷、钾养分积累总量和肥料利用率均达到了较高水平。

表 7-9　磷钾肥配施对砂田西瓜养分积累和利用的影响

处理	氮素积累总量/（kg/hm²）	氮肥偏生产力/（kg/kg）	磷素积累总量/（kg/hm²）	磷肥利用率/%	钾素积累总量/（kg/hm²）	钾肥利用率/%
K_0P_0	80.24f	131.79efg	10.25ef	—	48.80f	—
K_0P_{90}	109.74bcd	152.08def	17.62cd	8.19ab	61.91de	—
K_0P_{130}	123.39bc	184.65b	21.95ab	8.00ab	72.42bc	—
K_0P_{170}	108.41cd	173.14bcd	17.79cd	4.43c	64.86cd	—
$K_{130}P_0$	76.86f	122.85g	11.03ef	—	51.51f	2.08d
$K_{130}P_{90}$	119.75bc	193.58b	20.22bc	10.21a	74.41bc	19.70a
$K_{130}P_{130}$	124.22b	172.06bcd	18.39bcd	5.66bc	74.98b	20.14a
$K_{130}P_{170}$	101.47de	154.21cde	17.65cd	3.89c	67.89bcd	14.68ab
$K_{260}P_0$	76.67f	129.56fg	9.99f	—	54.44ef	2.17d
$K_{260}P_{90}$	91.26ef	157.36cd	15.08de	5.65bc	62.38de	5.22cd
$K_{260}P_{130}$	118.56bc	178.00bc	19.10bcd	7.01abc	73.91bc	9.66bc
$K_{260}P_{170}$	147.02a	225.09a	24.20a	8.36ab	92.40a	16.77a

注：同一列中不同小写字母表示不同处理间差异显著（$P<0.05$）

第八章　旱砂田西瓜养分资源优化管理技术

砂田西瓜传统施肥仍存在重氮轻磷，少施甚至不施钾肥及微量元素肥料，施肥 "一炮轰"、肥料种类单一等现象，造成土壤养分比例失调，作物养分需求与肥料供给不协调，肥料利用率低等问题，致使西瓜产量和品质下降。因此，养分资源的优化管理对砂田西瓜产业的健康发展至关重要。

第一节　旱砂田西瓜优化施肥模型

一、回归模型的建立

以表 8-1 中氮、磷、钾肥料编码值为自变量，表 8-2 中产量为因变量，进行二次多项式回归分析，得出西瓜产量与氮、磷、钾肥料之间的回归方程：

$$Y_1 = 57\,393 + 1733.744X_1 + 2560.82X_2 - 295.73X_3 - 2592.467X_1^2 - 1662.938X_2^2 - 1475.009X_3^2$$
$$+ 490.752X_1X_2 - 550.97X_1X_3 + 533.771X_2X_3 \tag{8-1}$$

表 8-1　西瓜氮磷钾肥料配比试验设计

处理	X_1（N）		X_2（P_2O_5）		X_3（K_2O）	
	编码	产量/(kg/hm²)	编码	产量/(kg/hm²)	编码	产量/(kg/hm²)
1	0	200	0	150	2.45	400
2	0	200	0	150	−2.45	0
3	−0.751	129	2.106	300	1	282
4	2.106	400	0.751	203	1	282
5	0.751	271	−2.106	0	1	282
6	−2.106	0	−0.751	97	1	282
7	0.751	271	2.106	300	−1	118
8	2.106	400	−0.751	97	−1	118
9	−0.751	129	−2.106	0	−1	118
10	−2.106	0	0.751	203	−1	118
11	0	200	0	150	0	200

表 8-2　不同施肥处理对西瓜产量和品质的影响

处理	产量/ （kg/hm²）	含糖量/%	有效酸度 （pH）	Vc 含量/ （mg/kg）	硝酸盐/ （mg/kg）	含水量/%	综合 评分
1	47 807±2 184	10.2±0.58	5.66±0.03	37.08±0.52	283.40±30.10	90.13±0.42	87.67
2	49 270±1 144	9.4±0.68	5.55±0.03	33.13±2.71	325.76±18.46	91.10±0.95	81.59
3	51 641±2 519	10.2±0.24	5.65±0.11	39.66±3.55	203.93±25.61	89.97±0.82	89.25
4	48 781±1 816	9.7±0.72	5.46±0.02	38.06±1.40	346.57±32.40	90.70±0.80	83.95
5	40 383±2 255	9.6±0.75	5.38±0.03	33.06±3.06	176.16±34.36	91.05±0.32	83.38
6	39 151±1 787	9.0±0.21	5.35±0.12	31.52±3.73	109.91±16.69	91.43±0.27	80.70
7	54 132±2 827	10.7±0.69	5.57±0.05	37.34±3.62	216.83±18.29	90.59±0.86	89.72
8	46 285±2 267	9.5±0.41	5.57±0.09	35.67±3.23	330.94±12.40	91.00±0.65	82.77
9	42 162±2 042	8.2±0.51	5.22±0.05	27.61±3.60	188.78±13.73	92.54±0.84	74.03
10	39 707±2 804	9.3±0.71	5.40±0.07	33.06±3.28	164.15±38.99	92.18±0.79	81.19
11	57 392±2 631	11.3±0.19	5.63±0.11	36.11±1.62	204.30±24.30	89.98±1.08	92.86

对该效应方程进行 F 检验（$F=1610.91$，sig.=0.0091），结果表明回归关系极显著，说明该方程能够反映施肥量与产量之间的关系，故该模型对西瓜产量有良好的预测作用。同理，可求得施肥量与西瓜品质之间的回归方程为

$$Y_2=92.86+0.877X_1+2.333X_2+1.223X_3-1.924X_1^2-1.422X_2^2-1.371X_3^2 \qquad (8-2)$$

二、模型解析

1. 因子主效应分析

由于氮、磷、钾肥对西瓜产量和品质的回归方程已经经过无量纲编码代换，因此直接比较各偏回归系数绝对值的大小，即可得知各因子的重要程度。从氮、磷、钾与西瓜产量和品质回归模型的一次项可以看出，氮、磷、钾的偏回归系数绝对值分别为 1733.744、2560.82、295.73 和 0.877、2.333、1.223，说明氮、磷、钾肥对西瓜产量的影响以磷肥最大，氮肥次之，钾肥较小；对西瓜品质的影响以磷肥最大，钾肥次之，氮肥较小。

2. 单因子效应分析

为了进一步探讨各个因素的单独效应，将西瓜产量回归模型中 3 个自变量中的任意两个固定在 0 码值，可以得到剩余自变量与目标函数的关系（图 8-1，图

8-2），即氮、磷、钾与西瓜产量关系的单因子效应方程分别为

$$Y_{11}=57\ 393+1733.744X_1-2592.467X_1^2 \tag{8-3}$$
$$Y_{12}=57\ 393+2560.82X_2-1662.938X_2^2 \tag{8-4}$$
$$Y_{13}=57\ 393-295.73X_3-1475.009X_3^2 \tag{8-5}$$

同理，得到氮、磷、钾与西瓜品质关系单因子效应方程：

$$Y_{21}=92.86+0.877X_1-1.924X_1^2 \tag{8-6}$$
$$Y_{22}=92.86+2.333X_2-1.422X_2^2 \tag{8-7}$$
$$Y_{23}=92.86+1.223X_3-1.371X_3^2 \tag{8-8}$$

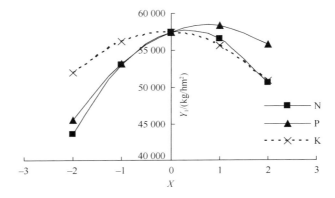

图 8-1 产量因子效应分析

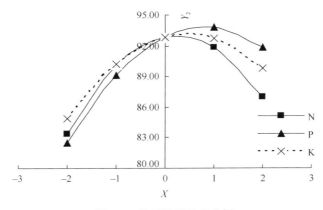

图 8-2 品质因子效应分析

从各单因子效应方程可以直观地看出，西瓜产量均随氮、磷、钾施肥量的增加而增加，达最高产量后，又随施肥量的增加而降低，且钾对产量的正效应大于氮，而氮的负效应大于磷；西瓜品质在较低施肥量条件下，随氮、磷、钾施肥量的增加而提高，但过量投入，也会降低西瓜品质，其中氮、磷、钾对西瓜品质的正效应差异不大，而氮的负效应大于磷、钾。对各单因子效应方程分别求导数，并采用当年当地西瓜平均销售价及肥料的价格，可分别求得西瓜的最高产量、最优品质施肥量和最佳经济产量施肥量（表8-3）。

表 8-3　西瓜肥料单因子效应分析

因子	项目	$Y_{max}/$ (kg/hm^2)	编码值 X	最高产量施肥量/ (kg/hm^2)	编码值 X	最佳经济产量施肥量/(kg/hm^2)
N	产量	57 682.87	0.334 4	231.61	0.333 7	231.55
	品质	92.96	0.227 9	221.55		
P_2O_5	产量	58 378.88	0.769 9	204.34	0.768 2	204.21
	品质	93.82	0.820 3	207.89		
K_2O	产量	57 407.82	−0.100 2	191.78	−0.102 7	191.58
	品质	93.13	0.446 0	236.57		

3. 因子互作效应分析

本研究确定的西瓜产量回归模型，存在氮磷、氮钾和磷钾的交互项，且其偏回归系数均达显著水平，说明氮磷、氮钾和磷钾的交互效应对西瓜产量产生了显著影响，即在综合施肥条件下，产量的变化，不单纯是各因子单独效应的线性累加，还存在配合效应，即因子间的交互效应。分别将产量回归模型中的氮（X_1）、磷（X_2）、钾（X_3）固定在 0 码值，可以得到其交互效应方程，分别为

$$Y_{1(1,2)}=57\ 393+1733.744X_1+2560.82X_2-2592.467X_1^2-1662.938X_2^2+490.752X_1X_2 \quad (8\text{-}9)$$

$$Y_{1(1,3)}=57\ 393+1733.744X_1-295.73X_3-2592.467X_1^2-1475.009X_3^2-550.97X_1X_3 \quad (8\text{-}10)$$

$$Y_{1(2,3)}=57\ 393+2560.82X_2-295.73X_3-1662.938X_2^2-1475.009X_3^2+533.771X_2X_3 \quad (8\text{-}11)$$

对产量方程作图（图 8-3），通过分析可以看出，在编码值范围内，氮、磷、钾对西瓜产量的效应曲线均呈抛物线形，产量先升高后降低，符合报酬递减定律。某一单一肥料含量的偏高或偏低均不利于西瓜产量的形成，而由于具有交互效应，因此两者配施对产量的提高有较强的促进作用，对氮而言，磷的交互效应大于钾；对磷而言，氮的交互效应大于钾；对钾而言，磷的交互效应大于氮。西瓜

产量在 50 000kg/hm² 以上的氮磷互作区间为 X_1 取 $-0.9 \sim 1.5$，X_2 取 $-0.9 \sim 2.1$，即施肥量为 N 115.0 $\sim$ 341.8kg/hm²，P_2O_5 86.5 $\sim$ 298.2kg/hm²；同理氮钾互作区间为 X_1 取 $-0.9 \sim 1.5$，X_3 取 $-1.2 \sim 1.2$，即施肥量为 N 115.0 $\sim$ 341.8kg/hm²，K_2O 101.6 $\sim$ 298.4kg/hm²；磷钾互作区间为 X_2 取 $-0.9 \sim 1.5$，X_3 取 $-1.8 \sim 1.2$，即施肥量为 P_2O_5 86.5 $\sim$ 255.8kg/hm²，K_2O 2.4 $\sim$ 298.2kg/hm²。

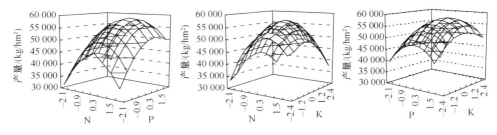

图 8-3　因子交互效应分析

三、利用模型进行决策

利用计算机进行模拟试验，得出了旱砂田西瓜产量超过 50t/hm² 的施肥方案。从表 8-4 可以看出，当 X_1 取 $-0.072 \sim 0.4038$，X_2 取 $0.1758 \sim 0.8038$，X_3 取 $-0.4286 \sim 0.1772$，即施肥量为 N 193.19 $\sim$ 238.18kg/hm²、P_2O_5 162.41 $\sim$ 206.72kg/hm²、K_2O 164.85 $\sim$ 214.53kg/hm² 时有望取得 50t/hm² 以上的产量。

表 8-4　西瓜产量超过 50t/hm² 的因素取值频率分布

项目	变量因子								
	X_1			X_2			X_3		
	水平	次数	频率	水平	次数	频率	水平	次数	频率
	−2.106	0	0	−2.106	0	0	−2.45	2	0.0513
	−0.751	11	0.2821	−0.751	9	0.2308	−1	12	0.3077
	0	12	0.3077	0	10	0.2564	0	13	0.3333
	0.751	14	0.3590	0.751	12	0.3077	1	12	0.3077
	2.106	2	0.0513	2.106	8	0.2051	2.45	0	0
加权平均数	0.1658			0.4898			−0.1256		
标准差	0.1216			0.1601			0.1545		
95%置信区间	−0.072 $\sim$ 0.4038			0.1758 $\sim$ 0.8038			−0.4286 $\sim$ 0.1772		
农艺方案	193.19 $\sim$ 238.18			162.41 $\sim$ 206.72			164.85 $\sim$ 214.53		

同理可求得在本试验条件下,西瓜品质综合评分在 85 分以上的施肥方案(表 8-5),即肥料用量为 N 195.96~239.44kg/hm^2、P$_2$O$_5$ 167.86~207.52kg/hm^2、K$_2$O 212.87~267.62kg/hm^2。通过分析对比,得出高产优质砂田西瓜的施肥量为 N 195.96~238.18kg/hm^2、P$_2$O$_5$ 167.86~206.72kg/hm^2、K$_2$O 212.87~214.53kg/hm^2,适宜的 N、P$_2$O$_5$、K$_2$O 施用比例约为 1∶0.86∶0.98。

表 8-5　西瓜品质超过 85 分的因素取值频率分布

项目	变量因子								
	X_1			X_2			X_3		
	水平	次数	频率	水平	次数	频率	水平	次数	频率
	−2.106	0	0	−2.106	0	0	−2.45	0	0
	−0.751	14	0.2857	−0.751	10	0.2041	−1	12	0.2449
	0	16	0.3265	0	14	0.2857	0	14	0.2857
	0.751	15	0.3061	0.751	14	0.2857	1	14	0.2857
	2.106	4	0.0816	2.106	11	0.2245	2.45	9	0.1837
加权平均数	0.1872			0.5341			0.4908		
标准差	0.1173			0.1434			0.1703		
95%置信区间	−0.0427~0.4172			0.2531~0.8151			0.1570~0.8246		
农艺方案	195.96~239.44			167.86~207.52			212.87~267.62		

第二节　旱砂田西瓜氮肥运筹模式

一、氮肥运筹方式对西瓜产量的影响

由表 8-6 和图 8-4 可知,施氮处理的西瓜产量均显著高于对照,而在相同施氮量水平下不同氮肥运筹方式之间西瓜产量也有显著差异。其中 30%+30%+40% 处理和 100%+NAM 处理较传统施肥模式 30%+70%西瓜产量分别显著提高了 11.62%和 12.49%,40%+20%+40%处理的西瓜产量显著低于其他施氮处理,主要是因为该处理基肥氮施用量过高,严重抑制了西瓜出苗和苗期生长;而加入长效剂 NAM 的 T$_6$ 处理,由于 NAM 含有硝化抑制剂、脲酶抑制剂,对氮素释放具有抑制功能,虽然氮肥一次性施入,但不会对苗期西瓜的生长产生负面影响。另外,基肥氮过高或过低都不利于产量的提高。

表8-6　施肥方案

处理	占总施氮量的比例及施氮量/（kg/hm²）		
	播前（基肥）	伸蔓期	膨瓜期
T_1	30%；60	70%；140	0；0
T_2	30%；60	0；0	70%；140
T_3	20%；40	30%；60	50%；100
T_4	30%；60	30%；60	40%；80
T_5	40%；80	20%；40	40%；80
T_6	100%+NAM	0	0
CK	0	0	0

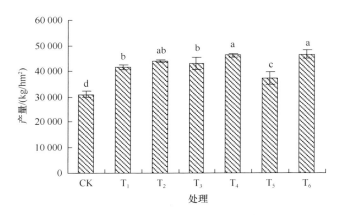

图8-4　氮运筹对西瓜产量的影响

不同小写字母表示不同处理间差异显著（$P<0.05$）

二、氮肥运筹方式对西瓜品质的影响

含糖量和酸度是影响西瓜品质的重要指标之一，在西瓜所有品质指标中，含糖量和酸度与西瓜感官鉴定结果的相关系数最高。由表8-7可知，施氮可显著改善西瓜品质，而氮肥运筹方式对西瓜各品质指标也有显著的影响，其中 T_4、T_5 和 T_6 处理较传统施肥模式 T_1 西瓜可溶性糖含量分别显著提高了16.85%、8.99%和11.24%，有效酸度分别提高了4.45%、3.68%和2.71%，糖酸比也相应提高了19.80%、10.89%和13.86%，V_C 含量则分别提高了35.62%、12.11%和19.04%。由此可见，膨果期减少氮肥施用比例有利于西瓜品质的改善。施氮显著提高了西瓜果实的硝酸盐含量，不同氮运筹方式间，T_2 和 T_5 处理的西瓜硝酸盐含量显著高于其他处理。

表 8-7　氮运筹对西瓜品质的影响

处理	可溶性糖含量/%	有效酸度（pH）	糖酸比	V_C 含量/（mg/kg）	硝酸盐含量/（mg/kg）
CK	8.3±0.56e	5.05±0.02d	0.93±0.06e	24.11±2.16d	87.02±12.30c
T_1	8.9±0.14d	5.17±0.04cd	1.01±0.02de	27.99±1.08c	122.45±9.04b
T_2	9.2±0.36cd	5.22±0.05bc	1.05±0.04cd	31.07±1.03bc	179.28±9.43a
T_3	9.2±0.37cd	5.24±0.09bc	1.05±0.05cd	27.90±1.96c	130.39±8.84b
T_4	10.4±0.36a	5.40±0.10a	1.21±0.05a	37.96±1.41a	128.26±1.05b
T_5	9.7±0.17bc	5.36±0.06ab	1.12±0.02bc	31.38±2.00b	157.30±29.01a
T_6	9.9±0.31ab	5.31±0.15ab	1.15±0.06ab	33.32±2.73b	110.76±5.03b

注：同一列中不同小写字母表示不同处理间差异显著（$P<0.05$）

三、氮肥运筹方式对西瓜干物质积累和分配的影响

西瓜干物质量随着生育期的进展而逐渐积累，其中苗期积累缓慢，从伸蔓期开始增长迅速，成熟期达到高峰（表 8-8）。苗期至坐果期主要是茎、叶生长，期间干物质积累量占植株总干物质积累量的 65.04%～82.48%，其中以叶的干物质积累为主；伸蔓期叶的干物质积累量占 77.48%～79.72%；坐果期叶的干物质积累量占 79.50%～81.07%。而坐果后主要是果实增长迅速，成熟期期间植株、果实干物质增长量分别占西瓜总干物质积累量的 4.29%～10.87% 和 71.50%～79.83%。不同氮运筹方式间，西瓜营养生长期施氮比例较高的 T_1、T_4 和 T_6 处理在苗期、伸蔓期和坐果期总干物质积累量显著高于 CK，其中苗期较 CK 分别显著增加了 64.55%、64.55% 和 108.18%；伸蔓期分别显著提高了 111.68%、114.64% 和 90.79%；坐果期分别显著提高了 45.80%、32.65% 和 22.08%。坐果后至成熟期，T_1、T_2、T_3、T_4、T_5、T_6 处理的植株干物质增长量分别占此期总干物质积累量的 10.41%、15.93%、12.87%、4.25%、12.45% 和 9.49%，果实干物质积累量分别占此期总干物质积累量的 89.59%、84.07%、87.13%、95.75%、87.55% 和 90.51%，T_2 处理此期植株干物质积累量最多，而 T_4 和 T_6 处理植株干物质积累量较少，果实干物质积累量较多。表明在果实膨大期施氮比例不宜过高，否则会导致营养生长过旺，抑制果实的发育。

表 8-8　氮运筹对西瓜干物质积累与分配的影响 　　（单位：g/株）

处理	苗期	伸蔓期			坐果期			成熟期			
	总干重	茎干重	叶干重	总干重	茎干重	叶干重	总干重	茎干重	叶干重	果实干重	总干重
CK	1.10d	1.25c	4.83c	6.08c	7.95c	34.04c	41.99c	13.27e	37.64e	156.86c	207.77c
T_1	1.81b	2.61a	10.26a	12.87a	12.78a	48.44a	61.22a	18.79bc	67.61ab	216.76b	303.16b
T_2	1.78bc	1.86b	7.10b	8.96b	9.02bc	35.35c	44.37c	19.81b	68.81a	233.51b	322.13ab
T_3	1.84b	2.61a	8.98ab	11.59ab	9.55bc	38.16bc	47.71bc	22.30a	58.74c	225.67b	306.71b
T_4	1.81b	2.75a	10.30a	13.05a	11.42a	44.28ab	55.70ab	16.57cd	51.01d	267.48a	335.06a
T_5	1.41cd	1.98b	7.62b	9.60b	8.98bc	37.24bc	46.22bc	14.12de	62.68bc	215.09b	291.89b
T_6	2.29a	2.64a	8.96ab	11.60ab	10.10ab	41.16b	51.26b	18.38bc	60.43c	262.81a	341.62a

注：同一列中不同小写字母表示不同处理间差异显著（$P < 0.05$）

四、氮肥运筹方式对西瓜氮素积累和分配的影响

氮素积累量随西瓜生育期各器官干物质积累量的增加而增加（表 8-9），其中苗期、伸蔓期、坐果期和成熟期全株氮素积累量分别占西瓜全生育期氮素积累总量的 1.20%～1.43%、5.67%～9.33%、16.34%～27.90% 和 62.37%～76.67%，因此坐果后氮素积累最为迅速，此期也是西瓜氮肥最大需求期。从西瓜不同器官氮素分配比例来看，伸蔓期叶、茎氮素分配比例分别为 84.78%～87.18% 和 12.82%～15.21%；坐果期分别为 88.54%～90.74% 和 9.26%～11.46%；成熟期叶、茎、果实氮素分配比例分别为 16.15%～25.59%、2.94%～5.53%、70.54%～80.92%，因此西瓜坐果前主要以叶的氮素积累为主，而坐果后主要以果实氮素积累为主。从不同氮肥运筹方式来看，西瓜营养生长期施氮比例较高的 T_1、T_4 和 T_6 处理坐果前氮素积累量显著高于 CK，至坐果期植株氮素积累量较 CK 分别显著提高了 62.04%、45.37% 和 37.04%。西瓜成熟期，除 T_2 处理外，其他处理植株氮素积累量均小于坐果期，其中茎氮素积累量基本维持稳定，主要是叶氮素积累量的减少，表明坐果后主要是叶积累的氮素向果实转运。T_4 和 T_6 处理的植株氮素积累量较传统氮模式 T_1 处理分别显著减少了 24.09% 和 11.68%，而果实氮素积累量却显著提高了 34.45% 和 44.82%，西瓜全株总氮素积累量分别显著提高了 17.20% 和 28.17%，T_4 和 T_6 处理的茎、叶、果实氮素吸收比例均约为 1：6：27。

表 8-9　氮运筹对西瓜不同生育期各器官氮素分配的影响　（单位：g/株）

处理	苗期	伸蔓期			坐果期			成熟期				
	全株	茎	叶	全株	茎	叶	全株	茎	叶	植株	果实	全株
CK	0.04b	0.03c	0.20d	0.23c	0.10c	0.98d	1.08d	0.12c	0.56d	0.68d	2.38d	3.06e
T_1	0.07a	0.07a	0.43a	0.50a	0.19a	1.56a	1.75a	0.18b	1.19a	1.37a	3.28c	4.65d
T_2	0.07a	0.05b	0.31c	0.36b	0.13bc	1.08cd	1.21cd	0.19b	1.24a	1.43a	3.77b	5.20bc
T_3	0.07a	0.07a	0.39ab	0.46a	0.14b	1.18bc	1.32bc	0.26a	1.01b	1.27b	3.43bc	4.70cd
T_4	0.07a	0.08a	0.45a	0.53a	0.18a	1.39ab	1.57ab	0.16bc	0.88c	1.04c	4.41a	5.45ab
T_5	0.05b	0.05b	0.34bc	0.39b	0.13bc	1.10cd	1.23cd	0.16bc	1.06b	1.22b	3.02c	4.23d
T_6	0.08a	0.07a	0.41ab	0.48a	0.15ab	1.33b	1.48b	0.18b	1.03b	1.21b	4.75a	5.96a

注：同一列中不同小写字母表示不同处理间差异显著（$P<0.05$）

五、氮肥运筹方式对西瓜氮素转运和利用的影响

由表 8-10 可以看出，氮肥运筹方式不同，氮素的转运和利用情况也不同。除 T_2 处理外，其他处理西瓜坐果后均有营养器官氮素向果实的转运，这主要是由于 T_2 处理在西瓜果实膨大期追施氮肥，而坐果前不追施氮肥，因此 T_2 处理西瓜坐果期植株干物质和氮素积累量均较低，果实氮素的积累主要来源于对外界氮素的吸收。其次是 T_3 和 T_5 处理的氮素转运量较低，表明基肥氮素过高或过低都会影响西瓜氮素的积累和转运。其中 T_4 处理的氮素转运量显著高于其他处理，较传统氮运筹模式 T_1 提高了 38.58%，其氮素转运率和氮素转运贡献率分别达到了 33.58% 和 11.97%。氮素收获指数、氮肥偏生产力和氮肥利用率均以 T_4 和 T_6 处理最高，较传统氮运筹模式 T_1 分别显著提高了 12.68%～14.08%、11.62%～12.50% 和 5.33～8.74 个百分点。

六、旱砂田西瓜氮肥优化管理模式

对于西瓜而言，前期生长缓慢，需肥量较少，但砂田基础肥力较低，基肥不足则会导致苗期营养不良；另外由于砂田施肥较浅，基肥（尤其是化学氮肥）忌多施，否则会影响西瓜种子发芽和苗期的生长发育，严重时则会烧苗，如 T_5 处理西瓜苗期植株干重和氮素养分积累量均显著低于其他施肥处理（T_2 处理除外），以至于影响西瓜中期及后期的生长发育，以及产量和品质的形成。因此，基施氮肥不足或过量都对砂田西瓜生长不利，在实际生产中，建议宁少勿多。

表 8-10　氮运筹对西瓜氮素转运和利用的影响

处理	坐果期氮素积累量/（kg/hm²）植株	成熟期氮素积累量/（kg/hm²）植株	果实	氮素转运量/（kg/hm²）	氮素转运率/%	氮素转运贡献率/%	氮素转运收获指数	氮肥偏生产力/（kg/kg）	氮肥利用率/%
CK	14.44d	9.07d	31.74d	5.37b	37.18a	17.17a	0.78b	—	—
T₁	23.34a	18.26a	43.77c	5.08b	21.77b	11.68b	0.71c	205.80b	10.61d
T₂	16.19cd	19.14a	50.26b	-2.95e	—	—	0.72c	218.20ab	14.29bc
T₃	17.65bc	16.93b	45.82bc	0.72d	4.10c	1.61d	0.73c	213.89b	10.97cd
T₄	20.95ab	13.91c	58.78a	7.04a	33.58a	11.97b	0.81a	229.71a	15.94ab
T₅	16.38cd	16.18b	40.30c	0.20d	1.22c	0.48d	0.71c	184.70c	7.84d
T₆	19.75b	16.18b	63.34a	3.57c	18.07b	5.75c	0.80ab	231.52a	19.35a

注：同一列中不同小写字母表示不同处理间差异显著（$P<0.05$）

　　根据西瓜的生长发育规律，伸蔓期同化器官和吸收器官急剧生长，生殖器官初步形成，是"源"的形成期；坐果后，果实直径和体积急剧增长，果实已成为此时的生长中心和营养物质的输入中心，是"库"的形成期，同时也是决定西瓜产量高低的关键时期和西瓜的最大需肥期。作物产量的高低和品质的优劣，取决于同化产物源与库能否及时形成及其物质合成、调配等关系，源库比例失调，会对作物产量及品质形成产生不利影响。如 T₂ 处理西瓜伸蔓期未追肥，导致西瓜营养生长期植株总干重和氮素积累量明显低于其他施肥处理，因此"源"形成受到限制，后期大量追肥虽对产量影响不大，但品质却明显下降；传统施肥模式仅在伸蔓期一次性追肥，导致西瓜营养生长过旺，至西瓜成熟期，营养器官氮素积累量显著高于其他处理（T₂ 处理除外），而果实氮素积累量却偏低，源库比例失调，最终影响产量和品质的提高。

　　砂田在连续种植过程中，由于播种、施肥等田间作业，土砂比越来越大，砂层含土量越来越多，含砂量则越来越少，最终会使砂田生态功能减退，不适合种植而被弃耕，形成"人造戈壁"。因此，减少砂田西瓜的施肥次数不仅可以降低劳动强度和成本，且对延长砂田的使用年限和压砂瓜产业的可持续发展具有重要的意义。长效剂 NAM 由于含有硝化抑制剂和脲酶抑制剂，对肥料中的氮素具有长效缓释功能。已有研究表明，在施肥量相同条件下，化肥添加 NAM 一次性作为基肥施入，可以提高砂田西瓜叶片的叶绿素含量和光合速率，较常规施肥西瓜增产 34%，且可以显著提高西瓜 V_C 含量，降低糖分梯度和硝酸盐含量，提高西瓜品质。化肥添加 NAM 一次性作为基肥施入的 T_6 处理在西瓜产量、品质及全生育期营养器官、果实氮素积累量等方面均与优化氮肥运筹方式 T_4 处理到达了相似的效果，且氮肥利用率最高，较 T_4 处理简约化程度高，既减轻了砂田的施肥强度，又减少了对砂田的翻动次数，延缓了砂田的"衰老"。

作物生长期对肥料氮素的吸收、转运及利用率除受施氮量和施氮方式影响外，土壤水分状况也是其主要的影响因素之一。研究表明，作物开花期和成熟期营养器官和总籽粒的氮素积累量、花后营养器官氮素的转运量、氮肥利用效率和氮肥偏生产力均随水分胁迫的加剧而降低。砂田多分布在我国西北干旱、半干旱区的丘陵沟壑地带，西瓜生育期内降雨量少且无灌溉条件，加之砂层覆盖，施肥难度较大，无论是基肥条施还是追肥穴施，仅施在砂层之下，土层之上，因此干旱胁迫和施肥较浅可能是导致本试验氮肥吸收、利用指标较低的主要原因。

以上研究表明，氮肥基施 30%+伸蔓期追施 30%+膨瓜期追施 40%和氮肥+长效剂 NAM 一次性作为基肥施入兼顾了西瓜栽培的环境条件和生长发育规律，使得源库比例协调，因此产量和品质均较优，且氮肥合理运筹可以显著改善西瓜植株对氮素的积累和转运，有利于氮肥的吸收与利用。而 100%基肥+NAM 的施肥模式简约化程度高，既省时省力，又减少了砂田的翻动次数，可延缓砂田的"衰老"。

第三节　旱砂田西瓜氮肥形态配比

一、氮肥形态配比对砂田西瓜产量的影响

不同氮肥处理的西瓜单瓜重和产量变化规律整体表现为硝态氮＞尿素态氮＞铵态氮，其中硝态氮和尿素态氮处理的西瓜单瓜重较铵态氮分别显著提高了 21.31%和 13.93%；经济产量分别提高了 35.40%和 27.72%。与单一氮肥形态处理相比，硝态氮肥与铵态氮肥合理配施处理更能促进西瓜单瓜重和产量的提高，随 $NO_3^- $-N 与 NH_4^+-N 比值的降低，西瓜单瓜重和产量均表现出先增加后降低的变化趋势，其中 NO_3^--N：NH_4^+-N 为 7：3 处理的西瓜单瓜重较传统施肥、单施铵态氮和尿素态氮分别显著提高了 11.31%、29.10%和 13.31%，经济产量分别显著提高了 15.24%、54.11%和 20.67%，且 NO_3^--N：NH_4^+-N 为 7：3 处理的西瓜单瓜重显著高于除单施硝态氮肥外的其他处理，而产量则显著高于其他所有配施

处理, 其经济收入也最高, 达到了 45 798 元/hm², 较传统施肥经济收入增加 6056 元/hm²（表 8-11）。

表 8-11 不同施肥处理的西瓜产量

处理	单瓜重/kg	小区经济产量/(kg/32m²)	经济产量/(kg/hm²)	经济收入/(元/hm²)
CK	2.39c	62.23d	19 445.83d	29 168
传统施肥 Tr	2.83b	84.78b	26 494.79b	39 742
10：0	2.96ab	85.84b	26 825.00b	40 238
7：3	3.15a	97.70a	30 531.77a	45 798
5：5	2.90b	87.07b	27 208.33b	40 813
3：7	2.76b	71.72c	22 411.46c	33 617
0：10	2.44c	63.40d	19 811.46d	29 717
尿素 Urea	2.78b	80.79b	25 302.60b	37 954

注: 同一列中不同小写字母表示不同处理间差异显著（$P<0.05$）

二、氮肥形态配比对砂田西瓜品质的影响

硝态氮肥能显著提高西瓜可溶性固形物含量, 而尿素态氮（尤其是铵态氮肥）则不利于西瓜可溶性固形物的形成, 不同硝态氮与铵态氮配比处理的西瓜中心及边缘可溶性固形物含量均随着铵态氮比例的增加而降低, 其中单施硝态氮处理的西瓜中心可溶性固形物含量较铵态氮和尿素态氮分别显著提高了 10.08%和 9.20%; 边缘可溶性固形物含量分别显著提高了 19.69% 和 13.01%。NO_3^--N：NH_4^+-N 为 7：3 及以上的处理西瓜可溶性固形物含量虽略高于传统施肥, 但差异不显著（图 8-5）。

单施硝态氮肥、铵态氮肥或酰胺态氮肥（尿素）均不利于西瓜 V_C 的形成, 而硝态氮肥与铵态氮肥合理配施能显著提高西瓜果实 V_C 含量。西瓜 V_C 含量随着 NO_3^--N：NH_4^+-N 的降低表现出先增加后降低的变化趋势, 其中在 NO_3^--N：NH_4^+-N 为 5：5 时最高, 较单施硝态氮肥、铵态氮肥或酰胺态氮肥处理分别显著提高了 17.27%、28.59%和 13.72%。在所有处理中, 只有 NO_3^--N：NH_4^+-N 为 7：3 和 5：5 处理的西瓜 V_C 含量与传统施肥处理差异不显著（图 8-6）。

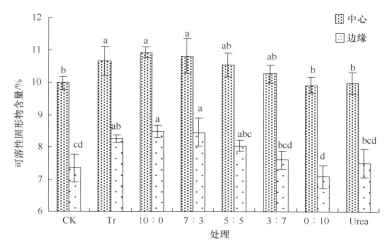

图 8-5　不同处理对西瓜可溶性固形物的影响
不同小写字母表示不同处理间差异显著（$P < 0.05$）

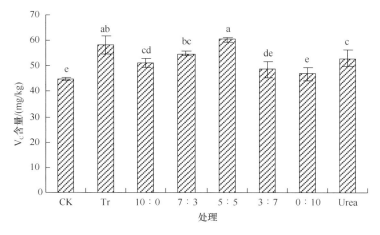

图 8-6　不同处理对西瓜 V_C 含量的影响
不同小写字母表示不同处理间差异显著（$P < 0.05$）

三、氮肥形态配比对砂田西瓜氮素积累的影响

从西瓜成熟期叶、茎营养器官中的氮素含量来看，叶氮含量和茎氮素含量均随着铵态氮配施比例的增加先降低后增加。西瓜果实与营养器官相反，不同氮源

配施处理的氮素含量均高于单一氮源处理,且氮素含量随着铵态氮配施比例的增加表现出先增加后降低的变化趋势。西瓜氮素积累量均表现为随着铵态氮配施比例的增加先增加后降低的变化趋势,以 NO_3^--N ∶ NH_4^+-N 为 7∶3 时最高,植株、果实及总氮素积累量较传统施肥分别显著提高了 27.18%、29.58% 和 29.14%,其氮肥利用率较传统施肥提高了 9.75 个百分点(表 8-12)。

表 8-12　不同施肥处理的西瓜氮素积累与利用

处理	氮素含量/(g/kg)			氮素积累量/(kg/hm²)			氮肥利用率/%
	叶	茎	果实	植株	果实	总积累量	
CK	19.14bc	16.00c	1.32c	7.81e	38.40e	46.21f	—
传统施肥 Tr	20.36ab	16.77c	1.45ab	12.14bcd	54.77cd	66.91cd	10.35cd
10∶0	20.83a	18.68ab	1.34c	13.31b	53.98cd	67.29bcd	10.54bcd
7∶3	19.84abc	16.61c	1.55a	15.44a	70.97a	86.41a	20.10a
5∶5	19.45abc	18.15b	1.53a	11.45cd	62.45b	73.90b	13.85b
3∶7	18.81c	18.90ab	1.50a	11.09cd	50.55d	61.64de	7.71de
0∶10	19.36abc	19.58a	1.40bc	10.97d	44.90e	55.87e	5.50e
尿素 Urea	19.80abc	19.45ab	1.45ab	12.70bcd	57.81bc	70.51bc	12.15bc

注:同一列中不同小写字母表示不同处理间差异显著($P<0.05$)

四、适合旱砂田西瓜的氮肥形态及配比

　　单一氮肥对西瓜产量和品质的影响为硝态氮肥>酰胺态氮肥>铵态氮肥,硝态氮肥与铵态氮肥合理配施有利于提高西瓜产量和品质,其中西瓜产量和果实 V_C 含量均随着 NO_3^--N ∶ NH_4^+-N 的降低表现出先增加后降低的变化趋势,而可溶性固形物含量则随着铵态氮肥含量的增加而降低。经对不同氮肥配比处理下西瓜产量、品质及氮素吸收利用的综合考虑得出 NO_3^--N ∶ NH_4^+-N 为 7∶3 是最佳的施肥配比,较传统施肥西瓜产量可提高 15.24%,氮肥利用率可提高 9.75 个百分点。

第九章　砂田西甜瓜水肥一体化技术

水、肥是影响砂田生产的两大瓶颈因素，其主要表现为作物干旱胁迫、施肥难度大、施肥不科学及水肥脱节造成的肥料利用率低等问题。砂田水肥一体化技术是借助微灌（注水补灌或滴灌）压力系统，将可溶性固体肥料或液体肥料与水，按土壤养分含量和作物种类的需肥规律和特点，配兑成肥液，再与灌溉水一起，通过管道或枪头定时、定量提供给作物。通过传统技术与现代技术、旱作农业与节水农业的结合，实现了水肥资源的高效利用，推动了砂田西甜瓜产业的健康持续发展。

第一节　旱砂田西瓜补灌模式

受到砂田分布区域的地形地貌、水源、机械设备、经济发展等自然、人为因素的限制，旱砂田西瓜补灌模式主要包括浇灌、喷灌、注水补灌和滴灌4种方式。

一、浇灌

浇灌是发展最早也是最原始的砂田补灌方式，即利用移动车载水源通过水管对西瓜植株进行浇灌，一般在久旱少雨造成西瓜生理萎蔫时进行，可适当缓解西瓜的干旱胁迫，俗称"救命水"。其优点是设备简单，易于操作，不受地形、水源限制。缺点是工作量大，效率低，其在甘肃、宁夏砂田区均有使用。

二、喷灌

喷灌是借助水泵和管道系统，把具有一定压力的水喷到空中，散成小水滴或形成弥雾，降落到植物表面和地面的灌溉方式。早在1973年甘肃省水利厅就在甘肃兰州近郊的青白石乡实施了砂田喷灌技术的试验与示范，在喷灌砂田种植白兰瓜、西瓜，结合采用塑料薄膜覆盖等其他农业技术措施，使出苗率比未喷灌砂田提高了20%，平均每亩增产70%；1977年建成半固定喷灌砂田500亩，西甜瓜增产 12 万 kg，亩产量净增 240kg，至 1983 年已发展喷灌砂田 1000 亩。与此同时，1983 年又在景泰县发展砂田籽瓜喷灌 1756 亩，籽瓜平均亩产量为 3150kg，产值为 200 元，较旱砂田未喷灌（亩产量为 1250kg）增产 152%，产值增加了 120 元。喷灌的优点是节水省工、适应性强、不受地形限制，既可防止浇灌而造成的泥、砂、土混合，又能保持砂的独特作用。缺点是水源应有可靠的供水保证，投资较高，受环境风速和空气湿度影响大。

三、注水补灌

注水补灌，也称注射灌溉，是指采用注水补灌设备直接向农作物根部土壤注灌水（或肥、药液）的一种抗旱节水方法。注水施肥系统由水源、首部枢纽、输配水管、注水器四部分组成。水源主要为农用机动车载水，首部枢纽主要由配套动力系统（汽油机或柴油机）、增压泵、过滤器、控制设备和压力表等部件组成，注水器为农用注射枪。其技术特点是用注水枪将提前配置好的水、肥直接集中注入作物根部，集节水补灌、根部追肥于一体，用水量少、蒸发量少（与砂田覆膜技术结合，可以将土壤蒸发量降到最少），同时使肥料和农药的利用效率大大提高。2011 年甘肃景泰县旱砂田地膜马铃薯注水补灌示范田测产结果显示，注水补灌马铃薯每亩增产 389.50～722.50kg、增产率为 51%～69.80%；注水补灌每亩新增成本费用 121.80～135.90 元，新增纯收益 189.80～442.10 元，产投比为（2.56～4.21）∶1。皋兰县砂田地膜西瓜注水补灌试验结果表明，注水补灌西瓜每亩增产 1022kg，增产率为 52.10%；每亩新增生产成本费用 68.40 元，新增产值 1635.20 元，新增纯收入 1566.80 元，产投比为 23.9∶1。

四、滴灌

滴灌是利用安装在末级管道（毛管）上的滴头或与毛管制成一体的滴灌带，将压力水以水滴或连续细小水流润湿土壤的一种高效节水灌溉方式。将滴灌技术应用于砂田无疑是传统保墒与现代节水技术最完美的组合。自 2000 年开始，中国科学院寒区旱区环境与工程研究所和宁夏大学就甘肃砂田和宁夏砂田分别进行了滴灌技术的研究，田媛等（2003）通过试验证明，集雨滴灌的砂田西瓜产量比传统砂田提高 3 倍，西瓜整个生育期内，1.2m 深度的土壤贮水量明显比传统砂田高出 26.21～85.87mm；王亚军等（2006）、谢忠奎等（2003）研究认为，在砂田西瓜栽培过程中，只有将补灌量控制在 45mm 左右，才能既提高产量和水分利用率，又不降低西瓜品质。强力（2008）对宁夏砂田西瓜的研究结果表明，砂田西瓜获得高产的水肥优化组合为氮肥 19.17～20.84kg/亩，磷肥 12.88～14.08kg/亩，钾肥 10.08～11.16kg/亩，补水 24.91～27.81m³/亩；影响砂田西瓜产量的因素效果大小为补水＞磷肥＞钾肥＞氮肥，主效应因素为补水和磷肥。受地形和水源的限制，目前砂田滴灌技术在宁夏环香山地区发展面积最大，其配套设施和技术体系仍在进一步研究和完善中。

五、砂田不同微灌模式比较

常用农业节水技术主要为滴灌、渗灌、喷灌和行走式节水灌溉技术。这些技术由于投入成本高，对地形地势和水源有较高的要求，不适合在山区和旱区使用。而农业注灌技术灵活简便、不受地形地势和季节的限制，克服了上述技术的不足，其优点一是节水效果好，提高了水资源的利用效率；二是灵活轻便，减轻了劳动强度；三是不受季节、地形地势的影响，可以按照作物需求定时、定量、定位注灌；四是抗旱效果好，增产效率高。尤其适合在旱砂田上使用，可以将肥液直接注射到砂层下的土壤中，不受覆砂层的限制，既缓解了旱砂田西瓜的干旱胁迫，又弥补了砂田施肥难和施肥浅的不足，实现了水肥同步供给，提高了水肥利用效率。

第二节 旱砂田西瓜补灌水肥一体化技术

旱砂田多分布在山峦沟壑地带，尤其是甘肃砂田，分布零散，水源多为集雨水窖，水容量有限，集中分布在居民居住区，主要用来维持日常生活用水，因此要发展规模化喷灌、滴灌工程困难很大。注水补灌具有简便灵活，不受地形、水源限制，投资少、见效快等优点，加之国家农机具购置补贴政策的实施，推广应用前景十分广阔，可大面积推广应用，以促进旱砂田西瓜生产稳定可持续发展。

一、旱砂田西瓜补灌时期

（一）不同补灌时期对砂田西瓜产量的影响

不同补灌时期对西瓜单瓜重和产量影响显著（图 9-1，图 9-2），其中伸蔓期与膨果初期进行补灌的西瓜单瓜重和产量提高幅度最大,西瓜单瓜重较不补灌旱砂田分别显著提高了 19.93%和 35.31%;西瓜产量分别提高了 17.57%和 32.74%。

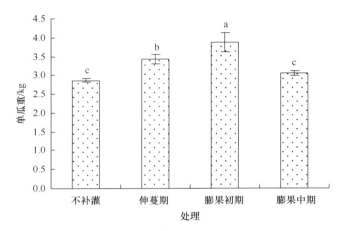

图 9-1　不同处理的西瓜单瓜重
不同小写字母表示不同处理间差异显著（$P<0.05$）

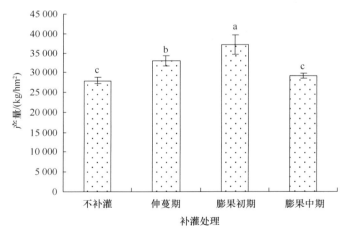

图 9-2　不同处理的西瓜产量
不同小写字母表示不同处理间差异显著（$P<0.05$）

（二）不同补灌时期对砂田西瓜品质的影响

少量补灌均可提高砂田西瓜的含糖量,而不同补灌时期对西瓜含糖量的提高幅度有所不同（图 9-3，图 9-4），其中以膨果初期补灌的西瓜中糖和边糖含量最高，较对照分别显著提高了 5.58% 和 9.80%，糖分梯度也最低。与含糖量变化相似，适量补灌也可以提高西瓜的 V_C 含量，其中伸蔓期和膨果初期补灌的西瓜 V_C 含量较对照分别显著提高了 17.13% 和 21.25%。

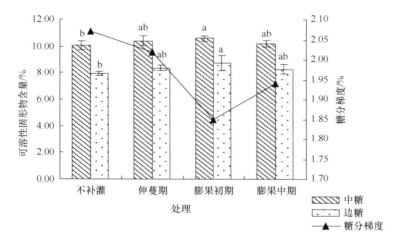

图 9-3　不同处理的西瓜含糖量
不同小写字母表示不同处理间差异显著（$P<0.05$）

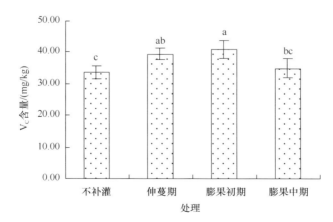

图 9-4　不同处理的西瓜 V_C 含量
不同小写字母表示不同处理间差异显著（$P<0.05$）

（三）不同补灌时期对砂田西瓜氮素吸收及转运的影响

从表 9-1 可以看出，伸蔓期和膨果初期进行补灌的西瓜坐果期植株氮素积累量显著高于不补灌和膨果中期补灌，较对照分别显著提高了 23.99% 和 17.86%。坐果后，西瓜由营养生长开始转入生殖生长阶段，氮素养分也发生了从"源"到"库"的迁移，因此，不同处理西瓜营养器官氮素积累量均有不同程度的减少，果实氮素积累量急剧增加，成熟期各补灌处理的西瓜果实氮素积累量较对照分别显著提高了 31.70%、41.62% 和 16.56%。从各处理西瓜营养器官的氮素转运情况来看，膨果初期进行补灌处理的西瓜营养器官氮素转运量、氮素转运率和氮素转运贡献率最高，分别达到了 15.78kg/hm²、49.93% 和 21.69%，其次为伸蔓期补灌，而膨果中期进行补灌处理，由于前期"源"积累不足，因此西瓜营养器官氮素转运量和转运率均较低，与对照差异不显著。氮肥偏生产力是用来表示氮肥利用率的常用定量指标，在相同施氮量的情况下，在西瓜伸蔓期和膨果初期进行补灌有助于提高氮肥偏生产力，其中以膨果初期补灌效果最好，其氮肥偏生产力较对照显著提高了 35.48%。

表 9-1 不同补灌时期的西瓜氮素积累与转运

处理	坐果期植株氮素积累量/（kg/hm²）	成熟期植株氮素积累量/（kg/hm²）	成熟期果实氮素积累量/（kg/hm²）	营养器官氮素转运量/（kg/hm²）	营养器官氮素转运率/%	营养器官氮素转运贡献率/%	氮肥偏生产力/（kg/kg）
不补灌	26.76b	20.49a	51.99c	6.28c	23.57c	12.06b	190.56c
伸蔓期	33.18a	21.67a	68.47a	11.51b	34.70b	16.80ab	228.66b
膨果初期	31.54a	15.76b	73.63a	15.78a	49.93a	21.69a	258.17a
膨果中期	28.09b	20.99a	60.60b	7.10c	25.23c	11.62b	203.16c

注：同一列中不同小写字母表示不同处理间差异显著（$P<0.05$）

（四）不同补灌措施对砂田西瓜水分利用效率的影响

西瓜收获期受产量形成影响，除膨果初期处理在 0～120cm 的土壤贮水量下降外，其余处理差异基本不大，因此少量补灌对土壤贮水量无显著影响。西瓜生育期耗水量则与产量的变化规律相似，以伸蔓期和膨果初期进行补灌处理的耗水量最大，补灌处理的西瓜水分利用效率较对照均有所提高，其中以膨果初期处理的西瓜水分利用效率最高，达到了 31.72kg/m³，较对照显著提高了 25.13%（表 9-2）。

表 9-2　不同补灌时期的西瓜水分利用情况

处理	播前土壤贮水量/mm	收获期土壤贮水量/mm	土壤贮水变化量/mm	生育期降水量/mm	耗水量/mm	水分利用效率/（kg/m³）
不补灌	184.96	189.43	−4.47	154.8	150.33b	25.35c
伸蔓期	184.96	188.91	−3.95	154.8	155.85ab	29.37ab
膨果初期	184.96	181.89	3.07	154.8	162.87a	31.72a
膨果中期	184.96	190.94	−5.98	154.8	153.82ab	26.44bc

注：同一列中不同小写字母表示不同处理间差异显著（$P<0.05$）

二、旱砂田西瓜补灌水氮互作效应

砂田主要分布在我国降水量偏少的西北干旱半干旱雨养农业区，影响砂田生产潜力的主要障碍因子中，其影响程度排序为：水文年影响＞压砂地类型影响＞施肥水平影响。因此，研究自然降水生产力问题，提高自然降水利用效率，制定科学合理的补灌用水定额，对提高农业收入，解决当地农业生产问题具有非常重要的意义。水、氮对作物的功能和作用各有不同，二者之间相互作用、相互影响，土壤的水分状况会影响作物对氮素的吸收、转运和利用，而适当增施氮肥可以在一定程度上减小土壤水分不足对产量造成的负效应。

（一）水氮互作对砂田西瓜光合特征的影响

西瓜果实膨大期的光合速率高于开花期，这主要是由于此期西瓜果实直径和体积急剧增长，需进行大量碳水化合物的积累。在低补灌量 W_0 和 W_{35} 处理中，西瓜叶片蒸腾速率表现为开花期高于果实膨大期，而中补灌量 W_{70}、高补灌量 W_{105} 处理中则相反，这可能与植物自身对干旱的调节功能有关。在相同施氮量间，西瓜光合速率基本表现出随着补灌量的增加而提高，随施氮量的增加先升高后降低的变化趋势；西瓜蒸腾速率则大体表现出随补灌量的增加在开花期先降低后增加，在果实膨大期逐渐增加的变化趋势。对水氮互作下西瓜不同生育时期的光合指标进行双因素方差分析，结果表明，除开花期光合速率外，水氮互作对西瓜光合速率和蒸腾速率的互作效应显著，且以高水中肥（$W_{105}N_{200}$）和高水高肥（$W_{105}N_{200}$）处理的最高（表 9-3）。

表 9-3　水氮互作对砂田西瓜光合特征的影响

处理	开花期		结果期	
	光合速率/ [μmol/（m²·s）]	蒸腾速率/ [（mmol/（m²·s）]	光合速率/ [（μmol/（m²·s）]	蒸腾速率/ [（mmol/（m²·s）]
W_0N_0	9.33a	4.13c	11.42f	2.68 g
W_0N_{120}	10.93a	4.75ab	16.18cd	2.96fg
W_0N_{200}	10.66a	4.38bc	14.74de	3.06fg
$W_{35}N_0$	9.72a	4.51bc	13.34 ef	3.30 ef
$W_{35}N_{120}$	11.13 a	4.52 bc	16.09cd	3.97cd
$W_{35}N_{200}$	10.52a	5.10a	13.48ef	3.72cde
$W_{70}N_0$	9.93a	3.01e	16.23cd	3.62de
$W_{70}N_{120}$	12.00a	2.41f	19.08ab	4.19bc
$W_{70}N_{200}$	9.86a	3.15e	15.67cd	3.27cde
$W_{105}N_0$	10.08a	3.62d	17.21bc	3.78cd
$W_{105}N_{120}$	11.66a	3.44de	20.87a	4.56b
$W_{105}N_{200}$	10.25a	4.23c	20.91a	5.33a

注：同一列中不同小写字母表示不同处理间差异显著（$P<0.05$）

（二）水氮处理对砂田西瓜产量及构成因素的影响

由图 9-5 可知，水、氮处理均对砂田西瓜单瓜重和产量影响显著，西瓜单瓜重和产量均随着补灌量和施氮量的增加表现为先增加后稳定的变化趋势，其中 W_{35}、W_{70}、W_{105} 水平下的西瓜平均单瓜重较 W_0 分别显著提高 7.94%、11.98%和 13.09%，产量分别提高了 15.01%、30.01%和 27.85%；N_{120} 和 N_{200} 水平下的西瓜平均单瓜重较 N_0 分别显著提高 4.59%和 8.11%，产量分别提高了 8.38%和 9.59%。由此可见，在砂田旱区补灌对西瓜的增产效果大于施氮处理。

对水氮互作处理下砂田西瓜产量进行双因素方差分析，结果表明，水、氮处理对砂田西瓜产量的互作效应显著（$F=2.74$）。对西瓜产量（Y）与补灌量（W）和施氮量（N）进行多元线性回归分析，建立数学关系式为：$Y=95.14W+31.27N+32\,766.13$，$R^2=0.715$。经显著性检验，此方程与实际情况拟合较好。从方程的回归系数分析，方程中补灌量（W）的系数大于施氮量（N）的系数，表明补灌量是西瓜产量变化的主导因素。因此只有在适宜的补灌量下合理施用氮肥才能有效地利用水氮互作效应，提高西瓜产量。在所有水氮组合中以 $W_{70}N_{200}$ 和 $W_{105}N_{120}$ 处理的西瓜产量最高，分别为 46 039kg/hm² 和 45 372kg/hm²，较对照分别显著提高了 42.41% 和 40.35%（图 9-6）。

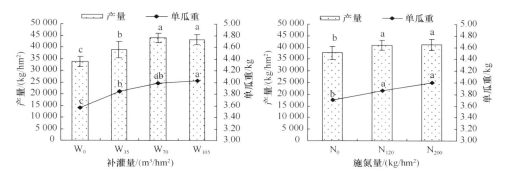

图 9-5　不同处理对砂田西瓜单瓜重及产量的影响

不同小写字母表示不同处理间差异显著（$P<0.05$）

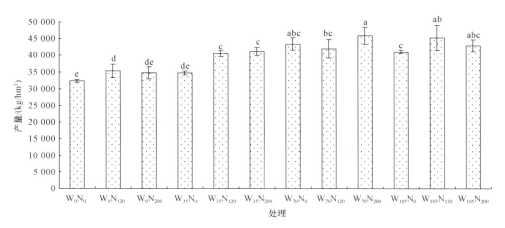

图 9-6　水氮互作对砂田西瓜产量的影响

不同小写字母表示不同处理间差异显著（$P<0.05$）

（三）水氮处理对砂田西瓜品质的影响

西瓜含糖量和有效酸度均随着补灌量和施氮量的增加表现出先增加后降低的趋势（图 9-7），其中补灌量为 35～70m³/hm² 处理西瓜含糖量和有效酸度较 W_0 分别提高了 0.22%～0.23% 和 1.86%～2.42%，N_{120} 处理的西瓜含糖量和有效酸度较 N_0 分别提高了 0.27% 和 1.29%。表明适量补灌和施氮可提高西瓜含糖量和有效酸度，且补灌对西瓜有效酸度的正效应大于施氮肥，而施氮肥对含糖量的正效应大于补灌。总体来看，补灌与氮肥处理对西瓜有效酸度的影响均大于含糖量。

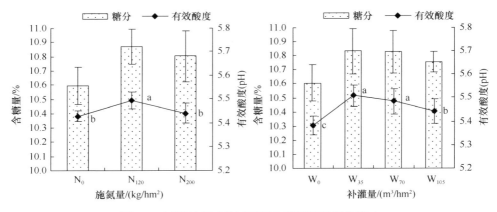

图 9-7   不同处理对砂田西瓜含糖量和酸度的影响

不同小写字母表示不同处理间差异显著（$P<0.05$）

不同水氮处理下，西瓜的平均 V_C 含量表现出随补灌量的增加而提高，而随施氮量的增加先升高后降低的变化趋势（表 9-4），其中 W_{105} 水平的平均 V_C 含量较 W_0、W_{35}、W_{70} 分别显著提高了 11.25%、10.66% 和 3.80%，N_{120} 水平较 N_0 和 N_{200} 分别显著提高了 13.89% 和 8.05%。补灌可以显著提高西瓜蛋白质含量，较 W_0 提高幅度为 6.98%~9.30%，N_{120} 水平下的西瓜平均蛋白质含量较 N_0 和 N_{200} 分别显著提高了 7.87% 和 6.67%。西瓜硝酸盐含量在 W_{35} 补灌水平下最高，之后随补灌量的加大而下降，这可能是由于补灌量加大使得氮素浓度降低；施氮处理的西瓜硝酸盐含量显著高于 N_0，其中 N_{120}、N_{200} 水平较 N_0 分别显著提高了 31.72% 和 40.19%。

表 9-4   水氮互作对砂田西瓜 V_C、蛋白质及硝酸盐含量的影响

处理	V_C 含量/（mg/kg）				蛋白质含量/%				硝酸盐含量/（mg/kg）			
	N_0	N_{120}	N_{200}	均值	N_0	N_{120}	N_{200}	均值	N_0	N_{120}	N_{200}	均值
W_0	33.67	36.80	31.17	33.88c	0.80	0.95	0.84	0.86b	142.11	215.39	231.15	196.22b
W_{35}	31.97	36.57	33.63	34.06c	0.95	0.96	0.92	0.94a	199.31	266.22	311.10	258.88a
W_{70}	32.90	36.93	39.10	36.31b	0.91	0.94	0.92	0.92a	182.94	215.85	222.75	207.18b
W_{105}	34.83	41.57	36.67	37.69a	0.90	0.98	0.91	0.93a	158.18	201.58	191.86	183.87b
均值	33.34c	37.97a	35.14b		0.89b	0.96a	0.90b		170.64b	224.76a	239.22a	

注：同一列或同一行中不同小写字母表示不同处理间差异显著（$P<0.05$）

（四）水氮互作对砂田西瓜水分利用效率的影响

随着补灌量的增加，砂田西瓜田间耗水量呈先上升后下降的趋势，W_{35} 和 W_{70} 处理的西瓜田间耗水量显著高于 W_0 和 W_{105}，平均增加幅度为 18.15mm，在降水量一定的条件下，耗水量的变化主要由土壤贮水量变化值和灌水量决定，由于 W_{35} 和 W_{70} 水平下的西瓜膨果期叶片蒸腾速率（表 9-3）和产量（图 9-5）均显著高于 W_0，而补灌量较小，因此田间耗水量较高；W_{105} 处理的西瓜植株水分蒸腾量虽较大（表 9-3），但水分补给量较多，因此田间耗水量降低。受田间耗水量和产量的影响，西瓜水分利用效率随补灌量的增加而提高，其中 W_{105} 处理的最高，为 27.60kg/m³，较 W_0 显著提高了 27.07%。西瓜田间耗水量虽表现出随施氮量的增加先增加后稳定的趋势，但差异不显著，受产量提高的影响，N_{120} 和 N_{200} 处理的西瓜水分利用效率较 N_0 分别显著提高了 7.40% 和 8.67%。对水氮互作处理下的砂田西瓜水分利用效率进行双因素方差分析，结果表明，水氮耦合对砂田西瓜水分利用效率的互作效应显著（F=2.84），其中以 W_{70} 水平下的施氮处理和 W_{105} 水平下的所有处理西瓜水分利用效率最高，达到了 26.19～27.74kg/m³（图 9-8，表 9-5）。

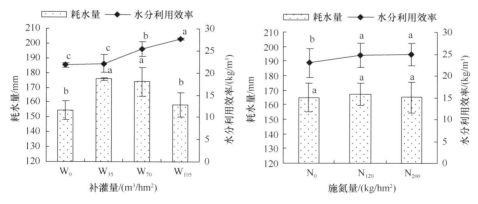

图 9-8　不同处理对砂田西瓜田间耗水量及水分利用效率的影响

不同小写字母表示不同处理间差异显著（$P<0.05$）

（五）水氮互作处理对砂田西瓜氮素积累利用的影响

水、氮处理均可对西瓜氮素积累产生显著影响，补灌处理的西瓜植株、果实及总氮素积累量均显著高于 W_0，其中 W_{35}、W_{70}、W_{105} 处理的西瓜植株氮素积累量较 W_0 分别显著提高了 26.46%、23.23% 和 31.12%；西瓜果实氮素积累量较

表 9-5   水氮互作对砂田西瓜水分利用效率的影响

处理		有效降水量/mm	补灌量/（m³/hm²）	土壤贮水变化/mm	耗水量/mm	水分利用效率/（kg/m³）
W₀	N₀	106.04	0	41.43ef	147.47g	21.24de
	N₁₂₀			53.78cd	159.82def	21.75cd
	N₂₀₀			50.76cde	156.80efg	22.16bcd
W₃₅	N₀	106.04	35	65.69ab	175.23b	19.84e
	N₁₂₀			67.28ab	176.82b	22.96bc
	N₂₀₀			65.76ab	175.30b	23.52b
W₇₀	N₀	106.04	70	73.04a	186.08a	23.39bc
	N₁₂₀			49.94de	162.98cde	26.19a
	N₂₀₀			59.55bc	172.59bc	26.40a
W₁₀₅	N₀	106.04	105	33.80f	150.34fg	27.37a
	N₁₂₀			53.50cd	170.04bcd	27.74a
	N₂₀₀			39.03ef	155.57efg	27.70a

注：同一列中不同小写字母表示不同处理间差异显著（$P<0.05$）

W_0 分别显著提高了 23.08%、35.42% 和 43.08%；总氮素积累量较 W_0 分别显著提高了 24.15%、31.54% 和 39.28%。由此可见，西瓜总氮素积累量随补灌量的增加而提高，适量补灌对西瓜果实氮素积累的促进作用高于植株。施氮处理可显著提高西瓜的氮素积累量，其中 N_{120} 和 N_{200} 处理的西瓜植株氮素积累量较 N_0 分别显著提高了 22.11% 和 30.03%；西瓜果实氮素积累量较 N_0 分别显著提高了 22.63% 和 24.01%；总氮素积累量较 N_0 分别显著提高了 22.47% 和 25.85%。由以上分析可知，西瓜总氮素积累量随施氮量的增加而提高，但施氮量过高，容易造成茎叶徒长，不利于果实的氮素积累。对不同水氮组合处理下砂田西瓜的氮素积累量及氮肥利用率进行双因素方差分析，结果表明其互作效应显著，西瓜氮素积累量随着水氮互作水平的提高而增加，西瓜氮肥偏生产力和氮肥利用率则大体上随着补灌量的增加而提高，随着施氮量的增加而降低。在本试验所有水氮组合处理中，$W_{105}N_{120}$ 处理的西瓜氮肥偏生产力和氮肥利用率均最高，分别达到了 504.14kg/kg 和 20.24%（图 9-9，表 9-6）。

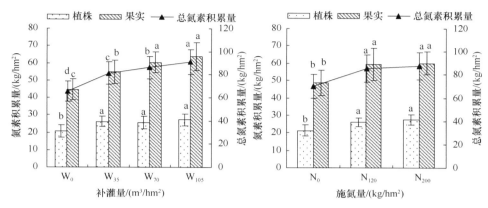

图 9-9　不同处理对砂田西瓜氮素积累的影响

不同小写字母表示不同处理间差异显著（$P<0.05$）

表 9-6　水氮互作处理对砂田西瓜氮素吸收和利用的影响

处理		植株氮素积累量/（kg/hm²）	果实氮素积累量/（kg/hm²）	总氮素积累量/（kg/hm²）	氮肥偏生产力/（kg/kg）	氮肥利用率/%
W₀	N₀	16.65d	38.50g	55.15f	—	—
	N₁₂₀	22.20c	47.38f	69.57e	392.21c	16.03bc
	N₂₀₀	23.47c	47.91f	71.38e	289.62e	13.53c
W₃₅	N₀	22.85c	47.35f	70.20e	—	—
	N₁₂₀	27.62ab	56.94de	84.56c	451.07b	15.96bc
	N₂₀₀	28.33ab	60.38cd	88.71bc	343.64d	15.43bc
W₇₀	N₀	21.57c	53.25e	74.83d	—	—
	N₁₂₀	26.91b	63.43bc	90.35b	483.64ab	17.24ab
	N₂₀₀	28.29ab	64.50bc	92.80b	384.49c	14.97bc
W₁₀₅	N₀	24.01c	54.51de	78.52d	—	—
	N₁₂₀	27.16ab	69.66a	96.82a	504.14a	20.24a
	N₂₀₀	30.53a	67.28ab	97.81a	359.11cd	16.08bc

注：同一列中不同小写字母表示不同处理间差异显著（$P<0.05$）

（六）小结

在砂田西瓜关键生育时期对其进行适当补灌并配施氮肥条件下，不同水氮处理使西瓜产量和品质整体表现出随着补灌量的增加而增加，随施氮量的增加先升高后降低的变化趋势，且以 120kg/hm² 的施氮量最佳。水氮耦合对砂田西瓜产量的互作效应显著，整体表现为补水效应大于氮肥效应。据此可以得出，旱区砂田水分不足是影响西瓜生产的主要限制因素，且只有合理匹配水肥因子，才能起到以肥调水、以水促肥，并充分发挥水肥因子的整体增产作用。

水氮互作不仅影响作物产量、品质，对水氮利用效率也有影响。西瓜水分利用效率随灌水量的增加而增加；在灌溉水平较低时，水分利用效率随施氮量的增加呈上升趋势，当灌溉量达到 105m³/hm² 时，施氮量对水分利用效率的影响不再显著；氮素积累量随灌水量和施氮量的增加而提高，氮肥偏生产力和氮肥利用率随灌水量的增加而增加，在同一灌水量水平下，则随施氮量的增加而降低。表明在一定范围内增施氮肥能够提高水氮利用效率，但超过该范围，水氮利用效率不再增加，甚至会降低。

综合考虑水氮互作对西瓜产量、品质及水氮利用效率等因素的影响，确定出补灌量 105m³/hm²、施氮量 120kg/hm² 为旱砂田西瓜高产、优质、高效的水氮优化组合模式。

三、旱砂田西瓜补灌的磷肥效应

旱砂田西瓜磷肥施用方法以磷酸二铵（DAP）播前基施为主，由于施肥较浅，加之旱砂田区土壤为 pH 为 8.5，偏碱性，因此磷肥利用率仅为 5.5%～8.5%，而旱砂田区又属缺磷土壤。前期研究表明，在旱砂田西瓜种植中，磷肥效应大于氮肥和钾肥，因此，磷是旱砂田西瓜生长的限制因子。

磷酸脲（UP）是由尿素与磷酸在一定条件下生成的复盐，具有"高浓度、速溶、全溶"的特点，常作为新型高浓度复合肥料，与膜下滴灌技术配套使用，可有效减少氮磷损失，促进作物增产。而且，磷酸脲水解后产生酸，可以降低土壤 pH。已有研究表明，施用磷酸脲可以改善菠菜生理指标，从而有效减轻菠菜的碱胁迫程度；促进棉花的生长，提高棉花产量、品质和肥料利用率。因此，本研究通过旱砂田西瓜注水补灌施肥研究探讨磷酸脲对旱砂田西瓜产量、品质及肥料利用率的影响，旨在为旱砂田西瓜磷肥的高效利用和砂田碱土的改良提供技术手段和理论依据。

（一）不同磷肥处理对西瓜产量和品质的影响

施用磷肥可以显著提高砂田西瓜产量，DAP、DAP+UP 和 UP 处理较 CK 分别增产 6.93%、8.16% 和 13.63%（表 9-7），其中 UP 处理也显著高于其他处理。

不同磷肥施用方式对西瓜品质也产生显著影响，UP 处理的西瓜可溶性固形物含量最高，中心、边缘可溶性固形物含量较 CK 分别显著提高了 3.54% 和 10.34%。DAP、DAP+UP 和 UP 处理的西瓜 V_C 含量较 CK 分别显著提高了 13.20%、15.63% 和 26.95%。施磷处理也一定程度上提高了西瓜的硝酸盐含量，但与对照差异不显著。

表 9-7　不同磷肥处理的西瓜产量与品质

处理	产量/（kg/hm²）	可溶性固形物含量/%		维生素 C 含量/（mg/kg）	硝酸盐含量/（mg/kg）
		中心	边缘		
CK	46 510.63c	11.03b	9.09b	51.76c	59.83a
DAP	49 735.00b	11.19ab	9.24ab	58.59b	62.77a
DAP+UP	50 308.13b	11.24ab	9.45ab	59.85b	70.61a
UP	52 850.00a	11.42a	10.03a	65.71a	65.07a

注：同一列中不同小写字母表示不同处理间差异显著（$P<0.05$）

（二）不同磷肥处理对西瓜氮素吸收积累的影响

不同施磷处理对西瓜氮素吸收和积累影响显著（表 9-8），其中 DAP 和 DAP+UP 处理能够促进西瓜植株氮素的积累，团棵期较 CK 分别显著提高了 26.27% 和 27.12%，坐果期较 CK 分别显著提高了 26.42% 和 46.78%，成熟期较 CK 分别显著提高了 25.95% 和 50.23%。而 DAP+UP 和 UP 处理有利于提高西瓜果实氮素积累量和总氮素积累量，较 CK 处理果实氮素积累量分别显著提高了 19.60% 和 30.53%，总氮素积累量分别提高了 27.67% 和 22.53%。同时施磷处理较对照均提高了西瓜的氮素转运量，其中以 UP 处理最高，较 CK 显著提高了 47.03%，其氮素转运率达到 50.54%。

表 9-8　不同磷肥处理的西瓜氮素吸收与积累

处理	团棵期/（kg/hm²）	坐果期/（kg/hm²）	成熟期/（kg/hm²）			氮素转运量/（kg/hm²）	氮素转运率/%
			植株	果实	总积累量		
CK	1.18b	47.80c	28.13c	78.58c	106.71b	19.67b	41.01b
DAP	1.49a	60.43ab	35.43b	85.66bc	121.09ab	25.01ab	40.99b
DAP+UP	1.50a	70.16a	42.26a	93.98ab	136.24a	27.90a	39.72b
UP	1.34ab	57.10bc	28.18c	102.57a	130.75a	28.92a	50.54a

注：同一列中不同小写字母表示不同处理间差异显著（$P<0.05$）

（三）不同磷肥处理对西瓜磷素吸收利用的影响

施磷可显著促进西瓜植株和果实磷素的吸收和积累（表 9-9），DAP、DAP+UP 和 UP 处理较 CK 西瓜团棵期植株磷素积累量分别提高了 27.27%、36.36% 和 27.27%，坐果期分别提高了 49.19%、111.73% 和 64.17%，果实磷素积累量分别提高了 26.23%、33.96% 和 58.13%，西瓜生育期总磷素积累量分别提高了 32.17%、40.95% 和 51.39%，其中 DAP+UP 处理的西瓜植株磷素积累量最高，而 UP 处理的西瓜果实磷素积累量最高。DAP+UP 和 UP 处理均可促进西瓜磷素的转运，其磷素转运量和磷素转运率均显著高于其他处理。UP 处理的西瓜磷肥利用率较 DAP 处理显著提高了 59.74%。

表 9-9　不同磷肥处理的西瓜磷素吸收与积累

处理	团棵期/(kg/hm²)	坐果期/(kg/hm²)	成熟期/(kg/hm²)			磷素转运量/(kg/hm²)	磷素转运率/%	磷肥利用率/%
			植株	果实	总积累量			
CK	0.11b	3.07c	2.72c	11.63c	14.36b	0.35b	11.40b	——
DAP	0.14a	4.58b	4.30ab	14.68b	18.98a	0.28b	6.11b	4.62b
DAP+UP	0.15a	6.50a	4.67a	15.58b	20.24a	1.83a	28.15a	5.88ab
UP	0.14a	5.04b	3.35bc	18.39a	21.74a	1.69a	33.53a	7.38a

注：同一列中不同小写字母表示不同处理间差异显著（$P<0.05$）

（四）不同磷肥处理对西瓜钾素吸收利用的影响

同样，施磷处理也可以促进西瓜植株和果实钾素的吸收和积累（表 9-10），DAP、DAP+UP 和 UP 处理较 CK 西瓜团棵期植株钾素积累量分别提高了 23.08%、35.90% 和 35.90%，坐果期分别提高了 65.08%、81.35% 和 46.53%，果实钾素积累量分别提高了 36.32%、40.47% 和 41.24%，西瓜生育期总钾素积累量分别提高了 36.80%、48.42% 和 42.90%，而不同磷肥处理间差异未达到显著水平。DAP 处理有利于西瓜钾素的转运，较 CK 钾素转运量显著提高了 85.55%，转运率达到 60.75%。

（五）小结

施用磷酸脲可显著提高砂田西瓜产量和品质，促进西瓜养分的转运，提高果实养分积累量和肥料利用率。较传统施用磷酸二铵处理西瓜增产 6.26%，果实中

表 9-10　不同磷肥处理的西瓜钾素吸收与积累

处理	团棵期 / (kg/hm²)	坐果期 / (kg/hm²)	成熟期/（kg/hm²)			钾素转运量/ (kg/hm²)	钾素 转运率/%
			植株	果实	总积累量		
CK	0.39b	9.65b	4.46b	44.16b	48.62b	5.19b	53.78ab
DAP	0.48a	15.93a	6.30b	60.20a	66.51a	9.63a	60.75a
DAP+UP	0.53a	17.50a	10.13a	62.03a	72.16a	7.37ab	41.87b
UP	0.53a	14.14a	7.11b	62.37a	69.48a	7.04ab	49.57ab

注：同一列中不同小写字母表示不同处理间差异显著（$P<0.05$）

心、边缘可溶性固形物含量分别提高了 2.06%和 8.55%，果实维生素 C 含量提高了 12.15%，果实氮素、磷素积累量分别提高了 19.74%和 25.27%，磷肥利用率提高了 59.74%。

四、旱砂田西瓜补灌的钾、硼、锌肥效应

钾素具有促进植物体内酶促反应、增强光合作用、改善能量代谢和增强物质合成与转运的功能。钾肥的合理施用可以促进西瓜根系的生长发育，有利于提高果实产量和品质。硼在植物的光合作用、有机物质的转运、酶的活化、核酸和蛋白质的生物合成等过程中均具有重要作用。西瓜属于对硼敏感性作物，施硼可降低西瓜倒瓤率，并通过对蔗糖代谢相关酶活性的调控来促进蔗糖的合成，从而提高西瓜的含糖量。锌是叶绿体的组成成分之一，同时也影响着植物氮代谢、某些氨基酸的合成及很多酶的活性。近年来，农业生产中化肥施用量增加而有机肥施用量减少，造成农田土壤微量元素缺乏，养分比例失调。某些地区出现土壤缺锌现象，从而制约了农作物的生产，锌已成为作物生长发育的"限制因子"之一，尤其是在北方石灰性土壤中有效锌含量严重不足。

（一）钾、硼、锌对西瓜光合参数日变化的影响

在相同氮磷肥施用基础上，施用不同微量元素肥处理的西瓜叶片光合速率日变化均呈单峰曲线（图 9-10），所有处理峰值均出现在 10:00，峰值过后，各处理光合特征值以不同速度下降。12:00 前，施硼、锌肥处理的西瓜叶片光合速率明显高于不施肥处理，NPKB、NPKZn 和 NPKBZn 处理的叶片光合速率较 NP 和 NPK 平均提高了 21.62%；12:00 后，所有处理较 NP 平均提高了 38.60%，从

不同处理对西瓜叶片的光合速率影响来看，NPKBZn＞NPKZn＞NPKB＞NPK＞NP。不同微量元素施肥处理在增加西瓜叶片光合速率的同时，也降低了蒸腾速率，较 NPK 处理平均降低了 8.16%，其中锌的效果大于硼，两种肥配施效果最好。施钾或钾、硼、锌配施能明显提高西瓜叶片的瞬时水分利用效率，NPK、NPKB、NPKZn、NPKBZn 处理的叶片瞬时水分利用效率较 NP 分别提高了14.22%、20.47%、30.89%和39.40%。

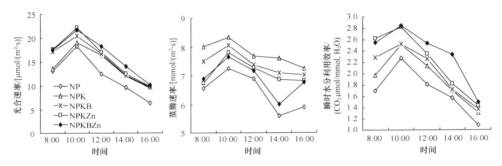

图 9-10　不同施肥处理西瓜光合特征的日变化动态

（二）钾、硼、锌对西瓜产量和品质的影响

在相同氮磷肥施用基础上，施钾肥或钾、硼、锌肥配施均能显著提高砂田西瓜产量（表 9-11），NPK、NPKB、NPKZn、NPKBZn 处理的西瓜产量较 NP 分别显著提高了 12.34%、18.42%、17.79%和23.87%。硼、锌肥单独与钾肥配施较单施钾肥虽有增产作用，但差异不显著，且硼肥的增产效应略大于锌肥。硼、锌、钾肥三者配施的增产幅度最大，NPKBZn 处理的西瓜产量较 NPK 处理显著提高了 10.27%。

表 9-11　不同施肥处理对西瓜产量和品质的影响

处理	产量/（kg/hm²）	中糖/%	边糖/%	糖分梯度/%	有效酸度	糖/酸	V_C含量/（mg/kg）	蛋白质含量/（g/kg）
NP	39 261.63c	10.0b	8.1c	1.9a	5.40c	1.05c	33.26d	7.69c
NPK	44 105.01b	11.2a	9.2b	2.0a	5.64b	1.22b	40.46bc	10.51ab
NPKB	46 492.10ab	10.9a	9.1b	1.8a	5.67b	1.20b	44.48a	9.74b
NPKZn	46 245.61ab	11.2a	9.8a	1.4b	5.69ab	1.29a	37.38c	11.04a
NPKBZn	48 632.70a	11.3a	9.9a	1.4b	5.75a	1.28a	41.85ab	10.30ab

注：同一列中不同小写字母表示不同处理间差异显著（$P<0.05$）

钾肥单施及钾肥与硼、锌肥配施均显著提高了西瓜的中心和边缘可溶性固形物含量，其中施锌对西瓜可溶性固形物含量的提高幅度大于施硼，尤其在提高西瓜边缘可溶性固形物含量上表现最为明显，NPKZn 和 NPKBZn 处理的西瓜边缘可溶性固形物含量的平均值较 NP、NPK、NPKB 处理分别显著提高了 21.60%、7.07% 和 8.24%，导致施锌肥处理西瓜糖分梯度也显著低于其他处理。钾肥及钾肥与硼、锌肥配施对西瓜有效酸度均有显著的提高作用，尤其以钾、硼、锌肥配施的有效酸度最高。糖酸比是衡量西瓜品质的重要指标之一，糖酸比越高，西瓜品质越好，锌肥处理的西瓜糖酸比显著高于其他处理。与 NP 处理相比，所有施钾处理均显著提高了西瓜的 V_C 含量，其中以配施硼肥处理的西瓜 V_C 含量最高，NPKB 处理的西瓜 V_C 含量较 NP、NPK、NPKZn 分别显著提高了 33.73%、9.94% 和 18.99%。施钾处理也显著提高了西瓜果实的蛋白质含量，其中以钾肥与锌肥配施的西瓜蛋白质含量最高，为 11.04g/kg，较 NP 处理提高了 43.56%。

（三）钾、硼、锌对西瓜氮素吸收的影响

在相同氮磷肥施用基础上，配施钾肥及微量元素肥对西瓜氮素吸收、积累影响显著（表 9-12）。所有施钾处理的西瓜茎氮素含量均显著高于无钾处理，提高幅度为 15.75%～25.04%，而与单施钾肥相比，钾与硼、锌肥配施有降低西瓜茎氮素含量的趋势，但处理间差异不显著。施钾能够显著提高西瓜叶氮素含量，且以配施硼肥处理的效果最好，NPKB 和 NPKBZn 处理的西瓜叶氮素含量较 NP 分别显著提高了 17.92% 和 19.07%，较 NPK 分别显著提高了 8.28% 和 9.35%。单施钾肥对西瓜果实氮素含量影响不显著，而钾肥与硼、锌肥配施则可以显著提高西瓜果实的氮素含量，较 NP 和 NPK 分别提高了 25.76%～28.79% 和 14.48%～17.24%。施钾均可显著提高西瓜氮素积累量，其中植株、果实和总氮素积累量分别提高了 33.13%～68.02%、22.55%～51.83% 和 24.80%～55.27%；较单施钾肥，钾与硼或硼锌配施可以显著提高西瓜氮素积累量，如 NPKB 和 NPKBZn 处理的西瓜总氮素积累量较 NPK 处理分别显著提高了 16.87% 和 24.41%。施钾及钾与硼、锌肥配施较 NP 处理西瓜氮肥偏生产力可显著提高 12.34%～23.87%，其中以 NPKBZn 处理的最高，为 243.16kg/kg。通过以上分析可知，钾、硼、锌均对西瓜氮素吸收、积累具有积极的促进作用，硼的效应大于锌，而钾硼锌配施对西瓜氮素吸收的促进作用最大。

表 9-12　不同施肥处理对西瓜氮素吸收、积累的影响

处理	氮素含量/（g/kg）			氮素积累量/（kg/hm²）			氮肥偏生产力/（kg/kg）
	茎	叶	果实	植株	果实	总积累量	
NP	11.94b	16.41c	1.32b	13.07c	48.91c	61.97c	196.31c
NPK	14.93a	17.87b	1.45b	17.40b	59.94b	77.34b	220.53b
NPKB	13.82a	19.35a	1.68a	21.08a	69.31a	90.39a	232.46ab
NPKZn	13.98a	18.38ab	1.66a	18.53b	66.03ab	84.56ab	231.23ab
NPKBZn	14.49a	19.54a	1.70a	21.96a	74.26a	96.22a	243.16a

注：同一列中不同小写字母表示不同处理间差异显著（$P<0.05$）

（四）钾、硼、锌对西瓜磷素吸收的影响

从不同施肥处理对西瓜磷素吸收、积累的影响来看，钾肥配施硼肥可显著提高西瓜茎的磷素含量，NPKB 处理较 NP 处理可显著提高 15%（表 9-13）；钾与锌或硼锌配施可显著提高西瓜叶磷素含量，NPKZn 和 NPKBZn 处理较 NP 处理分别提高了 19.17% 和 29.17%；钾与硼、锌配施均可显著提高西瓜果实磷素含量，NPKB、NPKZn、NPKBZn 处理果实磷素含量较 NP 分别显著提高了 46.15%、69.23% 和 53.85%。施钾或钾与硼、锌肥配施均可提高西瓜的磷素积累量，尤以钾硼锌三者配施效果最优，如 NPKBZn 处理的西瓜植株、果实及总磷素积累量较 NP 处理分别显著提高了 70.97%、61.00% 和 62.52%，较 NPK 处理分别提高了 24.22%、22.29% 和 22.59%。同时，NPKBZn 处理的西瓜磷肥偏生产力也最高，较 NP 和 NPK 处理分别显著提高了 23.87% 和 10.26%。通过以上分析可知，施钾或钾与硼、锌肥配施对西瓜磷素吸收、积累促进作用明显，其中锌对西瓜叶及果实磷素吸收的促进作用略大于硼，而以钾硼锌三者配施的效果最佳。

表 9-13　不同施肥处理对西瓜磷素吸收、积累的影响

处理	磷素含量/（g/kg）			磷素积累量/（kg/hm²）			磷肥偏生产力/（kg/kg）
	茎	叶	果实	植株	果实	总积累量	
NP	0.80b	1.20c	0.13b	0.93b	5.18c	6.11c	230.95c
NPK	0.84ab	1.31bc	0.17ab	1.28ab	6.82b	8.10b	259.44b
NPKB	0.92a	1.37bc	0.19a	1.47a	7.56ab	9.03ab	273.48ab
NPKZn	0.84ab	1.43ab	0.22a	1.32ab	7.49ab	8.81ab	272.03ab
NPKBZn	0.77b	1.55a	0.20a	1.59a	8.34a	9.93a	286.07a

注：同一列中不同小写字母表示不同处理间差异显著（$P<0.05$）

（五）钾、硼、锌对西瓜钾素吸收的影响

与氮、磷不同，西瓜茎部的钾素含量明显高于叶片（表 9-14），较不施钾肥处理，施钾可显著提高西瓜营养器官和果实中的钾素含量，NPK 处理的西瓜茎、叶、果实钾素含量较 NP 分别显著提高了 40.67%、9.48% 和 22.73%。在施钾基础上，施硼有利于促进西瓜茎部钾素吸收，NPKB 处理的西瓜茎部钾素含量较 NPK 显著提高了 12.13%；而施锌有利于提高西瓜果实的钾素含量，NPKZn 处理的西瓜果实钾素含量较 NPK 显著提高了 12.96%。施钾及钾与硼、锌肥配施均显著提高了西瓜各器官的钾素积累量，其中西瓜总钾素积累量提高了 40.92%～62.61%。在施钾条件下，硼、锌单施对西瓜钾素积累量无显著影响，而硼锌配施的互作效应显著，NPKBZn 处理的西瓜植株、果实及总钾素积累量较 NPK 分别显著提高了 16.48%、13.31% 和 13.70%，且其钾肥利用率也最高，较 NPK 处理显著提高了 45.53%。

表 9-14　不同施肥处理对西瓜钾素吸收、积累的影响

处理	钾素含量/（g/kg）			钾素累量/（kg/hm^2）			钾肥利用率/%
	茎	叶	果实	植株	果实	总积累量	
NP	10.67c	7.91b	1.32c	6.97d	57.99c	64.96c	—
NPK	15.01b	8.66a	1.62b	11.41bc	81.50b	92.90b	13.97b
NPKB	16.83a	8.69a	1.54b	12.55ab	78.99b	91.54b	13.29b
NPKZn	15.77ab	8.64a	1.83a	11.09c	83.59b	94.68b	14.86b
NPKBZn	16.82a	8.72a	1.85a	13.29a	92.35a	105.63a	20.33a

注：同一列中不同小写字母表示不同处理间差异显著（$P<0.05$）

（六）小结

钾、硼、锌肥虽对西瓜生长、产量、品质及养分吸收都具有促进作用，但各有差异，如钾的效应最大，施钾处理的西瓜产量、品质指标及养分的积累利用均普遍高于无钾处理；在施钾基础上，硼有利于西瓜 V_C 含量的提高和氮素的吸收积累，而锌更有利于西瓜含糖量的提高和果实钾素的吸收。钾、硼、锌三者配施的效果最好，西瓜光合、产量、品质及养分吸收利用等指标均普遍高于钾肥单施，尤其在西瓜果实钾素的积累和利用方面的作用显著高于钾肥单施或钾硼、钾锌两者配施，这对于西瓜这种喜钾性作物和解决砂田肥料利用率低的瓶颈问题具有重要的研究意义。

第三节　设施砂田栽培模式

根据砂田有无灌溉条件可将其分为旱砂田和水砂田,水砂田多分布于有水源灌溉的地方,以种植蔬菜、瓜果等经济作物为主。近年来随着农业新技术的不断应用和设施栽培技术的不断发展,在传统水砂田基础上摸索出一套甜瓜栽培新模式,即"大棚+小拱棚+地膜+砂田"的"三膜一砂"栽培技术。该项栽培技术种植的甜瓜较传统露地砂田地膜种植甜瓜可提前 20～30 天成熟,经济效益可增加 4.5 万～7.5 万元/hm²,这一国内首创的农业新技术,加快了兰州甜瓜产业的发展。

一、茬口安排

早春茬在 2 月中旬育苗,3 月上旬在大棚定植,6 月上市;夏秋茬于 7 月上旬催芽直播,10 月上市,此茬口为"三膜一砂"的复种茬,在播种时正值高温季节,前期需遮阴,后期需防霜冻。

二、品种选择

"三膜一砂"栽培的甜瓜以早中熟品种为主,目前较为适宜的甜瓜品种有:丰甜 4 号、银帝、玉金香、台农 2 号、盛开花等。

三、适时建棚

塑料大棚要提早建造,一般 2 月上旬建棚,2 月中旬扣好棚膜,闷棚 10～15 天,以提高地温。夏秋茬栽培可直接利用早春茬建好的棚,前期棚膜四周揭起,有利于通风和防雨。9 月 10 日左右扣好棚膜,开始注意保温。

四、整地播种

（一）施肥、铺砂、整地

砂田施肥一般是从头年秋季开始,每亩施优质圈肥 5000kg,磷肥 40～50kg,施肥后深翻耕平,然后覆砂,砂田铺设时期一般为冬季地冻后至翌年春。一般在秋收后清洁田园，耕翻 0.3～0.4m，施入底肥，灌足冬水，整平压实。所铺砂砾分两种，一种是鸡蛋大小的卵石，另一种为粗砂，二者混合比例为 4∶6 或 3∶7；厚度为 5～7cm，每亩用砂 65～80m³。

（二）合理密植

　　"三膜一砂"甜瓜每亩保苗 1200 株左右，宽行 0.8m，窄行 0.4m，株距 0.8m，催芽直播的先种瓜芽，再覆地膜，后扣小拱棚。营养钵育苗的先覆地膜，栽好幼苗后再扣小拱棚。

五、田间管理

（一）棚温控制

　　甜瓜对温度、光照条件要求较高，早春茬栽培瓜苗移栽后 3～5 天应密闭大小棚，增温保湿。缓苗后小拱棚内温度白天保持 25～30℃，夜间不低于 15℃。瓜坐齐后，4 月中下旬揭去小拱棚棚膜，勤扫棚面，延长光照时间。夏秋茬前期 7 月中上旬，可在棚膜上泼洒泥浆或用遮阳网遮阴。8 月中旬用喷雾器将泥浆冲洗干净，9 月中旬四周压好棚膜防霜冻。

（二）肥水管理

　　果实膨大期可在叶面喷施 0.2%～0.3%磷酸二氢钾或 0.5%～1%的复合肥，每 5～7 天 1 次，若基肥不足，可于果实膨大期每亩追施磷酸二铵 10～15kg，硝酸钾 15～20kg 或磷酸二氢钾 10～15kg，在瓜苗根部穴施，以提高产量和品质。"三膜一砂"甜瓜的水分管理应注意尽量少浇水，前期水分管理主要目的是降湿以减轻棚内病害的发生，促进瓜苗正常生长。瓜蔓长 0.3m 左右时浇少量伸蔓水。开花授粉时要求有较高的空气湿度，瓜鸡蛋大小时要保证充足的水分供应，浇水时要浇透，以促进果实膨大。采收前 7～15 天忌浇水。

（三）整枝授粉

　　"三膜一砂"甜瓜应以孙蔓 3-2-1 方式整枝，即瓜苗 5 片叶左右时主蔓摘心，留健壮子蔓 4 条，每条子蔓各留 3 条孙蔓，第 1 条孙蔓留 3 片叶摘心，第 2 条孙蔓留两片叶摘心，第 3 条孙蔓留 1 片叶摘心。为保证正常坐瓜，花期宜采用人工辅助授粉方式，授粉一般在 8:00～10:00、阴天在 9:00～11:00 进行，果实发育中期应注意经常翻晒瓜，使果实着色均匀。

六、适时采收

"三膜一砂"甜瓜一般在开花授粉后 35～40 天成熟，成熟甜瓜应在清晨无露水或午后低温时采收，以免果温太高影响品质，不利于贮运，为避免采收时损伤果面，并减少贮运过程中的失水量，应将瓜柄剪成"T"字形。

第四节　设施砂田甜瓜滴灌水肥一体化技术

一、设施砂田发展滴灌的意义

近年来，"三膜一砂"甜瓜栽培由于相应配套技术还不完善，因此应用推广进程较慢，其中水肥管理是主要瓶颈。其一，设施大棚增加了传统砂田的蒸发强度，而砂田是平作栽培，在甜瓜膨果期，正值水肥需求最大期，大水漫灌容易造成果实腐烂；其二，传统的大水漫灌加肥料撒施，除过量施用氮肥会导致氮肥利用率低，不利于果实的膨大和糖分的积累外，还会造成地下水硝酸盐污染等一系列严重的环境污染问题；最重要的是砂田大水漫灌易造成砂土混合，加速砂田的老化，缩短砂田的使用年限，加快砂田"起砂—覆砂"的循环作业进程，重新铺砂不但成本高而且劳动强度大，加之无序的砂石采挖会加剧土壤、植被的破坏和生态环境的恶化，因此在当前农村劳动力缺乏和生态环境脆弱的西北干旱地区，砂田设施农业的发展受到了限制。

滴灌施肥是在作物的不同生育阶段，利用滴灌设施将作物所需的不同养分配比的肥料和水，分多次、适时、适量地供给，以满足作物生长需要的技术，因能根据作物的水肥需求规律，做到定时、定量、定点供给水肥，维持作物根区适宜的水肥浓度，从而起到增产、节水、节肥效果而被广泛应用。设施砂田多分布在地势平坦、具有固定水源的沿黄灌区，且集中连片，这为发展滴灌农业创造了条件。因此，滴灌施肥技术可以有效地解决上述砂田设施栽培过程中水肥管理方面所面临的瓶颈问题。

二、设施砂田甜瓜水肥耦合效应

(一) 产量和品质回归模型的建立

以水、氮、钾编码值 (表 9-15) 为自变量，甜瓜产量 (表 9-16) 为因变量进行三元二次回归分析，得出甜瓜产量与灌水量、施氮量和施钾量之间的三元二次回归模型:

$$Y=43\,009+1110.936W+1337.851N+297.91K-723.952W^2-1112.653N^2-247.564K^2+280.964WN-50.914WK+228.188NK \tag{9-1}$$

式中，Y 为产量，W 为灌水量，N 为施氮量，K 为施钾量。

经 F 检验 ($F=494.18$，sig.=0.0349)，该模型回归关系显著，能够反映灌水、施氮、施钾与产量之间的相关关系，可对产量进行预测。

同理，可求得甜瓜品质与灌水量、施氮量和施钾量之间的三元二次回归模型:

$$Q=91.49-1.446W+1.448N+2.529K-1.776W^2-0.675N^2-0.573K^2-0.946WN-0.261WK-0.869NK \tag{9-2}$$

式中，Q 为综合品质评分，W 为灌溉定额，N 为施氮量，K 为施钾量。

经 F 检验 ($F=3024.9$，sig.=0.0068)，该模型回归关系显著，能够反映灌水、施氮、施钾与品质之间的相关关系，可对品质进行预测。

表 9-15　"311-B"最优混合试验设计方案

处理	码值设计方案和实施方案					
	灌溉定额码值	灌溉定额/（m³/hm²）	氮肥码值	氮肥施用量/（kg/hm²）	钾肥码值	钾肥施用量/（kg/hm²）
1	0	825	0	170	2.45	400
2	0	825	0	170	−2.45	0
3	−0.751	691	2.106	340	1	282
4	2.106	1200	0.751	231	1	282
5	0.751	959	−2.106	0	1	282
6	−2.106	450	−0.751	109	1	282
7	0.751	959	2.106	340	−1	118
8	2.106	1200	−0.751	109	−1	118
9	−0.751	691	−2.106	0	−1	118
10	−2.106	450	0.751	231	−1	118
11	0	825	0	170	0	200
CK	−2.106	450	−2.106	0	−2.45	0

表 9-16 不同水肥处理甜瓜产量与品质

处理	产量/（kg/hm²）	中糖/%	边糖/%	综合评分
1	37 388	16.7	13.4	94.27
2	33 653	15.6	10.8	81.83
3	38 077	17.6	13.1	95.65
4	41 377	14.9	11.1	80.80
5	33 073	16.5	12.6	90.65
6	34 560	16.3	11.7	87.12
7	40 471	16.0	12.5	89.12
8	39 491	14.7	10.3	77.69
9	34 052	15.8	10.4	81.14
10	36 264	16.2	11.5	86.16
11	43 009	16.9	12.5	91.49
CK	32 710	14.7	12.0	83.50

（二）产量和品质模型的因子效应分析

1. 主因子效应分析

通过分析产量模型（1）和品质模型（2）中的一次项偏回归系数可以看出，各因素对产量的影响次序表现为 $N>W>K$，说明在此栽培模式下氮肥对产量的贡献最大，其次为灌水，再次为钾肥。各因素对产量的交互效应大小次序为 $NW>NK>KW$，说明水氮互作对甜瓜生长起主导作用。各因素对品质的影响次序为 $K>N>W$，说明在此栽培模式下钾肥对品质的优劣影响较大，其次是氮肥，灌水多少对品质的影响较小。

2. 单因子效应分析

对回归模型（1）进行降维，分别得到水、氮、钾与产量的单因子效应方程（9-3）、方程（9-4）和方程（9-5）及产量效应变化（图 9-11）：

$$Y_W=43\ 009+1110.936W-723.952W^2 \tag{9-3}$$

$$Y_N=43\ 009+1337.851N-1112.653N^2 \tag{9-4}$$

$$Y_K=43\ 009+297.91K-247.564K^2 \tag{9-5}$$

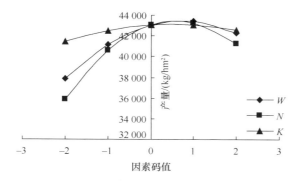

图 9-11　甜瓜产量的水、氮、钾单因子效应

各因素的产量单因子效应曲线均为抛物线，产量均随着投入量的增加而增加，到达最适投入量时，产量最高。但投入量继续加大，产量则随之减小。分析得出，在该种植模式下，达到最大产量时最优灌溉定额为 961.57m³/hm²，此时产量可达 43 435.2kg/hm²；氮的最佳投入量为 218.51kg/hm²，此时产量可达 43 411.16kg/hm²；钾 的 最 佳 投 入 量 为 249.14kg/hm²，此 时 产 量 可 达 43 098.62kg/hm²。

对回归模型（2）进行降维，分别得到水、氮、钾与品质的单因子效应方程（9-6）、方程（9-7）和方程（9-8）及品质效应变化（图 9-12）：

$$Q_W=91.49-1.446W-1.776W^2 \tag{9-6}$$

$$Q_N=91.49+1.448N-0.675N^2 \tag{9-7}$$

$$Q_K=91.49+2.529K-0.573K^2 \tag{9-8}$$

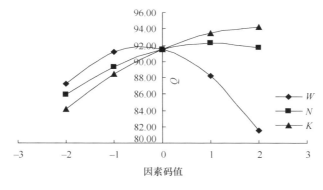

图 9-12　甜瓜品质的水、氮、钾单因子效应

各因素的品质单因子效应曲线也呈抛物线形,与产量的单因子效应表现出相似的变化规律,表明适宜的施用量可以提高甜瓜的品质,但投入量若超过适宜值,品质则随之变差。分析得出,在该种植模式下,达到最佳品质时最优灌溉定额为 752.53m³/hm²,此时品质可达 91.78 分;氮的最佳投入量为 256.37kg/hm²,此时品质可达 92.27 分;钾的最佳投入量为 380.16kg/hm²,此时品质可达 94.28 分。

3. 边际效应分析

对单因子效应方程(9-3)、方程(9-4)和方程(9-5)求一阶偏导数,分别得到水、氮和钾的边际效应方程(9-9)、方程(9-10)和方程(9-11),将不同编码值代入,并令 $dy/dx=0$ 求得各因素的边际产量效应随着投入量的增加而变化的情况(图 9-13)。各因子边际效应随投入量的增加均呈递减趋势,以施氮量的边际效应递减率最大,灌水量次之,钾肥的边际效应递减率最小。随着投入量的增加,边际效应递减,甚至出现负效应。

$$dy/dx=1110.936-1447.904W \qquad (9-9)$$

$$dy/dx=1337.85-2225.306N \qquad (9-10)$$

$$dy/dx=297.91-495.128K \qquad (9-11)$$

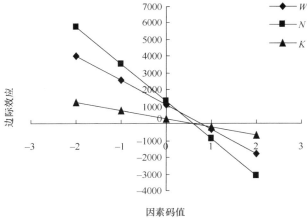

图 9-13 甜瓜产量的单因子边际效应

4. 耦合效应分析

产量回归模型中水氮、水钾和氮钾的耦合项偏回归系数均达显著水平,说明各因子对产量存在显著的耦合效应。分别将产量回归模型中的水、氮和钾固定在 0 码值，可以分别得到其耦合效应方程（9-12）、方程（9-13）和方程（9-14）：

$$Y_{WN}=43\,009+1110.936W+1337.851N-723.952W^2-1112.653N^2+280.964WN \quad (9-12)$$

$$Y_{WK}=43\,009+1110.936W+297.91K-723.952W^2-247.564K^2-50.914WK \quad (9-13)$$

$$Y_{NK}=43\,009+1337.851N+297.91K-1112.653N^2-247.564K^2+228.188NK \quad (9-14)$$

依据方程（9-12）、方程（9-13）和方程（9-14），得到任意两因子对产量的耦合效应图（图 9-14）。在试验编码值内，水氮、氮钾和水钾对产量的耦合效应均呈抛物面，产量先升高后降低，符合报酬递减定律。对水而言，氮的交互效应大于钾；对氮而言，水的交互效应大于钾；对钾而言，氮的交互效应大于水。任何单因子的偏高或偏低均不利于产量的形成，而优化各因子的投入量，可以提升产量。由各因子交互效应分析得出，甜瓜产量在 40 000kg/hm^2 以上的水氮互作区间为灌水 771.58～1198.93m^3/hm^2，施 N 145.78～291.08kg/hm^2；水钾互作区间为灌水 771.58～1198.93m^3/hm^2，施 K$_2$O 102.04～395.91kg/hm^2；氮钾互作区间为施 N 145.78～291.08kg/hm^2，施 K$_2$O 151.02～395.91kg/hm^2。

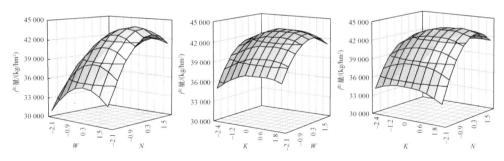

图 9-14　甜瓜产量的因子交互效应

对品质回归模型（2）进行降维，得到两因子耦合对品质影响的效应图（图 9-15）。对水而言，钾的交互效应大于氮，在相同灌水量条件下，钾的提质作用大于氮，但均随灌水量的增加表现出先增加后降低的变化趋势，甜瓜最优品质分别出现在中水中氮和中水高钾的区域；对氮而言，钾的交互效应大于水，在相同氮水平下，甜瓜品质随灌水量的增加先增高后降低，而随施钾量的增加而提高，且均随施氮量的增加表现出先提高后降低的变化趋势，甜瓜最优品质分别出现在中水中氮和中氮高钾的区域；对钾而言，氮的交互效应大于水，在相同钾水平下，氮的提质作用较水明显，甜瓜品质均随着施钾量的增加而提高，最优品质分别出现在中水高钾和中氮高钾的区域。

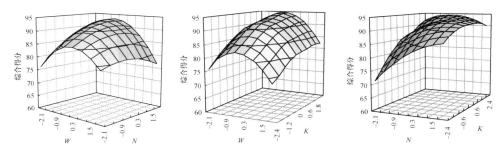

图 9-15　甜瓜品质的因子交互效应

（三）灌溉施肥方案的选优

在分析各单项因子效应的基础上，经过水肥耦合优化方案模拟寻优，得出了产量超过 35t/hm^2 的灌溉施肥方案（表 9-17）和品质综合评分在 85 分以上的灌溉施肥方案（表 9-18）。从表 9-17 可以看出，当灌溉定额为 786.04～932.03m^3/hm^2、施 N 169.66～227.00kg/hm^2、施 K$_2$O 163.01～246.09kg/hm^2 时可取得 35t/hm^2 以上的产量。当灌溉定额为 696.44～795.92m^3/hm^2、施 N 166.59～227.17kg/hm^2、施 K$_2$O 227.26～289.58kg/hm^2 时品质综合评分可达到 85 分以上。通过分析对比，综合考虑产量和品质，得出"三膜一砂"甜瓜滴灌水肥一体化高产优质的适宜灌溉定额为 786～796m^3/hm^2、施 N 量为 170～227kg/hm^2、施 K$_2$O 量为 227～246kg/hm^2。

表 9-17　甜瓜产量超过 35t/hm^2 的因素取值频率分布

	W			N			K		
	水平	次数	频率	水平	次数	频率	水平	次数	频率
变量因子	−2.106	12	0	−2.106	4	0	−2.45	16	0.1000
	−0.751	20	0.1667	−0.751	24	0.1833	−1	21	0.2000
	0	22	0.2833	0	24	0.3167	0	21	0.2500
	0.751	22	0.3000	0.751	24	0.3167	1	19	0.2333
	2.106	20	0.2500	2.106	20	0.1833	2.45	19	0.2167
加权平均数		0.1911			0.3510			0.0557	
标准差		0.2092			0.1812			0.2596	
95%置信区间		−0.2188～0.6011			−0.0042～0.7062			−0.4532～0.5646	
农艺方案		786.04～932.03			169.66～227.00			163.01～246.09	

表 9-18 甜瓜品质综合评分超过 85 分的因素取值频率分布

		W			N			K	
	水平	次数	频率	水平	次数	频率	水平	次数	频率
变量因子	−2.106	14	0.2000	−2.106	8	0.1143	−2.45	2	0.0286
	−0.751	19	0.2714	−0.751	13	0.1857	−1	13	0.1857
	0	20	0.2857	0	15	0.2143	0	16	0.2286
	0.751	17	0.2429	0.751	16	0.2286	1	19	0.2714
	2.106	0	0	2.106	18	0.2571	2.45	20	0.2857
加权平均数		−0.4427			0.3330			0.7157	
标准差		0.1425			0.1914			0.1947	
95%置信区间		−0.7220～−0.1633			−0.0422～0.7083			0.3340～1.0974	
农艺方案		696.44～795.92			166.59～227.17			227.26～289.58	

三、设施砂田甜瓜水氮调控

（一）水氮调控设计

本研究采用水、氮双因素裂区试验设计，主区为灌水处理，根据甜瓜坐果前后灌水量占总灌水量的比例设两个水平；副区为氮肥处理，根据氮肥在甜瓜不同生育时期的施肥比例设 3 个水平，以不施氮肥为对照，共设 7 个处理，具体试验处理方案见表 9-19。

表 9-19 设施砂田甜瓜滴灌水氮调控设计

处理	占总灌水量的比例		占总施氮量的比例及施氮量/（kg/hm²）		
	坐果前	坐果后	伸蔓期	坐果期	膨果期
T₁	40%	60%	20%；44	30%；66	50%；110
T₂	40%	60%	30%；66	40%；88	30%；66
T₃	40%	60%	40%；88	20%；44	40%；88
T₄	60%	40%	20%；44	30%；66	50%；110
T₅	60%	40%	30%；66	40%；88	30%；66
T₆	60%	40%	40%；88	20%；44	40%；88
CK	50%	50%	0	0	0

（二）水氮运筹方式对甜瓜光合特性的影响

光合速率和蒸腾速率均随着甜瓜的生长发育表现出先增加后降低的变化趋势，且在甜瓜坐果期（即营养生长盛期）达到最高（图9-16）。不同水氮运筹方式对甜瓜不同生育时期的光合特性影响显著，且水的影响大于氮肥，即不同生育时期60%灌水量处理的甜瓜光合速率均高于40%处理。在甜瓜伸蔓期，T_5 和 T_6 处理的甜瓜光合速率较 T_1 分别显著提高了 20.12% 和 22.41%，较 T_2 分别显著提高了 13.65% 和 15.82%；至坐果期，不同灌水量处理间的甜瓜光合速率差异均达到了显著水平，其中 T_4、T_5、T_6 处理的甜瓜光合速率较 T_1、T_2、T_3 处理显著提高了 20.83%～31.63%；坐果后随着 T_1 至 T_3 处理灌水量的增加，甜瓜光合速率也发生了相应的变化，T_1 至 T_3 处理的甜瓜光合速率增加，而 T_4 至 T_6 处理则有所降低，其中以 T_2 处理最高，较 T_4、T_5、T_6 处理分别显著提高了 9.40%、34.51% 和 30.56%。不同氮肥运筹处理间，甜瓜不同生育时期的光合速率也随着施氮量的增加而提高，但差异没有灌水处理明显。甜瓜蒸腾速率变化趋势恰好与光合速率相反，即 T_1 至 T_3 处理的甜瓜蒸腾速率在伸蔓期和坐果期均高于 T_4 至 T_6 处理，而在膨果期则低于 T_4 至 T_6 处理。不同氮肥运筹处理间，甜瓜不同生育时期的蒸腾速率随着施氮量的增加而提高，但差异不显著。

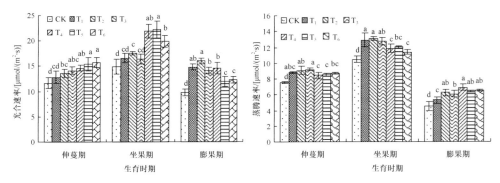

图9-16　不同水氮运筹方式对甜瓜光合特性的影响

不同小写字母表示不同处理间差异显著（$P < 0.05$）

（三）水氮运筹方式对甜瓜产量、品质的影响

甜瓜坐果前60%灌水量的 T_4 至 T_6 处理的单瓜重和产量均高于40%灌水量的 T_1 至 T_3 处理（表9-20），另外，氮肥在甜瓜伸蔓期所占比例越高则产量也越高，

受水氮互作效应的影响，T_5 和 T_6 处理甜瓜产量最高，均达到了 40t/hm^2 以上，较 CK 分别显著提高了 25.29% 和 29.06%。不同水氮运筹方式对甜瓜中心可溶性固形物含量影响不显著，边缘可溶性固形物含量与产量的变化趋势类似，以 T_4 至 T_6 处理的最高。甜瓜 V_C 含量主要受氮肥影响较大，其中 T_2 和 T_3 处理的甜瓜 V_C 含量较 T_1 分别显著提高了 15.54% 和 15.96%，T_5 和 T_6 处理较 T_4 分别显著提高了 14.00% 和 14.93%。

表 9-20　不同水氮运筹方式对甜瓜产量和品质的影响

处理	单瓜重/kg	产量/（kg/hm^2）	中心可溶性固形物含量/%	边缘可溶性固形物含量/%	V_C 含量/（mg/kg）
CK	1.36d	32 847.13d	16.6a	11.1c	38.30b
T_1	1.60c	38 745.06c	17.7a	11.6bc	38.92b
T_2	1.62c	39 103.67c	17.9a	11.8bc	44.97a
T_3	1.64bc	39 591.22bc	17.5a	11.9bc	45.13a
T_4	1.67bc	40 276.21bc	17.2a	12.2ab	41.13b
T_5	1.70ab	41 155.61ab	17.5a	12.4ab	46.89a
T_6	1.75a	42 393.62a	17.3a	12.9a	47.27a

注：同一列中不同小写字母表示不同处理间差异显著（$P<0.05$）

（四）水氮运筹方式对土壤硝态氮残留的影响

1. 伸蔓期土壤硝态氮含量变化

甜瓜伸蔓期不同水肥处理的土壤硝态氮含量均随着土层的加深表现出先降低后增加的变化趋势，这主要受两个因素的影响。首先，本试验地块此前一直采用大水漫灌的模式，因此深层土壤硝态氮积累较多；其次，甜瓜伸蔓期总灌水量较少，再加上砂砾层的阻拦，不同水肥处理仅对 0～20cm 表层土壤硝态氮含量影响显著。从 0～20cm 土层不同处理间硝态氮含量来看，土壤硝态氮含量受水氮共同作用的影响，其中在同一施氮水平下，灌水量高的处理硝态氮含量较高；在同一灌水量水平下，施氮量高的处理硝态氮含量也较高。

2. 坐果期土壤硝态氮含量变化

从甜瓜坐果期土壤硝态氮的分布来看，各水肥处理土壤硝态氮含量均表现出先随着土层的加深急剧降低，至 60cm 土层趋于稳定后又有回升的趋势；且 0～40cm 土层硝态氮含量的变化幅度大于伸蔓期，表明至甜瓜坐果期，随着灌水量和施氮量的增加，硝态氮已淋溶到 20～40cm 土层。0～60cm 土层的硝态氮含量变化与伸蔓期一致，即灌水量或施氮量高的处理硝态氮含量也高。在 0～20cm 土层，土壤硝态氮含量主要受施氮量影响较大，即 T_3 和 T_6 处理最高，T_2 和 T_5 处理次之，T_1 和 T_4 处理最低。在 20～40cm 土层，土壤硝态氮含量在氮肥主效应影响下，受灌水量负效应影响也较大，即在相同施氮量水平下，灌水量越高，硝态氮淋洗越大。

3. 膨果期土壤硝态氮含量变化

甜瓜膨果期不同土层硝态氮变化趋势与坐果期类似，即不同水肥处理对 0～40cm 土层的硝态氮含量影响较大，而不同处理间由于灌溉施肥模式不同而发生了相应变化。在 0～20cm 土层硝态氮含量也随灌水量的增加而提高，施氮量对硝态氮含量的变化起到主要作用，其中以 T_1 和 T_4 处理的最高。在 20～40cm 土层，与坐果期相比，各处理硝态氮含量明显降低，且处理间差异变小，这与甜瓜的生理代谢和根系的生长发育有关。膨果期是甜瓜果实生长盛期，此时对水肥的需求量达到最高峰，而此层也是甜瓜根系的主要分布区，但硝态氮主要靠上层土壤淋溶而积累，得不到有效的补给，因此硝态氮含量明显降低，而不同处理间的硝态氮含量变化基本与 0～20cm 土层一致。

4. 成熟期土壤硝态氮含量变化

至甜瓜成熟期，除 CK 外，其他各处理的土壤硝态氮含量大体上随着土层的加深而递减，不同处理 40～60cm 土层的硝态氮含量也出现明显差异（图 9-17）。在 0～60cm 的各土层内，T_1、T_2 和 T_3 处理的硝态氮含量均分别高于 T_4、T_5 和 T_6 处理，这一方面是因为 T_1 至 T_3 处理在甜瓜成熟前期的灌水量增加，导致硝态氮的淋溶量增大；另一方面可能是因为 T_4 至 T_6 处理甜瓜根系对氮素的吸收能力较强，从而致使甜瓜产量升高，而土壤硝态氮含量降低。在相同灌水量条件下，不同施氮量处理间的土壤硝态氮含量则随着膨果期施氮量水平的增加而提高。

四、滴灌对砂层质量的影响

砂层砂砾的纯度是砂田性能的决定条件，优质砂田的砂层含土量较少。不同灌溉方式下，自甜瓜播种前至收获后，滴灌处理的砂田砂层含土量与播前差异不显著（图 9-18），而传统漫灌处理的砂层含土量较播前显著提高了 144.63%（P

＜0.05）。由此可见，滴灌可以延长砂田的使用年限。

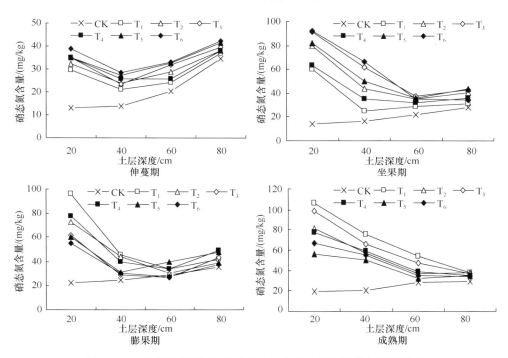

图 9-17 不同水氮运筹方式对甜瓜各生育时期土壤硝态氮的影响

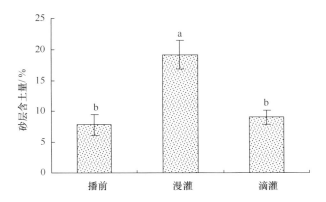

图 9-18 不同灌溉处理对砂田覆砂层含土量的影响

不同小写字母表示不同处理间差异显著（$P < 0.05$）

五、小结

"三膜一砂"高产优质甜瓜水肥一体化条件下的适宜灌水量为 786～796m³/hm²、施 N 量为 170～227kg/hm²、施 K₂O 量为 227～246kg/hm²；水氮管理模式为灌水量以甜瓜坐果前占 60%，坐果后占 40%；施氮量以伸蔓期、坐果期和膨果期分别占 40%、20%、40%为最优。"三膜一砂"甜瓜滴灌较传统水肥模式不仅节水、节肥，更重要的是能够减缓砂田的"衰老"，延长砂田的使用年限。

第十章　旱砂田西瓜叶面追肥技术

　　叶面追肥又叫叶面喷肥或根外追肥，是将肥料溶解在水中，喷在作物叶片上的追肥方法。其优点包括：①可以避免土壤对养分的固定和土壤微生物对养分的吸收；②可以促进根部对养分的吸收；③可以加快养分的吸收转化速度；④喷施微量元素等可以调节酶的活性，提高光合效率，增加产量；⑤用肥量少，成本低，效益高。砂田由于砂砾层覆盖，作物追肥劳动强度大、施肥浅，加之土壤呈碱性，使得养分有效性降低，影响根系对养分的吸收。因此，在砂田作物上采用叶面追肥方式可以降低施肥成本，提高肥料利用率。

第一节　旱砂田西瓜叶面追肥方式

一、追肥方式对西瓜产量的影响

　　氮肥的不同追施方式对砂田西瓜单瓜重（图 10-1）和产量（图 10-2）影响

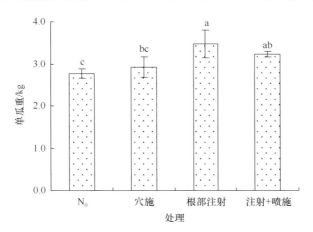

图 10-1　追肥方式对西瓜单瓜重的影响

不同小写字母表示不同处理间差异显著（$P<0.05$）

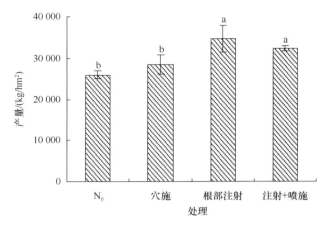

图 10-2　追肥方式对西瓜产量的影响

不同小写字母表示不同处理间差异显著（$P<0.05$）

显著，其中根部注射施肥与注水施肥+叶面喷施处理的西瓜单瓜重较对照分别显著提高了 25.27%和 16.97%，产量较对照分别提高了 33.53%和 24.66%。另外，补灌注水施肥与注水施肥+叶面喷施处理的西瓜产量较传统穴施也分别提高了 22.19%和 14.08%，且差异达到显著水平。

二、追肥方式对西瓜品质的影响

穴施、补灌注水施肥与注水施肥+叶面喷施处理的西瓜中心可溶性固形物含量较对照分别显著提高了 6.19%、9.84%和 10.20%（图 10-3）；边缘可溶性固形物含量较对照分别显著提高了 10.73%、15.48%和 16.68%，其中注水施肥+叶面喷施处理的西瓜边缘可溶性固形物含量较传统穴施也显著提高了 5.40%。另外，施用氮肥也显著提高了西瓜果实的 V_C 含量（图 10-4），穴施、补灌注水施肥与注水施肥+叶面喷施处理的西瓜果实 V_C 含量较对照分别显著提高了 9.89%、24.04%和 24.27%，其中补灌注水施肥与注水施肥+叶面喷施处理的西瓜果实 V_C 含量最高，较传统穴施处理分别显著提高了 12.88%和 13.10%。

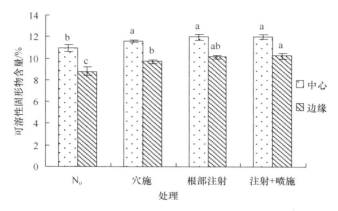

图 10-3　追肥方式对西瓜可溶性固形物的影响

不同小写字母表示不同处理间差异显著（$P < 0.05$）

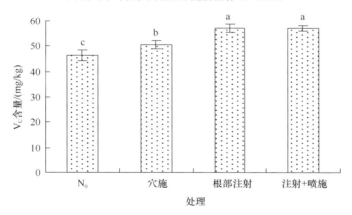

图 10-4　追肥方式对西瓜果实 V_C 含量的影响

不同小写字母表示不同处理间差异显著（$P < 0.05$）

第二节　钾、硼肥叶面喷施效应

一、钾、硼肥喷施对砂田西瓜单瓜重及产量的影响

单施硼肥处理中，$NB_{0.3}$ 处理的西瓜单瓜重及产量分别较 CK 增加了 14.43% 和 14.38%，且差异显著；$NB_{0.2}$ 和 $NB_{0.1}$ 处理的西瓜单瓜重及产量较 CK 均有所增加，但差异不显著。单施钾肥对西瓜单瓜重及产量也有所提高，但差异也不显

著。硼钾肥配施处理中，$NKB_{0.3}$ 与 $NKB_{0.2}$ 处理的西瓜单瓜重及产量均显著高于 CK，其单瓜重较 CK 分别提高了 18.79% 和 14.08%，产量较 CK 分别提高了 18.72% 和 14.01%（表 10-1）。

表 10-1　钾、硼肥喷施的西瓜单瓜重及产量

处理	单瓜重/kg	增加幅度/%	产量/（kg/hm²）	增加幅度/%
$NKB_{0.3}$	3.54aA	18.79	39 333.21aA	18.72
$NB_{0.3}$	3.41abAB	14.43	37 897.52aAB	14.38
$NKB_{0.2}$	3.40abAB	14.08	37 770.49abAB	14.01
$NKB_{0.1}$	3.30abcAB	10.74	36 700.01abcAB	10.77
NK	3.28abcAB	10.07	36 489.62abcAB	10.13
$NB_{0.2}$	3.21bcAB	7.72	35 693.04abcAB	7.73
$NB_{0.1}$	3.08cB	3.56	34 220.97bcB	3.29
CK（N）	2.98cB	——	33 131.96cB	——

注：同列数据后不同大、小写字母分别表示差异达极显著水平（$P<0.01$）和显著水平（$P<0.05$）

二、钾、硼肥喷施对砂田西瓜品质的影响

（一）对西瓜可溶性固形物含量、可溶性糖含量及有效酸度的影响

优质西瓜要求果实中心可溶性固形物含量超过 10%，达到 12% 左右，边缘可溶性固形物含量大于 8%，且中心与边缘含量差异越小越好。单施硼肥、钾肥及硼钾肥配施处理的西瓜中心可溶性固形物含量均极显著高于对照；单施 0.3% 硼肥、单施钾肥及硼钾肥配施处理的西瓜边缘可溶性固形物含量均极显著高于对照，且 $NKB_{0.3}$ 处理的西瓜中心与边缘可溶性固形物含量梯度最小，其中 $NKB_{0.3}$、$NKB_{0.2}$、$NKB_{0.1}$、$NB_{0.3}$、NK 处理的西瓜中心及边缘可溶性固形物含量均达到了优质西瓜的要求（表 10-2）。

西瓜可溶性糖含量与其感官鉴定各项指标表现出最大正相关，因此是衡量西瓜品质的主要依据。单施硼肥、钾肥及硼钾肥配施处理的西瓜可溶性糖含量也均极显著高于对照。就硼肥而言，$NB_{0.3}$、$NB_{0.2}$、$NB_{0.1}$ 处理的西瓜可溶性糖含量较 CK 分别提高了 1.52 个百分点、1.29 个百分点和 1.04 个百分点，其中 $NB_{0.3}$ 处理的西瓜可溶性糖含量又显著高于 $NB_{0.1}$；NK 处理的西瓜可溶性糖含量较 CK 提高了 1.42 个百分点；$NKB_{0.3}$、$NKB_{0.2}$、$NKB_{0.1}$ 处理的西瓜可溶性糖含量较 CK 分

别提高了 2.00 个百分点、1.85 个百分点和 1.69 个百分点。整体来看，$NKB_{0.3}$ 处理的西瓜可溶性糖含量显著高于单施硼肥及单施钾肥处理。

表 10-2　钾、硼肥喷施的西瓜可溶性固形物含量、糖含量及有效酸度

处理	中心可溶性固形物含量/%	边缘可溶性固性物含量/%	可溶性糖含量/%	有效酸度（pH）
$NKB_{0.3}$	11.9aA	9.2aA	11.47aA	5.71a
$NKB_{0.2}$	11.9aA	8.8abAB	11.32abAB	5.69a
$NKB_{0.1}$	11.8aA	8.7abAB	11.16abcABC	5.65a
$NB_{0.3}$	11.7aA	8.7abAB	10.99bcdABCD	5.63a
NK	11.6aAB	8.6bAB	10.89cdBCD	5.58a
$NB_{0.2}$	11.2bB	8.2bcBC	10.76deCD	5.52a
$NB_{0.1}$	11.0bB	7.8cC	10.51eD	5.46a
CK（N）	10.4cC	7.7cC	9.47fE	5.38a

注：同列数据后不同大、小写字母分别表示差异达极显著水平（$P<0.01$）和显著水平（$P<0.05$）

　　不同施肥处理的西瓜有效酸度较 CK 均有所上升，但差异没有达到显著水平，说明硼、钾肥单施及配施对西瓜有效酸度影响不明显。

（二）对西瓜维生素 C 含量的影响

　　单施硼肥处理的西瓜 V_C 含量均显著高于 CK（图 10-5），$NB_{0.3}$、$NB_{0.2}$、$NB_{0.1}$ 处理的西瓜 V_C 含量较 CK 分别提高了 13.85%、6.60% 和 4.67%，且 $NB_{0.3}$ 处理西瓜 V_C 含量又显著高于 $NB_{0.2}$ 和 $NB_{0.1}$，$NB_{0.2}$ 和 $NB_{0.1}$ 之间差异不显著。单施钾肥处理的西瓜 V_C 含量较 CK 提高了 24.15%，差异显著。硼钾肥配施处理的西瓜 V_C 含量也均显著高于 CK，$NKB_{0.3}$、$NKB_{0.2}$、$NKB_{0.1}$ 处理的西瓜 V_C 含量较 CK 分别提高了 31.08%、27.21% 和 25.93%，且 $NKB_{0.3}$ 处理显著高于 $NKB_{0.2}$ 和 $NKB_{0.1}$，$NKB_{0.2}$ 和 $NKB_{0.1}$ 之间差异不显著。从全部施肥处理对西瓜 V_C 含量的方差分析来看，硼钾肥配施处理高于单施钾肥，而单施钾肥处理又高于单施硼肥，且 $NKB_{0.3}$ 处理显著高于其他处理。

（三）对西瓜硝酸盐含量的影响

　　喷施硼、钾肥处理的西瓜硝酸盐含量均显著低于 CK（图 10-6），其中单施硼肥处理的 $NB_{0.3}$、$NB_{0.2}$、$NB_{0.1}$ 的西瓜硝酸盐含量较 CK 分别降低了 16.11%、14.98% 和 11.97%，且 $NB_{0.3}$ 和 $NB_{0.2}$ 处理显著低于 $NB_{0.1}$。单施钾肥处理的西瓜

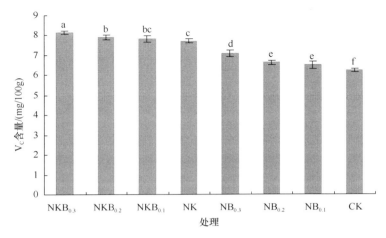

图 10-5 钾、硼肥喷施的西瓜 V_C 含量
不同小写字母表示不同处理间差异显著（$P<0.05$）

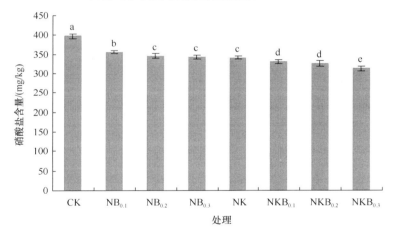

图 10-6 钾、硼肥喷施的西瓜硝酸盐含量
不同小写字母表示不同处理间差异显著（$P<0.05$）

硝酸盐含量较 CK 降低了 16.64%。硼钾肥配施处理的 $NKB_{0.3}$、$NKB_{0.2}$、$NKB_{0.1}$ 的西瓜硝酸盐含量较 CK 分别降低了 23.61%、20.85%和 19.35%，且 $NKB_{0.3}$ 处理显著低于 $NKB_{0.2}$ 和 $NKB_{0.1}$。从全部施肥处理对西瓜硝酸盐含量的方差分析来看，硼钾肥配施处理显著低于单施硼肥和钾肥，且 $NKB_{0.3}$ 处理显著低于其他处理。

三、小结

西北干旱压砂田年均降水量仅为 260mm，pH 为 8.3，且耕层土壤有效硼含量为 0.36mg/kg，按照土壤有效硼的标准，属缺硼土壤。在所有施肥处理中，$NKB_{0.3}$ 与 $NB_{0.3}$ 处理的压砂西瓜单瓜重与产量均显著高于 CK，说明施用浓度为 0.3% 的硼肥是提高压砂西瓜产量的主要因素。单施硼、钾肥均可提高压砂西瓜可溶性固形物、可溶性糖及 V_C 含量，降低硝酸盐含量，进而改善压砂西瓜品质。硼和钾之间存在明显的互作效应，施用适量硼肥可以促进植株对钾的吸收，而缺硼土壤施硼后，适量施钾又可以促进植株对硼的吸收，硼钾肥配施对提高压砂西瓜产量和品质的作用优于硼、钾肥单施。旱砂田西瓜叶面追肥适宜的硼肥浓度为 0.3%。

第三节　硒肥叶面喷施效应

硒是动物和人体必需的微量元素，具有多种生物学功能。据统计，全世界有 2/3 的地区为缺硒或低硒区，我国约有 72% 的县为低硒或缺硒区，其中近 1/3 为严重缺硒地区。缺硒可导致 40 多种硒缺乏病（如克山病）的发生，而仅靠天然食物中的硒一般不足以满足人体的正常需要。据报道，食用富硒食品是公认的最安全、最有效的补硒方法。已有研究表明，施用硒肥后粮食作物含硒量可比对照增加 3～32 倍，水果增加 2～4 倍，蔬菜增加 7～60 倍。因此通过对作物施硒，使无机硒转化为有机硒，提高人或动物体内硒含量是一条公认的安全、有效的补硒途径，对防治人体硒缺乏病具有重要的现实意义。

一、硒肥浓度对西瓜产量和品质的影响

不同浓度硒肥处理对西瓜产量和品质影响显著（表 10-3）。Se_{40}（硒肥浓度 40mg/L，依此类推）、Se_{60}、Se_{80}、Se_{100} 处理较 Se_0 西瓜显著增产 6.41%、12.60%、7.01% 和 5.91%，其中 Se_{60} 处理的西瓜产量显著高于其他处理。西瓜可溶性固形物含量随施用硒肥浓度的增加表现出先增加后降低的变化趋势，Se_{60} 处理的西瓜边缘可溶性固形物含量最高，较 Se_0 显著提高了 8.03%，且糖分梯度最低，较 Se_0 显著降低了 23.79%。Se_{60} 和 Se_{80} 处理的西瓜维生素 C 含量最高，较 Se_0 分别显著提高了 10.51% 和 15.74%。硒肥处理提高了西瓜果实的硝酸盐含量，且在一定

范围内也表现出随浓度的增加先增加后降低的变化趋势。

表 10-3　不同硒肥浓度处理的西瓜产量与品质

处理	产量/ （kg/hm²）	可溶性固形物含量			维生素 C 含量/（mg/kg）	硝酸盐含量/（mg/kg）
		中心/%	边缘/%	糖分梯度/%		
Se₀	45 058.13d	11.11a	8.84c	2.27a	56.40b	47.53a
Se₂₀	45 806.25cd	11.25a	9.28abc	1.98ab	58.21b	51.43a
Se₄₀	47 945.63b	11.33a	9.38ab	1.94ab	55.77b	51.68a
Se₆₀	50 736.88a	11.28a	9.55a	1.73b	62.33a	57.14a
Se₈₀	48 216.87b	11.12a	8.97bc	2.14ab	65.28a	54.73a
Se₁₀₀	47 722.50bc	11.01a	8.98bc	2.03ab	56.23b	49.81a

注：同一列中不同小写字母表示不同处理间差异显著（$P<0.05$）

二、硒肥浓度对西瓜大量元素吸收的影响

不同浓度硒肥处理可对西瓜果实氮、磷、钾大量元素的吸收产生显著影响（图 10-7）。各硒肥处理不同程度地促进了西瓜果实的氮素吸收，且随着硒肥浓度的增大西瓜氮素含量表现出先增加后降低的变化趋势，其中以 Se₄₀、Se₆₀、Se₈₀ 处理的西瓜氮素含量最高，较 Se₀ 处理分别显著提高了 13.95%、14.73% 和 12.40%。当硒肥浓度小于等于 80mg/L 时，对西瓜磷素含量影响不显著；大于 80mg/L 时，西瓜磷素含量显著降低，Se₁₀₀ 处理较 Se₀ 西瓜磷素含量降低了 27.27%。西瓜钾素含量随硒肥浓度的增加而增加，Se₆₀、Se₈₀、Se₁₀₀ 处理较 Se₀ 西瓜钾素含量分别显著提高了 120.09%、127.38% 和 229.70%。从以上分析可知，硒肥对西瓜大量元素养分吸收的影响为 K＞N＞P，且对氮素和钾素吸收的正效应比较显著，而对磷素吸收的负效应显著，硒肥浓度过大会对西瓜磷素吸收产生抑制作用。

三、硒肥浓度对西瓜中量元素吸收的影响

西瓜果实中镁素的含量约是钙素的 1.7 倍，硒肥对西瓜钙、镁中量元素吸收的影响结果基本相似，两者均随着硒肥浓度的增加表现出先增加后降低的变化趋势（图 10-8）。硒肥浓度在 20～60mg/L 时，能够促进西瓜对钙、镁养分的吸收；当施用浓度大于 60mg/L 时则会抑制钙、镁养分的吸收。Se₂₀、Se₄₀、Se₆₀ 处理的西瓜钙素含量较 Se₀ 分别显著提高了 33.72%、35.16% 和 48.29%，镁素含量较 Se₀ 分别显

著提高了 10.54%、10.30% 和 19.49%。由此可见，硒肥对西瓜钙素吸收的影响大于镁素。

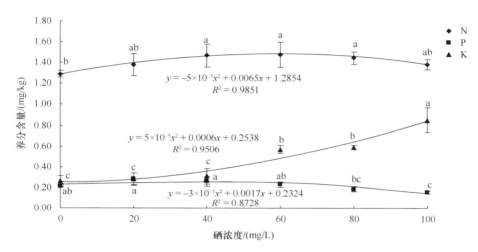

图 10-7 不同硒肥处理对西瓜氮磷钾大量元素吸收的影响
不同小写字母表示不同处理间差异显著（$P<0.05$）

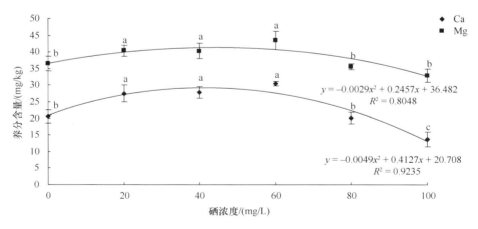

图 10-8 不同硒肥处理对西瓜钙、镁中量元素吸收的影响
不同小写字母表示不同处理间差异显著（$P<0.05$）

四、硒肥浓度对西瓜微量元素吸收的影响

施用硒肥能显著提高西瓜果实中硒素含量（图 10-9），且随着硒肥浓度的增加而提高，Se_{20}、Se_{40}、Se_{60}、Se_{80} 和 Se_{100} 处理的西瓜果实硒素含量较 Se_0 分别显著提高了 77.88%、113.16%、209.45%、224.88%和 252.08%，当硒肥浓度达到 60mg/L 以上时达到较高水平且趋于平缓。硒肥对西瓜锌、铁养分的吸收促进作用明显（图 10-10），西瓜果实中锌、铁养分含量大体上随着硒肥浓度的增加而提高，且以硒肥浓度达 60mg/L 以上时增幅显著，Se_{60}、Se_{80} 和 Se_{100} 处理的西瓜锌素含量较 Se_0 分别提高了 101.75%、94.74%和 230.70%，西瓜铁素含量较 Se_0 分别提高了 65.20%、72.16%和 126.01%。由此可见，西瓜果实中微量元素含量为 Fe>Zn>Se，而硒肥对西瓜果实微量元素吸收的促进作用为 Se>Zn>Fe。

五、西瓜大、中、微量元素吸收的相关性分析

西瓜果实养分吸收的相关性分析表明（表 10-4），钙与磷、镁，钾与锌、铁、硒，铁与锌、硒之间呈显著正相关，而磷与钾、铁之间呈显著负相关。表明中量元素钙与镁，微量元素硒、铁、锌之间具有相互促进吸收的作用。另外，施用硒肥能够显著提高西瓜果实硒素含量，而硒的吸收又能够促进西瓜对钾、锌和铁元素的吸收。

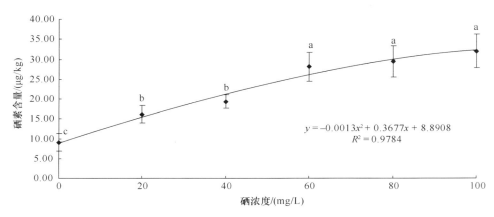

图 10-9　不同硒肥处理对西瓜硒元素吸收的影响

不同小写字母表示不同处理间差异显著（$P<0.05$）

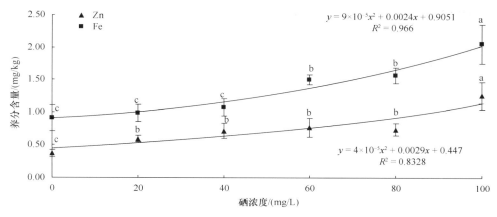

图 10-10　不同硒肥处理对西瓜锌、铁元素吸收的影响
不同小写字母表示不同处理间差异显著（$P<0.05$）

表 10-4　西瓜果实大、中、微量元素吸收之间的相关性

	N	P	K	Ca	Mg	Zn	Fe	Se
N	1	0.082	0.297	0.460	0.458	0.358	0.332	0.652
P		1	−0.839*	0.842*	0.770	−0.633	−0.824*	−0.621
K			1	−0.580	−0.479	0.907*	0.998**	0.906*
Ca				1	0.983**	−0.493	−0.571	−0.271
Mg					1	−0.412	−0.477	−0.204
Zn						1	0.923**	0.840*
Fe							1	0.920**
Se								1

*表示显著相关，**表示极显著相关

　　从不同硒肥浓度与西瓜营养元素吸收之间的相关性可以看出（表 10-5），当硒肥浓度小于等于 60mg/L 时，除磷素外，硒肥浓度与其他大、中、微量元素的吸收均呈显著正相关；而当硒肥浓度大于 60mg/L 时，硒肥浓度与氮、磷、钙、镁元素的吸收呈显著负相关；而西瓜对钾、锌、铁、硒等元素的吸收在 0～100mg/L，始终与硒肥浓度呈显著正相关。

表 10-5 不同硒肥浓度对西瓜大、中、微量元素吸收的相关性

硒肥浓度/（mg/L）	N	P	K	Ca	Mg	Zn	Fe	Se
≤60	0.959[*]	0.047	0.856[*]	0.917[*]	0.943[*]	0.962[*]	0.914[*]	0.986[*]
>60	−1.000[**]	−1.000[**]	1.000[**]	−1.000[**]	−1.000[**]	1.000[**]	1.000[**]	1.000[**]

*表示显著相关，**表示极显著相关

六、小结

喷施适宜浓度硒肥对西瓜增产提质及大、中、微量元素的吸收均具有促进作用，但浓度过大也会产生负面影响。综合考虑西瓜产量、品质及果实养分含量等因素，得出旱砂田西瓜适宜的硒肥喷施浓度为 60mg/L，较对照西瓜增产 12.60%，果实边缘可溶性固形物含量提高了 8.03%，糖分梯度降低了 23.79%，维生素 C 含量提高了 10.51%；果实氮、磷、钾大量元素含量分别提高了 14.73%、4.5%和 120.09%，钙、镁中量元素含量分别提高了 48.29%和 19.49%，硒、锌、铁等微量元素含量分别提高了 209.45%、101.75%和 65.20%。除钾外，硒肥对西瓜果实营养元素吸收的促进作用为微量元素＞中量元素＞大量元素；当硒肥浓度小于等于 60mg/L 时，对西瓜营养元素的吸收均具有促进作用；而当硒肥浓度大于 60mg/L 时，则会抑制西瓜对氮、磷、钙、镁等元素的吸收。

第十一章　旱砂田土壤培肥与改良技术

　　土壤肥力是农业可持续发展的基础资源,培肥是维持农业土壤肥力水平最主要的措施之一, 可以用来补偿由于养分随农产品收获及农作物废弃物（如秸秆）带出农田对土壤养分库亏损造成的影响。培肥是增加作物产量、提高作物质量和维持土壤肥力水平所不可或缺的农业措施。随着人们对农业土地开发强度的日益提高, 农业的投入和产出均呈现大幅度增加趋势,这一方面促进了农业生产力的巨大飞跃,另一方面也导致了一系列不可忽视的弊病, 主要表现为：农业产投比边际效应急剧下降, 农业物资大量消耗；不合理利用导致大量农田土壤质量退化（如土壤硝酸盐和总磷等盐分大量累积、土壤板结、土壤酸化等）,亟待改良培肥；劳动力成本剧增导致大量有机废弃物料被随意丢弃,这不仅会造成大量养分资源的损失,还会污染和破坏农村生态环境。在人们追求作物产量和品质提高的同时,如何维持农田土壤的较高肥力,同时避免农业面源污染,营建良好的农田生态环境,已成为目前农业现代化面临的焦点问题。

第一节　有机培肥技术

　　研究表明, 对耕地土壤培肥最有效的途径, 就是施用有机物料或有机肥料,即土壤有机培肥。长期以来,中国传统农业生产就是通过施用有机肥来培肥地力,提高农作物产量和品质。随着有机农业的蓬勃发展,提倡减少施用化肥和农药等化学合成物质的呼声越来越高,通过添加有机物料,培肥农田土壤越来越受到人们的重视。与施用常规化肥相比,施用有机肥能更好地提高土壤质量,使土壤具有较低容重和较高的孔隙度,导水性和缓冲性较好,促进作物根系发育,提高根系活力,增加作物光合作用强度,进而提高水肥利用效率,增加作物产量,改善作物品质。通过有机培肥不但可以培肥地力,提高土壤质量和农产品品质,而且可以加强有机废弃物料的循环利用,减少环境污染和化肥用量。目前政府部门也大力支持和鼓励农民多施用有机肥料,这对培肥地力,提高农产品品质,改善农业生态环境有着重要的作用。

一、有机肥的合理选择

砂田分布区域土壤多为黄绵土,是黄土母质经直接耕种而形成的一种幼年土壤,因土体疏松、软绵,土色浅淡而得名。黄绵土有机质含量低,呈强石灰性反应,土色浅,比热小,土温变幅大,又属热性土。当地农谚"凉地上热粪、热地上凉粪",这种凉热相济的施肥方式颇具高原特色。黑色土凉,色越黑,土越凉;淡色土热,色越淡,土越热。高山阴坡土凉,浅山阳坡土热,沙性胶性土都热。"阴山地马羊肥,阳山地猪牛肥"。说明阴山寒湿,有机质较多,施热性肥马羊粪最好;阳山温旱,施凉性的猪牛粪最好。当然,还要根据当地肥源、肥料养分含量、土壤肥力及种植作物需肥特性等合理选择有机肥(表 11-1)。

表 11-1　不同有机肥养分含量

有机肥	有机质/%	全氮/%	全磷/%	全钾/%
羊粪	19.68	0.679	0.349	2.59
牛粪	31.08	1.470	1.436	2.11
猪粪	18.69	1.505	3.302	1.52
鸡粪	21.05	2.464	2.386	2.30

(一)瓜-豆有机肥对西瓜生理生长的影响

1. 对叶绿素含量的影响

从西瓜不同生育时期的叶绿素含量来看,除坐果期外,不同施肥处理对西瓜叶片叶绿素含量影响显著,总体呈先升高后降低的变化趋势(表 11-2)。除西瓜坐果期养分从营养器官向果实运移导致叶片叶绿素含量差异不显著外,其他时期鸡粪和猪粪处理的叶绿素含量均显著高于化肥处理,其中苗期鸡粪和猪粪处理的叶绿素含量较化肥分别提高了 12.68% 和 10.02%,伸蔓期分别提高了 7.49% 和 5.48%。

表 11-2　不同施肥处理的西瓜叶绿素含量

处理	苗期	伸蔓期	坐果期
化肥	49.69b	60.77c	59.47a
牛粪	52.86ab	62.52bc	60.84a
鸡粪	55.99a	65.32a	61.32a
羊粪	50.03b	61.31c	60.41a
猪粪	54.67a	64.10ab	62.11a

注:同一列中不同小写字母表示不同处理间差异显著($P<0.05$)

2. 对主蔓长的影响

除苗期外，不同施肥处理对西瓜主蔓长影响显著（表 11-3）。伸蔓期猪粪处理的西瓜主蔓长较化肥处理显著增加了 40.02%；坐果期所有有机肥处理的西瓜主蔓长均显著高于化肥，牛粪、鸡粪、羊粪和猪粪处理较化肥处理分别增加了 62.84%、72.26%、29.69% 和 72.26%；至成熟期除羊粪处理外，牛粪、鸡粪和猪粪处理较化肥处理分别显著增加了 23.19%、29.84% 和 23.00%。由此可见，在旱砂田栽培模式下，有机肥，尤其是牛粪、鸡粪和猪粪，较化肥相比能够促进西瓜植株的生长。

表 11-3　不同施肥处理的西瓜主蔓长　　　　（单位：cm）

处理	苗期	伸蔓期	坐果期	成熟期
化肥	6.9a	90.7bc	92.3c	156.5c
牛粪	6.2a	108.2ab	150.3a	192.8ab
鸡粪	6.8a	106.7ab	159.0a	203.2a
羊粪	6.8a	71.3c	119.7b	162.7bc
猪粪	7.0a	127.0a	159.0a	192.5ab

注：同一列中不同小写字母表示不同处理间差异显著（$P<0.05$）

3. 对植株干重的影响

除羊粪处理外，西瓜不同生育时期各有机肥处理的植株干重均显著高于化肥处理（表 11-4），其中牛粪、鸡粪和猪粪处理的植株干重较化肥处理在西瓜苗期分别增加了 62.57%、53.07% 和 59.22%，伸蔓期分别提高了 70.18%、57.53% 和 105.32%，坐果期分别提高了 121.32%、120.45% 和 106.80%，成熟期分别提高了 39.81%、66.53% 和 48.43%。由以上分析可知，不同有机肥较化肥对植株干重的增加幅度在西瓜苗期至坐果期随着生育时期的推移而逐渐增大，在坐果期至成熟期随着生长中心的转移而减小，表明有机肥较化肥具有较强的供肥持续性。

表 11-4　不同施肥处理的西瓜植株干重　　　　（单位：g/株）

处理	苗期	伸蔓期	坐果期	成熟期
化肥	1.79b	33.27c	43.38c	88.08c
牛粪	2.91a	56.62b	96.01a	123.14ab
鸡粪	2.74a	52.41b	95.63a	146.68a
羊粪	1.57b	23.70c	67.02b	96.73bc
猪粪	2.85a	68.31a	89.71a	130.74a

注：同一列中不同小写字母表示不同处理间差异显著（$P<0.05$）

（二）瓜-豆有机肥对西瓜产量、品质的影响

牛粪、鸡粪和猪粪处理的西瓜产量较化肥处理分别显著提高了 27.38%、31.59% 和 30.15%（表 11-5），而羊粪处理的西瓜产量与化肥处理间差异不显著，甚至还略低于化肥处理。猪粪处理的西瓜中心、边缘可溶性固形物含量较化肥处理分别显著提高了 5.48% 和 11.57%，且在所有处理中西瓜的糖分梯度最小，为 1.32%；牛粪和鸡粪处理较化肥处理相比对西瓜可溶性固形物含量也有提高作用，但差异不显著；羊粪处理的西瓜可溶性固形物含量最低，且糖分梯度最大，为 1.92%，表明施用羊粪不利于西瓜的糖分积累。V_C 含量是衡量蔬果品质的一个重要指标，鸡粪和猪粪处理的西瓜 V_C 含量较化肥处理分别显著提高了 10.82% 和 19.93%。除羊粪处理外，其他有机肥处理较化肥在提高西瓜其他品质指标的同时，也不同程度地提高了西瓜硝酸盐含量，但硝酸盐含量远小于 600mg/kg。

表 11-5　不同施肥处理的西瓜产量与品质

处理	产量/（kg/hm²）	可溶性固形物含量/%		维生素 C 含量/（mg/kg）	硝酸盐含量/（mg/kg）
		中心	边缘		
化肥	36 163.75b	10.94bc	9.16bc	47.32cd	54.32bc
牛粪	46 064.38a	11.30ab	9.53abc	49.26c	56.37bc
鸡粪	47 586.88a	11.34ab	9.57ab	52.44b	62.63b
羊粪	32 541.25b	10.75c	8.83c	46.55d	49.31c
猪粪	47 066.25a	11.54a	10.22a	56.75a	74.74a

注：同一列中不同小写字母表示不同处理间差异显著（$P<0.05$）

（三）瓜-豆有机肥对西瓜养分吸收、积累的影响

1. 对氮素吸收积累的影响

西瓜植株的氮素含量随着生育时期的推移而递减（表 11-6），苗期和伸蔓期不同处理的植株氮素含量总体表现为猪粪＞鸡粪＞牛粪＞化肥＞羊粪，其中猪粪、鸡粪和牛粪处理较羊粪处理在苗期植株氮素含量分别显著提高了 17.05%、10.81% 和 9.93%，伸蔓期分别显著提高了 13.32%、13.07% 和 11.46%。在西瓜坐果期由于植株氮素发生转运，除羊粪处理外，牛粪、鸡粪和猪粪处理的植株氮素含量较化肥处理分别显著降低了 15.00%、7.83% 和 5.71%。至西瓜成熟期，所有有机肥处理的植株氮素含量均显著低于化肥处理，牛粪、鸡粪、羊粪、猪粪处理较化肥处理分别降低了 11.84%、17.86%、11.23% 和 15.11%。

表 11-6　不同施肥处理的西瓜植株氮素含量　　　　（单位：g/kg）

处理	苗期	伸蔓期	坐果期	成熟期
化肥	47.78b	44.17ab	42.92a	24.75a
牛粪	48.93b	46.29a	36.48d	21.82b
鸡粪	49.32ab	46.96a	39.56c	20.33b
羊粪	44.51c	41.53b	42.30ab	21.97b
猪粪	52.10a	47.06a	40.47bc	21.01b

注：同一列中不同小写字母表示不同处理间差异显著（$P<0.05$）

　　西瓜不同生育时期植株氮素积累量受植株干重和氮素含量的共同影响，除化肥处理外，总体表现出先增加后降低的变化趋势，其中苗期至伸蔓期植株氮素积累最快，坐果后由于氮发生转运而降低。除羊粪处理外，其他有机肥处理的西瓜各生育时期植株氮素积累量均显著高于化肥处理。牛粪、鸡粪和猪粪处理在西瓜苗期较化肥处理分别提高了 58.70%、52.17%和 69.57%，伸蔓期分别提高了 78.46%、68.14%和 119.08%，坐果期分别提高了 87.07%、102.39%和 94.14%，成熟期分别提高了 23.34%、37.04%和 25.66%。从西瓜果实及生育期总氮素积累量来看，只有鸡粪和猪粪处理显著高于化肥处理，其中果实氮素积累量较化肥处理分别提高了 41.05%和 57.22%，总氮素积累量分别提高了 39.80%和 47.37%。以上分析表明，随着西瓜的生长发育，鸡粪和猪粪对西瓜营养生长期和生殖生长期的氮素积累均具有促进作用。不同有机肥处理在西瓜果实发育期均有 20%以上的氮素养分来自营养器官的转运，而化肥处理氮运转量为负值，表明有机肥处理更有利于氮素的循环与利用。猪粪处理的西瓜氮素收获指数最高，较化肥处理显著提高了 24.32%（表 11-7）。

表 11-7　不同施肥处理对西瓜氮素积累和利用的影响

处理	苗期/（kg/hm²）	伸蔓期/（kg/hm²）	坐果期/（kg/hm²）	成熟期/（kg/hm²）			氮素转运量/（kg/hm²）	氮素转运率/%	氮素收获指数
				植株	果实	总积累量			
化肥	0.92b	15.41c	19.64c	22.84b	50.23b	73.07bc	−3.20b	—	2.22b
牛粪	1.46a	27.50b	36.74a	28.17a	64.13ab	92.30ab	8.57a	23.43a	2.27b
鸡粪	1.40a	25.91b	39.75a	31.30a	70.85a	102.15a	8.45a	21.37a	2.52ab
羊粪	0.73c	10.27c	29.74b	22.31b	48.00b	70.31c	7.43a	24.76a	2.14b
猪粪	1.56a	33.76a	38.13a	28.70a	78.97a	107.68a	9.43a	24.83a	2.76a

注：同一列中不同小写字母表示不同处理间差异显著（$P<0.05$）

2. 对磷素吸收积累的影响

不同施肥处理的西瓜植株磷素含量也随生育时期的推移整体呈下降趋势，其中苗期至伸蔓期保持相对稳定，伸蔓期后下降较为迅速。在西瓜营养生长期，除羊粪外，其他有机肥处理的西瓜植株磷素含量也显著高于化肥处理，牛粪、鸡粪和猪粪处理在西瓜苗期较化肥处理分别提高了 26.32%、21.58%和29.74%，在伸蔓期分别提高了 15.32%、10.91%和 16.10%，在坐果期分别提高了 5.65%、7.97%和 16.61%，至成熟期，所有施肥处理的植株磷素含量差异不显著。以上分析表明，有机肥处理较化肥处理能够促进植株对磷素的吸收，且随着西瓜的生长增加量逐渐减少，其中以猪粪处理的植株磷素含量最高（表 11-8）。

表 11-8　不同施肥处理的西瓜植株磷素含量　　　（单位：g/kg）

处理	苗期	伸蔓期	坐果期	成熟期
化肥	3.80b	3.85b	3.01c	2.00a
牛粪	4.80a	4.44a	3.18bc	2.09a
鸡粪	4.62a	4.27a	3.25b	2.18a
羊粪	3.63b	3.72b	3.05c	2.15a
猪粪	4.93a	4.47a	3.51a	2.29a

注：同一列中不同小写字母表示不同处理间差异显著（$P<0.05$）

从不同施肥处理西瓜各生育时期的磷素积累量来看，除羊粪外，其他有机肥处理的磷素积累量均显著高于化肥处理。牛粪、鸡粪和猪粪处理的植株磷素积累量较化肥处理在苗期分别提高了 114.29%、85.71%和 114.29%，伸蔓期分别提高了 97.01%、74.63%和 138.06%，坐果期分别提高了 134.31%、137.96%和140.88%，成熟期分别提高了 45.65%、82.07%和69.02%，果实磷素积累量分别提高了 49.77%、42.34%和53.57%，生育期磷素总积累量分别提高了 49.29%、48.25%和55.87%（表 11-9）。

3. 对钾素吸收积累的影响

不同有机肥处理的西瓜苗期植株钾素含量与化肥处理差异不显著,伸蔓期和坐果期鸡粪和猪粪处理的植株钾素含量显著高于化肥处理,其中伸蔓期分别提高了 21.25%和14.14%，坐果期分别提高了 27.41%和25.94%，至成熟期，除牛粪处理外，其他处理间差异未达到显著水平（表 11-10）。

表 11-9　不同施肥处理对西瓜磷素积累的影响　　（单位：kg/hm²）

处理	苗期	伸蔓期	坐果期	成熟期		
				植株	果实	总积累量
化肥	0.07b	1.34c	1.37c	1.84c	10.77b	12.60b
牛粪	0.15a	2.64b	3.21a	2.68b	16.13a	18.81a
鸡粪	0.13a	2.34b	3.26a	3.35a	15.33a	18.68a
羊粪	0.06b	0.93d	2.14b	2.18c	8.72c	10.90b
猪粪	0.15a	3.19a	3.30a	3.11a	16.54a	19.64a

注：同一列中不同小写字母表示不同处理间差异显著（$P<0.05$）

表 11-10　　不同施肥处理的西瓜植株钾素含量　　（单位：g/kg）

处理	苗期	伸蔓期	坐果期	成熟期
化肥	19.22ab	14.07b	10.91b	5.98b
牛粪	24.04a	16.40a	12.41ab	7.98a
鸡粪	21.88ab	17.06a	13.90a	6.32b
羊粪	18.56b	14.57b	13.24ab	4.99b
猪粪	23.21a	16.06a	13.74a	5.65b

注：同一列中不同小写字母表示不同处理间差异显著（$P<0.05$）

　　除羊粪处理外，西瓜各生育时期不同有机肥处理的钾素积累量均显著高于化肥处理，其中牛粪、鸡粪和猪粪处理在营养生长最旺盛的坐果期较化肥处理分别提高了 153.16%、185.34% 和 164.15%，果实钾素积累量分别提高了 25.57%、34.59%和 54.04%，生育期总钾素积累量分别提高了35.83%、41.57%和51.94%。除化肥处理外，不同有机肥处理果实发育期营养器官的钾素均发生了不同程度的转运，且以鸡粪、羊粪和猪粪处理的钾素转运量和转运率较高（表 11-11）。

表 11-11　　不同施肥处理对西瓜钾素积累和利用的影响

处理	苗期/（kg/hm²）	伸蔓期/（kg/hm²）	坐果期/（kg/hm²）	成熟期/（kg/hm²）			钾素转运量/（kg/hm²）	钾素转运率/%	钾素收获指数
				植株	果实	总积累量			
化肥	0.36b	4.90b	4.91c	5.48c	27.96c	33.44b	−0.57c	—	5.12ab
牛粪	0.74a	9.77a	12.43a	10.30a	35.11b	45.42a	2.13b	17.46c	3.47b
鸡粪	0.62a	9.38a	14.01a	9.71ab	37.63ab	47.34a	4.30a	30.44b	3.90b
羊粪	0.31b	3.61b	9.29b	5.02c	22.73c	27.75b	4.27a	46.09a	4.65ab
猪粪	0.69a	11.52a	12.97a	7.74b	43.07a	50.81a	5.23a	40.25ab	5.69a

注：同一列中不同小写字母表示不同处理间差异显著（$P<0.05$）

（四）不同有机肥对土壤养分含量的影响

不同有机肥处理西瓜收获后 0～20cm 土壤养分含量较施用化肥处理相比均有所提高，其中猪粪处理的土壤有机质和速效磷含量显著高于其他施肥处理，较化肥处理分别提高了 30.41% 和 78.88%，鸡粪处理对提高土壤速效钾养分含量效果明显，较化肥处理显著提高了 40.40%（表 11-12）。

表 11-12　不同施肥处理西瓜收获后土壤养分状况

处理	有机质/（g/kg）	速效氮/（mg/kg）	速效磷/（mg/kg）	速效钾/（mg/kg）
化肥	4.11b	29.56a	12.31b	105.33b
牛粪	4.69b	31.48a	14.65b	113.14b
鸡粪	4.56b	33.41a	14.21b	147.88a
羊粪	4.27b	31.48a	13.41b	112.05b
猪粪	5.36a	32.20a	22.02a	126.72ab

注：同一列中不同小写字母表示不同处理间差异显著（$P<0.05$）

（五）小结

对等养分条件下不同有机肥处理对旱砂田西瓜生长发育和养分吸收利用的研究表明，施用牛粪、鸡粪和猪粪处理的效果优于化肥和羊粪，西瓜产量较化肥处理显著提高了 27.38%～31.59%，总氮素积累量提高了 26.32%～47.37%，总磷素积累量提高了 48.25%～55.87%，总钾素积累量提高了 35.83%～51.94%。从对西瓜的品质影响来看，仅猪粪处理的西瓜品质指标显著高于化肥处理，其中心、边缘可溶性固形物含量分别提高了 5.48% 和 11.57%，且糖分梯度最小，V_C 含量显著提高了 19.93%。从土壤培肥方面来看，猪粪处理的土壤有机质和速效磷含量也显著高于其他施肥处理，这对改善我国西北砂田土壤肥力特征是至关重要的。从西瓜生长发育、产量、品质、养分吸收及土壤肥力等指标综合考虑，有机肥效果为猪粪＞鸡粪＞牛粪＞羊粪。

二、有机肥化肥配施技术

施用化肥的主要目的是通过增加土壤速效养分含量，从而提高土壤供肥强度；而添加有机肥则是为了通过改善土壤养分库容，提高土壤供肥容量，而二者配合施用，则可以兼顾二者的双重特点，对于培肥土壤和提高作物产量的效果更为显著，从而推动农业的可持续发展。

（一）有机肥化肥配施对西瓜生理生长的影响

1. 对西瓜出苗率与成活率的影响

砂田连作障碍和化肥施用不当均会影响西瓜的出苗率（图 11-1）与成活率（图 11-2），进而影响产量。试验证明，50%以上氮素由有机肥提供的西瓜出苗率和成活率显著高于单施化肥处理；有机肥提供 50%、75%和 100%氮素处理的西瓜出苗率较单施化肥处理显著提高了 8%、11%和 19%，成活率分别显著提高了26%、30%和 34%，其中以全有机肥处理的西瓜出苗率和成活率最高，均达到了90%以上。表明增施有机肥能缓解连作障碍对西瓜生长的影响。

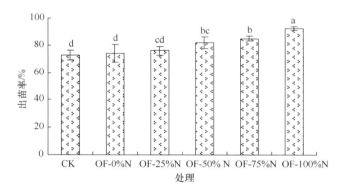

图 11-1　有机肥化肥配施的西瓜出苗率

不同小写字母表示不同处理间差异显著（$P<0.05$）

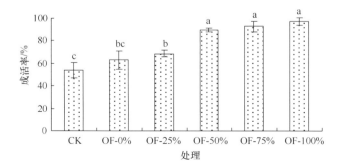

图 11-2　有机肥化肥配施的西瓜成活率

不同小写字母表示不同处理间差异显著（$P<0.05$）

2. 对叶绿素含量的影响

从西瓜苗期至坐果期叶片叶绿素含量整体随着有机肥施用量的增加而提高，其中有机肥提供 50%及以上氮养分处理的叶绿素含量显著高于单施化肥处理，OF-50%N、OF-75%N 和 OF-100%N 处理较 OF-0%N 处理在西瓜苗期分别提高了 13.80%、14.83%和 23.27%，伸蔓期分别提高了 4.57%、5.97%和 9.46%，至西瓜坐果期，除对照外，各施肥处理间差异不显著（表 11-13）。

表 11-13 有机肥化肥配施的西瓜叶绿素含量

处理	苗期	伸蔓期	坐果期
CK	47.19c	56.19d	56.82b
OF-0%N	48.48c	61.30c	61.99a
OF-25%N	53.66b	62.80bc	61.78a
OF-50%N	55.17ab	64.10b	63.83a
OF-75%N	55.67ab	64.96ab	63.22a
OF-100%N	59.76a	67.10a	62.37a

注：同一列中不同小写字母表示不同处理间差异显著（$P<0.05$）

3. 对植株干重的影响

从苗期至坐果期，即西瓜营养生长期，西瓜植株干物质积累量整体上随有机肥施用量的增加而提高，且有机肥提供 50%及以上氮养分处理的西瓜植株干重均显著高于单施化肥处理，OF-50%N、OF-75%N 和 OF-100%N 处理较 OF-0%N 在西瓜苗期分别提高了 123.53%、146.08%和 115.69%，伸蔓期分别提高了 165.66%、169.85%和163.63%，坐果期分别提高了 81.40%、93.55%和110.89%。坐果后至成熟期，即西瓜生殖生长期，除对照外，植株干物质积累量则随有机肥施用量的增加而降低（表 11-14）。

表 11-14 有机肥化肥配施的西瓜植株干重 （单位：g/株）

处理	苗期	伸蔓期	坐果期	成熟期
CK	0.91d	10.34c	45.92c	75.56b
OF-0%N	1.02d	12.87c	65.11bc	123.98a
OF-25%N	1.99c	25.60b	85.76b	131.93a
OF-50%N	2.28ab	34.19a	118.11a	135.31a
OF-75%N	2.51a	34.73a	126.02a	136.48a
OF-100%N	2.20bc	33.93a	137.31a	143.90a

注：同一列中不同小写字母表示不同处理间差异显著（$P<0.05$）

（二）有机肥化肥配施对西瓜产量、品质的影响

有机肥化肥配施处理的西瓜产量均显著高于单施化肥处理，OF-25%N、OF-50%N、OF-75%N 和 OF-100%N 处理较 OF-0%N 处理分别增产 36.93%、42.00%、56.64%和 46.49%。有机肥化肥配施对提高西瓜边缘可溶性固形物含量效果显著，OF-25%N、OF-50%N、OF-75%N 和 OF-100%N 处理较 OF-0%N 处理分别显著提高了 7.64%、7.87%、11.12%和 11.24%。西瓜维生素 C 含量随着有机肥施用量的增加而提高，其中全有机肥处理较单施化肥显著提高了10.25%。西瓜硝酸盐含量随着有机肥施用量的增加表现出先降低后升高的变化趋势，其中 OF-50%N 处理的西瓜硝酸盐含量最低，较 OF-0%N 处理显著降低了 24.21%（表 11-15）。

表 11-15　有机肥化肥配施的西瓜产量与品质

处理	产量/（kg/hm²）	可溶性固形物		维生素 C 含量/（mg/kg）	硝酸盐含量/（mg/kg）
		中心/%	边缘/%		
CK	25 130.00c	10.81c	8.86b	38.61c	31.25c
OF-0%N	30 193.33c	11.16bc	8.90b	44.97b	48.41a
OF-25%N	41 343.75b	11.26ab	9.58a	45.99b	39.66b
OF-50%N	42 875.00ab	11.29ab	9.60a	47.37ab	36.69bc
OF-75%N	47 293.75a	11.60a	9.89a	47.64ab	48.65a
OF-100%N	44 231.25ab	11.28ab	9.90a	49.58a	51.84a

注：同一列中不同小写字母表示不同处理间差异显著（$P<0.05$）

（三）有机肥化肥配施对西瓜氮素养分吸收、利用的影响

不同施肥处理间苗期至伸蔓期西瓜植株氮素含量整体上随有机肥施用量的增加而提高，OF-50%N、OF-75%N 和 OF-100%N 处理较 OF-0%N 处理在苗期分别显著提高了 11.53%、19.58%和 20.24%，伸蔓期分别显著提高了 4.93%、6.00%和 7.92%。坐果期至成熟期西瓜植株氮素含量随有机肥施用量的增加先降低后增加，OF-50%N、OF-75%N 和 OF-100%N 处理较 OF-0%N 处理在坐果期分别显著降低了 4.30%、11.07%和 9.46%，在成熟期分别显著降低了 14.59%、23.18%和15.83%（表 11-16）。

表 11-16　有机肥化肥配施的西瓜植株氮素含量　　　　　（单位：g/kg）

处理	苗期	伸蔓期	坐果期	成熟期
CK	39.66c	36.58c	40.04c	22.88bc
OF-0%N	42.49c	44.85b	44.70a	27.35a
OF-25%N	48.74ab	45.33b	43.64ab	23.70b
OF-50%N	47.39b	47.06a	42.78b	23.36bc
OF-75%N	50.81a	47.54a	39.75c	21.01c
OF-100%N	51.09a	48.40a	40.47c	23.02bc

注：同一列中不同小写字母表示不同处理间差异显著（P＜0.05）

　　从西瓜苗期至坐果期，即营养生长阶段，植株氮素积累量呈逐渐增加的趋势，尤其从伸蔓期至坐果期增加最为迅速，坐果后由于植株氮素向果实的转运，除 OF-0%N 单施化肥处理外，其他处理植株氮素积累量均出现不同程度的降低。在不同施肥处理间，从西瓜苗期至坐果期，化肥有机肥配施处理的植株氮素积累量均显著高于单施化肥处理，OF-25%N、OF-50%N、OF-75%N 和 OF-100%N 处理较 OF-0%N 处理在苗期分别增加了 121.74%、145.65%、191.30%和 156.52%，伸蔓期分别提高了 101.49%、179.67%、186.28%和 184.96%，坐果期分别提高了 28.89%、73.34%、71.87%和90.58%，西瓜成熟期除对照外，所有施肥处理间差异不显著。OF-50%N、OF-75%N 和 OF-100%N 处理的西瓜果实氮素积累量较OF-0%N 处理分别显著提高了 37.36%、41.33%和34.58%，生育期总氮素积累量较 OF-0%N 处理分别显著提高了 19.03%、18.01%和 19.13%。氮素转运量和转运率是"源-库"关系纽带，单施化肥处理由于养分释放速率较快，在西瓜坐果期进行了追肥，因此果实发育主要靠外源氮素养分的供给，氮素转运量为负值。其余施肥处理氮素转运量则随着有机肥施用量的增加而提高，其中以有机肥提供 50%及以上氮营养的氮素转运量最高，转运率达到 37.16%~40.42%。有机肥化肥配施较单施化肥也不同程度地提高了西瓜的氮肥利用率，其中 OF-50%N、OF-75%N 和 OF-100%N 处理较 OF-0%N 处理分别显著提高了 50.18%、47.49%和50.48%（表 11-17）。

（四）有机肥化肥配施对土壤肥力的影响

1. 对土壤养分的影响

　　从西瓜收获后 0~20cm 的土壤养分状况可以看出，有机肥化肥配施较单施化肥处理整体上可不同程度提高土壤有机质、速效氮和速效磷含量，其中以有机

表 11-17　有机肥化肥配施的西瓜氮素积累和氮肥利用率

处理	苗期/（kg/hm²）	伸蔓期/（kg/hm²）	坐果期/（kg/hm²）	成熟期/（kg/hm²）			氮素转运量/（kg/hm²）	氮素转运率/%	氮肥利用率/%
				植株	果实	总积累量			
CK	0.38d	3.98c	19.34d	18.13b	36.79c	54.92c	1.21c	4.92c	—
OF-0%N	0.46d	6.05c	30.57c	35.97a	52.46b	88.43b	−5.40d	—	16.76b
OF-25%N	1.02c	12.19b	39.40b	32.83a	64.53ab	97.36ab	6.57b	16.46b	21.22ab
OF-50%N	1.13bc	16.92a	52.99a	33.20a	72.06a	105.26a	19.79a	37.16a	25.17a
OF-75%N	1.34a	17.32a	52.54a	30.21a	74.14a	104.36a	22.33a	42.65a	24.72a
OF-100%N	1.18b	17.24a	58.26a	34.76a	70.60a	105.35a	23.51a	40.42a	25.22a

注：同一列中不同小写字母表示不同处理间差异显著（$P<0.05$）

肥提供 50%及以上氮营养处理的效果最为显著。OF-50%N、OF-75%N 和 OF-100%N 处理较 OF-0%N 处理土壤有机质分别提高了 51.01%、61.62%和 111.87%，土壤速效氮含量分别提高了 237.64%、90.24%和 97.78%，土壤速效磷含量分别提高了 167.27%、200.72%和 271.33%，除对照外，其他施肥处理的土壤速效钾含量差异不显著。由以上分析可知，有机肥化肥配施对旱砂田西瓜土壤养分含量的影响整体上表现为速效磷＞速效氮＞有机质＞速效钾，这对西北旱区缺磷的砂田土壤培肥至关重要（表 11-18）。

表 11-18　有机肥化肥配施对土壤养分的影响

处理	有机质/（g/kg）	速效氮/（mg/kg）	速效磷/（mg/kg）	速效钾/（mg/kg）
CK	3.65d	19.47c	21.57c	186.40a
OF-0%N	3.96d	31.96c	16.71c	171.53ab
OF-25%N	4.67cd	30.28c	17.91c	153.35ab
OF-50%N	5.98bc	107.91a	44.66b	141.13b
OF-75%N	6.40b	60.80b	50.25b	143.44b
OF-100%N	8.39a	63.21b	62.05a	155.01ab

注：同一列中不同小写字母表示不同处理间差异显著（$P<0.05$）

2. 对土壤酶活性的影响

有机肥化肥配施除对土壤过氧化氢酶活性无显著影响外，均不同程度地提高了土壤蔗糖酶、脲酶及磷酸酶活性，其中以有机肥提供 75%氮素处理的土壤酶活性最高，蔗糖酶、脲酶、磷酸酶活性较单施化肥处理分别提高了 201.17%、352.84%、100.00%（表 11-19）。

表 11-19　有机肥化肥配施对土壤酶活性的影响

处理	过氧化氢酶 [0.02mol/L KMnO₄ mg/ (g·20min)]	蔗糖酶 [Glu. mg/ (g·24h)]	脲酶 [NH₃-N μg/(g·24h)]	磷酸酶 [C₆H₅OH mg/ (g·24h)]
CK	1.21a	2.50c	86.20d	0.12b
OF-0%N	1.24a	2.57c	92.07d	0.13b
OF-25%N	1.21a	4.35b	145.03cd	0.16b
OF-50%N	1.13a	5.01b	259.66b	0.25a
OF-75%N	1.17a	7.74a	416.93a	0.26a
OF-100%N	1.16a	4.85b	168.21c	0.16b

注：同一列中不同小写字母表示不同处理间差异显著（$P<0.05$）

3. 对土壤微生物区系的影响

施用有机肥能不同程度改善土壤微生物区系。其中有机肥提供 75% 以上氮素处理的土壤微生物含量最高，OF-75%N 和 OF-100%N 处理的土壤细菌数量较单施化肥分别提高了 1.84 倍和 2.06 倍，真菌数量分别提高了 8.98 倍和 7.80 倍，放线菌数量分别提高了 1.64 倍和 1.41 倍。可见施用有机肥对土壤真菌数量的影响最大（表 11-20）。

表 11-20　有机肥化肥配施对土壤微生物区系的影响　（单位：CFU/g 干土）

处理	细菌	真菌	放线菌
CK	$2.71×10^6$c	$5.02×10^3$c	$4.59×10^5$bc
OF-0%N	$2.99×10^6$c	$4.99×10^3$c	$3.28×10^5$c
OF-25%N	$3.08×10^6$bc	$5.68×10^3$c	$4.05×10^5$bc
OF-50%N	$4.50×10^6$b	$1.36×10^4$b	$5.54×10^5$b
OF-75%N	$8.49×10^6$a	$4.98×10^4$a	$8.66×10^5$a
OF-100%N	$9.15×10^6$a	$4.39×10^4$a	$7.89×10^5$a

注：同一列中不同小写字母表示不同处理间差异显著（$P<0.05$）

（五）经济效益分析

砂田有机肥配施的成本总投入均高于单施化肥，其中 OF-0%N、OF-25%N、OF-50%N、OF-75%N 和 OF-100%N 处理的肥料投入成本分别为 4815 元/hm²、4483 元/hm²、4149 元/hm²、3829 元/hm²、3470 元/hm²，表明随有机肥施用量的增加，肥料投入成本逐渐降低。有机肥施用总成本的增加主要是因为劳动力投入成本的增加。由于旱砂田土壤表层有砂砾覆盖，有机肥条施存在起砂、施肥、翻土、耙糖、镇压、覆砂等烦琐环节，施一次有机肥劳动力投入成本至少增加 4500 元/hm²，这也是旱砂田有机肥施用次数减少的主要原因。而施用有机肥后西瓜增产效果显著，并且西瓜增产带来的经济收入也大于其劳动力成本投入，因此经济效益也随之增加，OF-25%N、OF-50%N、OF-75%N 和 OF-100%N 处理的西瓜经济效益较 OF-0%N 处理分别提高了 4483 元/hm²、10 444 元/hm²、12 779 元/hm² 和 13 685 元/hm²（表 11-21）。

表 11-21　有机肥化肥配施的西瓜经济效益分析　（单位：元/hm²）

处理	成本					总收入	经济效益
	地膜	农家肥	化肥	人工	合计		
OF-0%N	715	0	4 815	7 500	13 030	22 578	9 548
OF-25%N	715	872	3 611	12 000	17 198	31 229	14 031
OF-50%N	715	1 741	2 408	12 000	16 864	36 856	19 992
OF-75%N	715	2 625	1 204	12 000	16 544	38 871	22 327
OF-100%N	715	3 470	0	12 000	16 185	39 418	23 233

注：地膜用量 53kg/hm²，单价 13.5 元/kg；农家肥 0.1 元/kg，尿素 2.5 元/kg，过磷酸钙肥 0.8 元/kg，硫酸钾肥 6 元/kg；人工 100 元/天；西瓜市场批发价 0.8 元/kg

（六）小结

有机肥料的有效施用是提升砂田土壤肥力的关键措施。当有机肥提供 50% 及以上氮养分时较单施化肥均具有增产、提质、增效和土壤培肥的作用。然而，施用传统有机肥料由于需要大量日趋昂贵的劳动力投入而逐渐被化肥的施用所代替，长期单施化肥会导致西瓜产量、品质、肥料利用率下降，土壤理化性状变劣，土壤肥力指标降低，产生严重的连作障碍问题。因此，重建砂田土壤养分库，提高土壤肥力及作物产量和品质已成为当前急需解决的难题。为解决这一供需矛盾，还需加强土壤有机肥施用精细化、轻简化和高效化方面的研究。

第二节　微生物菌剂利用技术

砂田铺设后的前 20 年主要以西甜瓜种植为主，而西甜瓜在长期连作中一方面会对特定土壤养分进行消耗，造成养分比例失调，使得土壤理化性状恶化；另一方面缺乏相应的调节机制，会使有益菌群数量下降，有害菌群比例增加，导致土壤微生物区系变化，土传病害日趋严重。据调查，2013 年西瓜土传病害在宁夏中卫市压砂 7 年以上的地块发病严重，死株率达 40%～80%，即使应用了以白籽南瓜作砧木的嫁接育苗种植方法，死株率也达 10%～40%，重者毁产。随着压砂地的持续利用和西瓜的连年种植，病害的发生和危害已成为制约和影响砂田西瓜可持续发展的主要瓶颈。

微生物菌剂是一类能共生的、有互补作用的、人工培植的微生物菌群经混合后制成水剂、粉剂、固体剂的活性物质，它含有大量的有益活菌物质及多种天然发酵活性物质，能够在根区土壤繁殖形成有利于作物生长的微生物优势菌群，来调节根际营养环境，促进和协助作物吸收营养，改善和恢复土壤微生态平衡。微生物菌群在生命活动过程中还产生各类植物生长激素，能有效抑制多种真菌、细菌、病毒等病害，最大限度地减轻土传病害的发生程度，提高作物对低温、干旱、盐碱等逆境的抗性。微生物菌剂在促进作物生长、提高产量、改善品质和食品安全等多方面的作用正逐渐引起人们的注意。

为此，本项目组引进了 M_1（西瓜专用菌剂）、M_2（激活土壤专用菌剂）、M_3（胶质芽孢杆菌剂）、M_4（枯草芽孢杆菌剂）、M_5（地衣芽孢菌剂）、M_6（金宝贝微生物菌剂）6 种微生物菌剂，应用于砂田西瓜生产中，以优化施肥为对照，通过不同菌剂对西瓜生理生长、产量、品质及土壤微生物区系的影响研究，以期筛选出能够适应砂田区气候、种植模式、土壤环境条件且效果显著的微生物菌剂。

一、微生物菌剂对砂田西瓜出苗率及死亡率的影响

出苗率和死亡率是影响作物产量的两个重要因素，不同微生物菌剂处理的砂田西瓜出苗率与死亡率存在较大差异，其中以 M_1、M_4、M_5 和 M_6 处理的西瓜出苗率达到 97% 及以上，较 CK 分别显著提高了 5.43%、7.61%、7.61% 和 6.52%，而 M_2 和 M_3 处理与 CK 间差异不显著。除 M_2 和 M_3 处理外，其余菌剂处理均显著降低了砂田西瓜的死亡率，M_1、M_4、M_5、M_6 处理的西瓜死亡率较 CK 分别降低了 7 个百分点、8 个百分点、11 个百分点和 11 个百分点，且以 M_5 和 M_6 处理的最低，控制在了 10% 以下（图 11-3，图 11-4）。

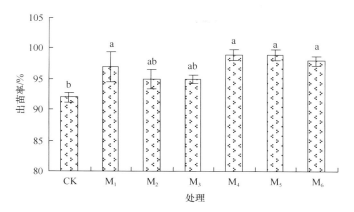

图 11-3　不同菌剂处理的西瓜出苗率

不同小写字母表示不同处理间差异显著（$P<0.05$）

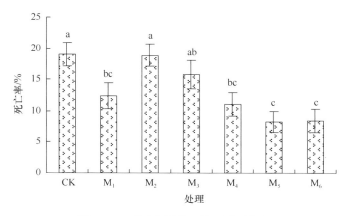

图 11-4　不同菌剂处理的西瓜死亡率

不同小写字母表示不同处理间差异显著（$P<0.05$）

二、微生物菌剂对砂田西瓜干物质积累及转运的影响

作物干物质积累量是作物营养生长状况的直接反映，团棵期西瓜苗期生长结束，即将进入营养生长旺期，M_5 和 M_6 处理的西瓜植株干物质积累量较 CK 分别显著提高了 28.30% 和 23.51%；坐果期是西瓜营养生长最旺期，除 M_2 处理外，其余菌剂处理的植株干物质积累量均显著高于 CK；至成熟期，随着西瓜生长中心由营养生长向生殖生长的转移，西瓜干物质积累量均不同程度降低，

但各菌剂处理与 CK 间差异不显著。不同菌剂处理均不同程度提高了西瓜干物质转运量及转运率，其中以 M₄、M₅ 和 M₆ 处理的西瓜干物质转运量和转运率最高（表 11-22）。

表 11-22　不同菌剂处理的西瓜干物质积累量及转运率

处理	干物质积累量/（g/株）			干物质转运量/（g/株）	干物质转运率/%
	团棵期	坐果期	成熟期		
CK	6.89c	77.19b	72.75ab	4.44d	5.75d
M₁	8.18abc	96.58a	79.20a	17.38b	18.00b
M₂	6.97c	80.90b	69.63b	11.27c	13.93c
M₃	8.03abc	95.38a	76.14ab	19.24ab	20.17ab
M₄	8.13bc	96.25a	75.11ab	21.14a	21.96a
M₅	8.84a	95.92a	73.80ab	22.12a	23.06a
M₆	8.51ab	97.39a	76.60ab	20.79ab	21.35a

注：同一列中不同小写字母表示不同处理间差异显著（$P<0.05$）

三、微生物菌剂对砂田西瓜产量、品质的影响

不同菌剂处理对西瓜单瓜重和产量均有一定影响，其中 M₃ 和 M₅ 处理的西瓜单瓜重较 CK 分别显著提高了 11.72% 和 16.85%；受西瓜单瓜重、成活率和坐果率的综合影响，M₃、M₄、M₅ 和 M₆ 处理的西瓜产量较 CK 分别提高 16.89%、23.71%、35.98% 和 25.30%，其中以 M₅ 处理西瓜产量最高，为 32 138.02kg/hm²。不同菌剂处理虽不同程度提高了西瓜中心、边缘糖含量，但处理间差异不显著（表 11-23）。

表 11-23　不同菌剂处理的西瓜产量和品质

处理	单瓜重/kg	产量/（kg/hm²）	中糖/%	边糖/%
CK	2.73b	23 635.03d	10.9a	8.0a
M₁	2.76b	25 479.95bcd	11.7a	9.1a
M₂	2.97ab	24 480.21cd	11.2a	8.7a
M₃	3.05a	27 626.43bc	11.0a	9.1a
M₄	2.92ab	29 239.58ab	11.1a	8.2a
M₅	3.19a	32 138.02a	11.1a	8.8a
M₆	2.94ab	29 615.23ab	11.2a	9.0a

注：同一列中不同小写字母表示不同处理间差异显著（$P<0.05$）

四、微生物菌剂对土壤微生物区系的影响

各菌剂处理不同程度地增加了西瓜根区的微生物数量，其中 M_1、M_5 和 M_6 处理对增加土壤细菌含量效果明显，较 CK 分别显著增加了 62.25%、61.07% 和 61.41%；M_3、M_4、M_5、M_6 处理对增加土壤真菌含量效果显著，较 CK 分别增加了 84.11%、106.11%、84.84% 和 83.13%；M_5 和 M_6 处理的土壤放线菌含量最高，较 CK 分别显著提高了 85.31% 和 88.32%（表 11-24）。

表 11-24　不同菌剂处理的土壤微生物含量　（单位：CFU/g 干土）

处理	细菌	真菌	放线菌
CK	$5.96×10^6$d	$4.09×10^3$b	$5.65×10^5$d
M_1	$9.67×10^6$a	$4.22×10^3$b	$9.90×10^5$ab
M_2	$6.73×10^6$cd	$3.70×10^3$b	$7.19×10^5$cd
M_3	$8.73×10^6$ab	$7.53×10^3$a	$8.41×10^5$bc
M_4	$7.97×10^6$bc	$8.43×10^3$a	$9.51×10^5$ab
M_5	$9.60×10^6$a	$7.56×10^3$a	$10.47×10^5$a
M_6	$9.62×10^6$a	$7.49×10^3$a	$10.64×10^5$a

注：同一列中不同小写字母表示不同处理间差异显著（$P<0.05$）

五、小结

通过对施用几种微生物菌剂对砂田西瓜生长、产量、品质及根区微生物区系的影响进行综合比较，可以得知枯草芽孢杆菌剂（M_4）、地衣芽孢杆菌剂（M_5）和金宝贝微生物菌剂（M_6）可显著促进西瓜生长，提高西瓜产量和品质，且有利于改善砂田土壤微生物区系，其中以地衣芽孢杆菌剂（M_5）的效果最好。

第三节　瓜-豆间作技术

间作套种是我国农民的传统经验，是农业上的一项增产措施。间作套种具有充分利用资源和高产高效的特点，是我国传统精耕细作农业的重要组成部分。我国目前的间作套种方式很多，据统计，全国耕地有 2/3 的播种面积采用间套复种种植方式，我国粮食产量的 1/2、棉花和油料产量的 1/3 依靠间作套种获得。其意义是在单位时间内和单位土地面积上收获两种以上作物的最适经济产量，从而

降低逆境风险和市场风险,并且可以高效利用农田养分。不仅如此,研究表明间作对减少杂草和病虫害的发生有重要意义。豆科作物作为间作体系中的关键组成部分,它对间作套种的贡献主要在于:①通过提高土地当量比增加农作物总产量;②增加土壤有效氮的含量或固定氮的运出量,从而降低植物对氮肥的需求;③提高作物对水分和养分的利用率;④提高土壤微生物活性,增强根系活动。目前,瓜类种植主要采用棉花-西瓜、麦-西瓜-棉、水稻-西瓜、辣椒-西瓜等瓜粮、瓜菜的间作套种模式,而对与豆科作物间作套种的模式研究较少。为此,本项目组在旱砂田上开展了西瓜(W)分别与蚕豆(B)、大豆(S)、花生(P)间作比为1:1和2:2的种植模式研究,旨在为旱砂田土壤培肥提供技术支撑。

一、瓜-豆间作模式对旱砂田土壤水分利用的影响

(一)瓜-豆间作模式下土壤含水量变化

从西瓜不同生育时期各间作模式下土壤含水量变化来看,自苗期至坐果期各处理 0~60cm 土壤含水量随生育时期的推移整体表现出递减的趋势,西瓜成熟期又有所回升,这主要是受作物生长耗水和外界降水共同作用的影响。从不同土层的土壤含水量变化来看,0~20cm 土壤含水量较高,而 20~100cm 土壤含水量保持相对稳定,主要原因是表层土壤接受的太阳辐射能较多,温度较高,导致土壤水分向上蒸发,而砂砾覆盖层又阻止了土壤水分向外界的扩散。从不同种植模式 0~100cm 土壤水分在西瓜各生育时期的变化来看,西瓜单作 W 处理自苗期至坐果期 0~40cm 土层的含水量高于其他处理,而在 40cm 土层以下则明显降低;这一方面与豆科作物的生长需水情况有关,另一方面也与地表覆盖度有关,西瓜单作地表覆盖度较低,地表接受的太阳辐射能则相对较多,导致地表温度升高,土壤水分向上汇集。在不同豆科作物与西瓜间作处理间,总体表现出间作比为 2:2 的处理土壤含水量高于间作比为 1:1 的处理。以西瓜需水量最大的坐果期为例,在 0~100cm 的各土层,WB_2 处理较 WB_1 处理土壤含水量分别提高了24.71%、23.29%、15.64%、48.70%和 26.47%,WS_2 处理较 WS_1 处理土壤含水量分别提高了 17.43%、32.72%、39.78%、13.14%和 7.30%,WP_2 处理较 WP_1 处理土壤含水量分别提高了 12.10%、21.70%、27.84%、13.09%和 71.96%。在 0~20cm土层,西瓜苗期至坐果期,西瓜与花生 2:2 间作处理的土壤含水量高于其他间作模式。在 0~60cm 土层,西瓜坐果前,大豆与西瓜 2:2 间作的土壤含水量较

高，而蚕豆与西瓜 2∶2 间作模式则相反。这一方面与两种作物的根系发育特征有关，蚕豆根表面积较大且分布在表层，而大豆根表面积小但分布较深；另一方面，蚕豆生育期短，生长较快，基本与西瓜同时收获，而此时大豆正处于生长旺期（图 11-5）。

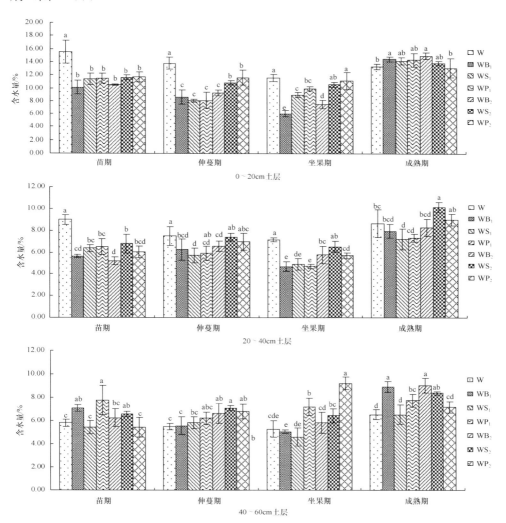

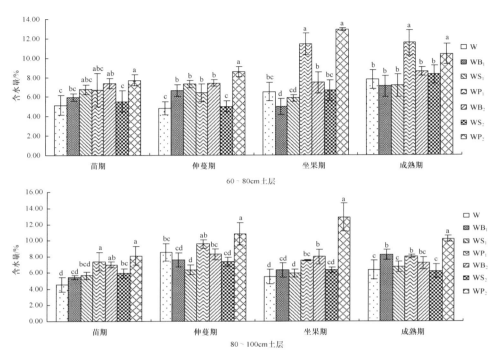

图 11-5　瓜-豆间作模式西瓜不同生育时期的土壤含水量
不同小写字母表示不同处理间差异显著（$P<0.05$）

（二）瓜-豆间作模式的土壤耗水量

从瓜-豆间作模式下作物的耗水量可以看出，除 WS_1 外，西瓜单作 W 处理的耗水量最高，较 WB_1、WP_1、WB_2、WS_2 和 WP_2 分别显著提高了 6.7%、11.15%、9.23%、7.11% 和 12.86%，这一方面表明增加地表覆盖度可以减少西瓜的棵间蒸发量，另一方面也表明西瓜的耗水量大于豆科作物。另外，间作比为 1∶1 处理的作物耗水量也普遍高于间作比为 2∶2 的处理，其中以西瓜与大豆处理最为显著，WS_1 较 WS_2 处理的作物耗水量提高了 8.53%。不同豆科作物中，大豆与西瓜间作的耗水量最高，花生与西瓜间作的耗水量最低，WS_1 较 WP_1 显著提高了 12.63%，WS_2 较 WP_2 显著提高了 5.37%（图 11-6）。

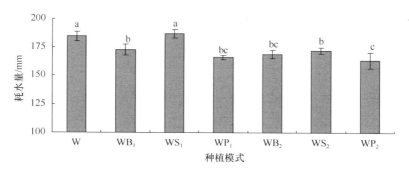

图 11-6　瓜-豆间作模式下作物的耗水量
不同小写字母表示不同处理间差异显著（$P<0.05$）

（三）瓜-豆间作模式的水分利用效率

水分利用效率高低，取决于各种间作模式的作物总产量与作物耗水量的多少。间作比为 1∶1 处理的作物水分利用效率均显著高于间作比为 2∶2 的处理，其中 WB$_1$ 较 WB$_2$ 提高了 61.57%，WS$_1$ 较 WS$_2$ 提高了 41.09%，WP$_1$ 较 WP$_2$ 提高了 27.44%。不同豆科作物间，西瓜与花生间作的水分利用效率最高，WP$_1$ 较 WB$_1$ 和 WS$_1$ 分别显著提高了 16.82% 和 17.81%，WP$_2$ 较 WB$_2$ 和 WS$_2$ 分别显著提高了 48.10% 和 30.43%，蚕豆、大豆分别与西瓜间作的水分利用效率差异不显著。在所有间作模式中，只有 WP$_1$ 处理的水分利用效率较西瓜单作 W 处理差异显著，提高了 22.53%（图 11-7）。

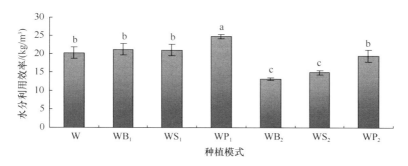

图 11-7　瓜-豆间作模式下作物的水分利用效率
不同小写字母表示不同处理间差异显著（$P<0.05$）

二、瓜-豆间作模式对旱砂田土壤肥力的影响

（一）瓜-豆间作模式对旱砂田土壤养分的影响

间作密度与豆科作物种类均可影响砂田土壤养分含量，其中间作密度的影响较大，西瓜与豆科作物间作比为 2∶2 型种植模式的土壤养分含量均显著高于间作比为 1∶1 型模式，WB_2、WS_2、WP_2 较 WB_1、WS_1、WP_1 土壤有机质含量分别提高了 96.46%、43.31% 和 45.29%；碱解氮含量分别提高了 34.93%、17.77% 和 29.18%；速效磷含量分别提高了 202.99%、106.47% 和 158.88%；速效钾含量分别提高了 59.94%、73.57% 和 84.86%，且 1∶1 型模式下的土壤有机质含量和速效钾含量均显著低于西瓜单作。由此可见，1∶1 型模式下西瓜与豆科作物对土壤养分形成竞争，不利于土壤培肥（表 11-25）。

表 11-25　瓜-豆间作模式下土壤养分含量

处理	有机质/（g/kg）	碱解氮/（mg/kg）	速效磷/（mg/kg）	速效钾/（mg/kg）
W	10.19b	23.43b	33.08c	206.15a
WB_1	5.37d	20.93b	16.74e	143.35b
WS_1	8.75c	23.63b	32.79c	130.18b
WP_1	7.75c	16.52c	26.46d	128.51b
WB_2	10.55b	28.24a	50.72b	229.28a
WS_2	12.54a	27.83a	67.70a	225.95a
WP_2	11.26b	21.34b	68.50a	237.56a

注：同一列中不同小写字母表示不同处理间差异显著（$P<0.05$）

西瓜与蚕豆间作有利于提高土壤碱解氮含量，与花生间作有利于提高土壤速效磷含量，而与大豆间作的土壤养分含量均最高，其中 WS_2 处理较西瓜单作土壤有机质、碱解氮、速效磷含量分别显著提高了 23.06%、18.78% 和 104.66%。西瓜与豆科作物间作对土壤速效钾含量影响不显著。土壤碱解氮含量增加，是由于豆科作物根瘤的固氮作用；磷有效性增加，可能与间作系统根系密度高、活性强，对土壤生物风化作用强等因素有关。

（二）瓜-豆间作模式对旱砂田土壤酶活性的影响

除土壤过氧化氢酶外，西瓜与豆科作物间作比为 2∶2 型种植模式的土壤酶活性均高于间作比为 1∶1 型模式。西瓜与大豆 1∶1 型间作（WS₁）的土壤过氧化氢酶活性较西瓜单作显著提高了 33.71%；西瓜与蚕豆 2∶2 型间作（WB₂）的土壤蔗糖酶活性较西瓜单作显著提高了 67.73%；西瓜与蚕豆、花生 2∶2 型间作（WB₂、WP₂）的土壤脲酶活性较西瓜单作分别显著提高了 46.85% 和 46.32%；西瓜与蚕豆、大豆、花生 2∶2 型间作（WB₂、WS₂、WP₂）的土壤磷酸酶活性较西瓜单作分别显著提高了 66.67%、77.78% 和 55.56%（表 11-26）。

表 11-26　瓜-豆间作模式下土壤酶活性

处理	过氧化氢酶 [0.02mol/L KMnO₄ mg/（g·20min）]	蔗糖酶 [Glu. mg/（g·24h）]	脲酶 [NH₃-N μg/（g·24h）]	磷酸酶 [H₆H₅OH mg/（g·24h）]
W	0.89b	4.09b	219.63bc	0.09bc
WB₁	0.93b	4.15b	175.78c	0.07c
WS₁	1.19a	3.21c	235.18bc	0.13ab
WP₁	0.97b	3.07c	189.84c	0.06c
WB₂	0.86b	6.86a	322.52a	0.15a
WS₂	1.02ab	4.45b	272.18ab	0.16a
WP₂	0.91b	4.73b	321.36a	0.14a

注：同一列中不同小写字母表示不同处理间差异显著（$P < 0.05$）

三、瓜-豆间作模式的经济产量与效益分析

从瓜-豆间作模式对西瓜产量的影响来看，间作比为 1∶1 处理的种植模式较西瓜单作均不会对西瓜产量产生显著影响，而间作比为 2∶2 处理的种植模式西瓜产量显著下降，其中 WB₂、WS₂ 和 WP₂ 处理的西瓜产量较 W 分别显著降低了 47.10%、44.62% 和 41.63%。不同种植模式的作物产量按其价格比例折算成西瓜产量后，间作比为 2∶2 处理的折瓜产量仍低于西瓜单作，WB₁ 和 WS₁ 与 W 处理差异不显著，WP₁ 较 W 显著提高了 10.31%。另外，间作比为 2∶2 处理的种植模式与西瓜单作相比会大幅度降低砂田的经济效益，WS₁ 和 WP₁ 较 W 处理经济效益分别增加了 2418.75 元/hm² 和 4615.63 元/hm²（表 11-27）。

表 11-27　瓜-豆间作模式下作物的经济产量与效益

模式	西瓜产量/ (kg/hm²)	蚕豆产量/ (kg/hm²)	大豆产量/ (kg/hm²)	花生产量/ (kg/hm²)	折瓜产量/ (kg/hm²)	经济效益/ (元/hm²)
W	37 333.33a	—	—	—	37 333.33b	44 800.00
WB₁	35 166.67a	346.58	—	—	36 686.98b	44 022.92
WS₁	36 083.33a	—	1 031.25	—	39 342.08ab	47 218.75
WP₁	37 625.00a	—	—	656.25	41 181.88a	49 415.63
WB₂	19 747.62b	593.65	—	—	22 223.14e	26 665.40
WS₂	20 676.19b	—	1 595.24	—	25 717.14d	30 873.33
WP₂	21 790.48b	—	—	1 833.33	31 727.14c	38 065.24

注：参照市场价格，蚕豆、大豆、花生经济产量，分别按与西瓜比为 1∶0.24、1∶0.32、1∶0.18 折算成西瓜产量后，再计算周年总产量（西瓜价格为 1.2 元/kg）；同一列中不同小写字母表示不同处理间差异显著（$P<0.05$）

四、小结

旱砂田西瓜与豆科作物 1∶1 间作模式虽然可以提高砂田土壤水分利用效率，增加砂田单位面积产值，但土壤养分消耗较大。因此，建议在蓄水性好且土壤肥力较高的 10 年内新砂田采用西瓜与大豆或花生 1∶1 的间作模式，同时也要注意间作模式下的合理施肥。旱砂田西瓜与豆科作物 2∶2 间作模式虽然降低了砂田的经济效益，但有利于土壤培肥和砂田的可持续发展。因此，建议在蓄水性差且土壤肥力较低的 10 年以上中、老砂田采用西瓜与大豆或花生 2∶2 间作模式。西瓜与蚕豆间作时由于两种作物生育期同步，不仅会对土壤水分、养分产生竞争，导致水分利用效率和产值下降，而且蚕豆生长中后期虫害严重，因此不建议与西瓜间作。

参 考 文 献

白秀梅, 卫正新, 郭汉清. 2007. 起垄覆膜微集水技术对玉米生长发育及产量的影响. 山西水土保持科技, 6(2): 12-15

陈钢, 宋桥生, 吴礼树, 等. 2007a. 不同供氮水平对西瓜产量和品质的影响. 华中农业大学学报, 26(4): 472-475

陈钢, 吴礼树, 李煜华, 等. 2007b. 不同供磷水平对西瓜产量和品质的影响. 植物营养与肥料学报, 13(6): 1189-1192

陈年来, 刘东顺, 王晓巍, 等. 2008. 甘肃砂田的研究与发展. 中国瓜菜, (2): 29-31

陈士辉, 谢忠奎, 王亚军, 等. 2005. 砂田西瓜不同粒径砂砾石覆盖的水分效应研究. 中国沙漠, 25(3): 433-436

程晓辉. 2011. 秸秆生物反应堆技术在日光温室西瓜生产中的应用效果研究. 资源与环境科学, (17): 242-243

邓开英, 凌宁, 张鹏, 等. 2013. 专用生物有机肥对营养钵西瓜苗生长和根际微生物区系的影响. 南京农业大学学报, 36(2): 103-109

丁秀玲, 许强. 2010a. 不同覆盖物下的农田地温和蒸发量对比. 长江蔬菜, (20): 27-32

丁秀玲, 许强. 2010b. 不同覆盖方式下的西瓜地养分对比研究. 北方园艺, (18): 23-26

杜少平, 马忠明, 薛亮. 2013. 密度、氮肥互作对旱砂田西瓜产量、品质及氮肥利用率的影响. 植物营养与肥料学报, 19(1): 150-157

杜少平, 马忠明, 薛亮. 2015. 旱砂田补灌水氮互作对西瓜产量、品质及水氮利用的影响. 应用生态学报, 26(12): 3715-3722

杜少平, 马忠明, 薛亮. 2016. 氮磷钾配施对砂田西瓜产量和品质的影响. 植物营养与肥料学报, 22(2): 468-475

杜延珍. 1993. 砂田在干旱地区的水土保持作用. 中国水土保持, (4): 36-39

范永泰, 焦瑞祖, 王莉. 1984. 黄土高原干旱地区铺压砂田及其对农机化的需求. 干旱地区农业研究, (1): 49-56

甘肃省农科院情报研究所, 甘肃省农业厅粮食生产处. 1984. 甘肃的砂田. 兰州: 甘肃省农科院情报研究所

戈敢. 2009. 中国压砂田的发展与意义. 农业科学研究, 30(4): 52-54

谷博轩, 梁鹏锋, 彭红涛, 等. 2011. 砂田降雨入渗过程的模拟实验研究. 中国农学通报, 27(32): 281-286

关红杰. 2009. 砂石覆盖对土壤入渗及蒸发的影响. 杨凌: 中国科学院研究生院(教育部水土保

持与生态环境研究中心)硕士学位论文

侯兆元. 1983. 砂田喷灌探讨. 喷灌技术, (7): 21-22

胡国智, 冯炯鑫, 张炎, 等. 2013. 不同施氮量对甜瓜养分吸收、分配、利用及产量的影响. 植物营养与肥料学报, 19(3): 760-766

胡国智, 冯炯鑫, 张炎, 等. 2014. 施氮对甜瓜干物质积累、分配及产量和品质的影响. 中国土壤与肥料, (1): 29-32

贾登云, 曾希琳, 张永洋, 等. 1998. 籽用西瓜旱砂田覆膜栽培技术试验. 中国西瓜甜瓜, (1): 20-21

姜伟, 王建国, 杨叔青, 等. 2011. 秸秆生物反应堆技术在瓜菜上的应用效果研究. 现代农业科技, (9): 112-114

姜秀芳, 黄玉波, 庄秋丽, 等. 2015. 西瓜冲施肥效果试验研究. 农业科技通讯, (7): 94-95

井大炜, 杨广怀, 马文丽, 等. 2009. 控释 BB 肥对西瓜施肥效果研究. 安徽农业科学, 37(3): 1149-1150

柯用春, 曹明, 杨小锋, 等. 2015a. 不同浓度有机水溶肥对热带设施甜瓜产量和品质的影响. 热带农业科学, 52(2): 217-221

柯用春, 曹明, 杨小锋, 等. 2015b. 喷施不同浓度有机硅肥对热带地区甜瓜产量和品质的影响. 南方农业学报, 46(1): 53-57

李凤歧, 张波. 1982. 陇中砂田之探讨. 中国农史, (4): 33-39

李双喜, 沈其荣, 郑宪清, 等. 2012. 施用微生物有机肥对连作条件下西瓜的生物效应及土壤生物性状的影响. 中国生态农业学报, 20(2): 169-174

刘畅, 盛国成. 2014. 1BFS-140 型压砂田翻新施肥联合作业机的研发. 农业机械, (8): 132-133

刘超. 2008. 不同覆盖措施对田间土壤水分影响的试验研究. 杨凌: 中国科学院研究生院(教育部水土保持与生态环境研究中心)硕士学位论文

刘德先, 周光华. 2007. 西瓜生产技术大全. 北京: 中国农业出版社: 448-450

刘峰, 温学森. 2006. 根系分泌物与根际微生物关系的研究进展. 食品与药品, 8(10): 37-40

刘华琴. 2004. 靖远县旱地砂田辣椒栽培技术. 甘肃农业科技, (4): 34-35

刘声锋. 2009. 无公害压砂瓜栽培技术与研究. 银川: 宁夏人民出版社

刘洋. 2015. 新型水溶肥料在西瓜上的应用效果研究. 资源与环境科学, (14): 222-223

陆雪锦, 张炎, 胡国智, 等. 2012. 钾肥用量对甜瓜生长发育、产量及品质的影响. 新疆农业科学, 49(12): 2286-2292

吕卫光, 黄启为, 沈其荣, 等. 2005. 不同来源有机肥及有机肥与无机肥混施对西瓜生长期土壤酶活性的影响. 南京农业大学学报, 28(4): 68-71

吕卫光, 杨新民, 沈其荣. 2006. 生物有机肥对连作西瓜土壤酶活性和呼吸强度的影响. 上海农业学报, 22(3): 39-42

吕忠恕, 陈邦瑜. 1955. 甘肃砂田的研究. 农业学报, 6(3): 299-312

吕忠恕, 陈邦瑜, 田春如. 1958. 甘肃砂田改良的一种方法. 土壤学报, 6(1): 65-69

马波, 田军仓. 2009. 膜下小管出流压砂地西瓜水肥耦合产量效应研究. 节水灌溉, (10): 6-12

马波, 田军仓. 2010. 压砂地西瓜水肥耦合模型及优化组合方案. 干旱地区农业研究, 28(4): 24-29

马忠明, 杜少平, 薛亮. 2014. 磷钾肥配施对砂田西瓜产量、品质及肥料利用率的影响. 植物营养与肥料学报, 20(3): 687-695

马忠明, 杜少平, 薛亮. 2015. 氮肥运筹对砂田西瓜产量、品质及氮素积累与转运的影响. 应用生态学报, 26(11): 3353-3360

强力. 2008. 砂田生态效益及主栽作物西瓜的水肥耦合效应研究. 银川: 宁夏大学硕士学位论文

沈晖, 田军仓, 马波. 2015. 旱区砂田地甜瓜水肥最优组合研究. 湖北农业科学, 54(20): 5049-5052

宋桥生, 陈钢, 吴礼树, 等. 2007. 不同供钾水平对西瓜产量和品质的影响. 湖北农业科学, 46(5): 732-734

宋尚成, 朱凤霞, 刘润进, 等. 2010. 秸秆生物反应堆对西瓜连作土壤微生物数量和土壤酶活性的影响. 微生物学通报, 37(5): 696-700

田媛, 李晓玲, 李凤民, 等. 2003. 砂田集雨补灌对西瓜产量和土壤水分的影响. 中国沙漠, 23(4): 459-463

王琛, 吴敬学, 杨艳涛. 2015. 世界西瓜生产和贸易分析及对中国的启示. 农业展望, (2): 71-76

王琛, 吴敬学, 杨艳涛. 2016. 世界甜瓜生产贸易分析及对中国的启示. 中国食物与营养, 22(2): 18-22

王飞, 林诚, 何春梅, 等. 2014. 紫云英翻压对西瓜-水稻轮作模式作物生长的影响. 福建农业学报, 29(6): 535-538

王菲, 王建宇, 贺婧, 等. 2015. 压砂瓜连作对土壤酶活性及理化性质影响. 干旱地区农业研究, 33(5): 108-114

王河银, 刘景辉, 许强, 等. 2011. 砂田辣椒丰产栽培技术. 北方园艺, (2): 64

王龙昌, 玉井理, 永田雅辉, 等. 1998. 水分和盐分对土壤微生物活性的影响. 垦殖与稻作, (3): 40-42

王倩, 李晓林. 2003. 苯甲酸和肉桂酸对西瓜幼苗生长及枯萎病发生的作用. 中国农业大学学报, 8(1): 83-86

王天送, 苏贺昌, 杨世维. 1991. 兰州地区砂田土壤的水分特征. 干旱地区农业研究, (1): 66-69

王晓巍, 蒯佳林, 郁继华, 等. 2016. 不同缓/控释氮肥对基质栽培甜瓜生理特性与品质的影响. 植物营养与肥料学报, 22(3): 847-854

王亚军, 谢忠奎, 刘大化, 等. 2006. 砾石直径和补灌量对砂田西瓜根系分布的影响. 中国沙漠, 26(5): 820-825

王艳伟. 2015. 压砂地砂土覆盖对土壤水分蒸发的影响研究. 银川: 宁夏大学硕士学位论文

吴敬学, 赵姜, 张琳. 2013. 中国西甜瓜优势产区布局及发展对策. 中国蔬菜, (17): 1-5

伍少福, 吴良欢, 尹一萌, 等. 2006. 含硝化抑制剂复合肥对西瓜黄瓜产量和营养品质的影响.

农业环境科学学报, 25(6): 1432-1435

谢忠奎, 王亚军, 陈士辉, 等. 2003. 黄土高原西北部砂田西瓜集雨补灌效应研究. 生态学报, 23(10): 2033-2039

辛秀先. 1993. 论甘肃砂田的形成及其起源. 甘肃农业科技, (5): 5-7

许强, 康建宏. 2011. 压砂地可持续利用的理论与实践. 银川: 阳光出版社

许强, 强力, 吴宏亮, 等. 2009. 砂田水热及减尘效应研究. 宁夏大学学报(自然科学版), 30(2): 180-182

薛亮, 马忠明, 杜少平. 2012. 沙漠绿洲灌区不同水氮水平对甜瓜产量和品质的影响. 灌溉排水学报, 31(3): 132-134

薛亮, 马忠明, 杜少平. 2014. 水氮耦合对绿洲灌区土壤硝态氮运移及甜瓜氮素吸收的影响. 植物营养与肥料学报, 20(1): 139-147

薛亮, 马忠明, 杜少平. 2015. 沙漠绿洲灌区甜瓜氮磷钾用量优化模式研究. 中国农业科学, 48(2): 303-313

燕永丰. 2009. 旱地籽瓜不同覆膜方式的效果初报. 甘肃农业科技, (5): 22-24

羊小琴, 魏至春, 刘学申, 等. 2005. 兰州甜瓜"三膜一砂"栽培技术. 中国瓜菜, (6): 39-40

杨念, 孙玉竹, 吴敬学. 2016a. 世界西瓜甜瓜生产与贸易经济分析. 中国瓜菜, 29(10): 1-9

杨念, 文长存, 吴敬学. 2016b. 世界西瓜产业发展现状与展望. 农业展望, (1): 45-48

杨小振, 张显, 马建祥, 等. 2014. 滴灌施肥对大棚西瓜生长、产量及品质的影响. 农业工程学报, 30(7): 109-118.

杨兴国, 彭素琴, 柯晓新. 1994. 甘肃河东地区降雨强度分析. 甘肃气象, 12(1): 2-4

姚静, 邹志荣, 杨猛, 等. 2004. 日光温室水肥耦合对甜瓜产量影响研究初探. 西北植物学报, 24(5): 890-894

余海英, 李廷轩, 周健民. 2005. 设施土壤次生盐渍化及其对土壤性质的影响. 土壤, 37(6): 581-586

郁文. 2016. 压砂对土壤水分和温度的影响规律研究. 兰州: 兰州理工大学硕士学位论文

张静, 李福, 刘广才, 等. 2012. 大力推广抗旱注水补灌技术促进甘肃旱作农业全面发展. 农业科技与信息, (3): 3-4

张立芙. 2009. 盐胁迫和黄瓜根系分泌物对土壤微生物的影响. 哈尔滨: 东北农业大学硕士学位论文

张占军. 2005. 控释肥料在西瓜上的应用研究. 杨凌: 西北农林科技大学硕士学位论文

章家恩, 刘文高, 胡刚. 2002. 不同土地利用方式下土壤微生物数量与土壤肥力的关系. 土壤与环境, 11(2): 140-143

赵姜, 周忠丽, 吴敬学. 2014. 世界西瓜产业生产及贸易格局分析. 世界农业, (7): 100-106

赵鹏, 董彩霞, 申长卫, 等. 2015. 3种有机无机肥配施对西瓜氮、钾养分吸收以及产量和品质的影响. 南京农业大学学报, 38(2): 288-294

赵鑫, 苏武峥, 丁建国, 等. 2013. 2012年国内外西甜瓜栽培技术研究状况及产业发展趋势. 农业科技通讯, (7): 262-264

赵鑫, 岳丕昌, 丁建国, 等. 2014. 2013 年国内外西甜瓜栽培技术研究进展. 农业科技通讯, (7): 321-323

中国农业科学院郑州果树研究所. 2000. 中国西瓜甜瓜. 北京: 中国农业出版社

钟文辉, 蔡祖聪. 2004. 土壤管理措施及环境因素对土壤微生物多样性影响研究进展. 生物多样性. 12(4): 456-465

周海燕, 王瑛珏, 樊恒文, 等. 2013. 宁夏中部干旱带砂田抗风蚀性能研究. 土壤学报, 50(1): 41-48

周约. 2013. 不同砾石覆盖对土壤蒸发量影响研究. 银川: 宁夏大学硕士学位论文

邹丽芸. 2005. 西瓜根系分泌物对西瓜植株生长的自毒作用. 福建农业科技, (4): 30-31

Castellanos M T, Cabello M J, Cartagena M C, et al. 2012. Nitrogen uptake dynamics, yield and quality as influenced by nitrogen fertilization in 'Piel de sapo' melon. Spanish Journal of Agricultural Research, 10(3): 756-767

Contreras J I, Plaza B M, Lao M T, et al. 2012. Growth and nutritional response of melon to water quality and nitrogen potassium fertigation levels under greenhouse mediterranean conditions. Communications in Soil Science and Plant Analysis, 43: 434-444

Corey A T, Kemper W D. 1968. Conservation of Soil Water by Gravel Mulches. Fort Collins: Colorado State University: 1-23

Denison R F, Kiers E T. 2004. Life style alternatives for rhizobia: mutualism, parasitism, and forgoing symbiosis. Fems Microbiology Letters, 237(2): 87-93

Duane A P. 1997. The Changing US Fertilizer Industry. Report of National Economic Analysi Division. Washington: U. S. Department of Agriculture

Gonsalves M V I, Pavani L C, Fillho A B C, et al. 2011. Leaf area index and fruit yield of seedless watermelon depending on spacing between plants and N and K applied by fertigation. Cientifica, 39(1/2): 25-33

Jerry L H, Charles L W. 2015. Soil biological fertility: foundation for the next revolution in agriculture? Communications in Soil Science and Plant Analysis, 46(6): 753-762

Kwabiah A B, Palm C A, Stoskopf N C, et al. 2003. Response of soil microbial biomass dynamics to quality of plant materials with emphasis on P availability. Soil Biology and Biochemistry, 35(2): 207-216

Li X Y. 2002. Effects of gravel and sand mulches on dew deposition in the semiarid region of China. Journal of Hydrology, 260(1-4): 151-160

Lightfoot D R. 1993. The cultural ecology of Puebloan pebble-mulch gardens. Human Ecology, 21(2): 115-143

Lightfoot D R. 1994. Morphology and ecology of lithic-mulch agriculture. Geographical Review, 84(2): 172-185

Lightfoot D R. 1996. The nature, history, and distribution of lithic-mulch agriculture: an ancient technique of dryland agriculture. The Agricultural History Review, 44(2): 206-222

Lightfoot D R, Eddy F W. 1995. The construction and configuration of Anasazi pebble-mulch gardens in the northern Rio Grande. American Antiquity, 60(3): 459-470

Mahanta D, Bhattacharyya R, Gopinath K A, et al. 2013. Influence of farmyard manure application and mineral fertilization on yield sustainability, carbon sequestration potential and soil property of gardenpea-french bean cropping system in the Indian Himalayas. Scientia Horticulturae, 164(5): 167-173

Marcote I, Hernández T, García C, et al. 2001. Influence of one or two successive annual applications of organic fertilisers on the enzyme activity of a soil under barley cultivation. Bioresource Technology, 79(2): 147-154

Miller G A, Farahani H J, Hassell R L. et al. 2014. Field evaluation and performance of capacitance probes for automated drip irrigation of watermelons. Agricultural Water Management, 131: 124-134

Moeyersons J, Nyssen J, Poesen J, et al. 2006. On the origin of rock fragment mulches on vertisols: a case study from the Ethiopian highlands. Geomorphology, 76(3-4): 411-429

Roberto B F B, Rodrigo H D N, Fernando A S, et al. 2015. Soil properties and agronomic performance of watermelon on grown in different tillage and cover crops in the southeastern of brazil. Experimental Agriculture, 51(2): 299-312

Sharma S P, Leskovar D I, Crosby K M, et al. 2014. Root growth, yield, and fruit quality responses of reticulatus and inodorus melons (*Cucumis melo* L.) to deficit subsurface drip irrigation. Agricultural Water Management, 136(2): 75-85

Singh H P, Batish D R, Kohli R K. 1999. Autotoxicity: concept, organisms, and ecological significance. Critical Review in Plant Sciences, 18(6): 757-772

Uwah D F, Ahmed M K, Amans E B, et al. 2010. Nitrogen and phosphorous effects on the field performance of watermelon *Citrullus lanatus*. Journal of Agriculture Biotechnology and Ecology, 3(1): 10-22

附件1

ICS
B
备案号：

DB 62

甘　肃　省　地　方　标　准

DB62/T2118-2011

旱砂田西瓜全膜覆盖栽培技术规程

2011-06-09 发布　　　　　　　　　　　　2011-07-07 实施

甘肃省质量技术监督局　发 布

前　言

本标准依据 GB/T1.1-2009《标准化工作导则》给出的规则编写。

本标准由甘肃省农业科学院提出。

本标准起草单位：甘肃省农业科学院蔬菜研究所。

本标准主要起草人：杜少平、马忠明、薛亮。

旱砂田西瓜全膜覆盖栽培技术规程

1 范围

本标准规定了旱砂田西瓜栽培的术语定义、产地环境条件、产量品质及节水指标、施肥、栽培技术和病虫害防治等内容。

本标准适用于平均年降雨量约 250mm 以上的旱砂田区及相似生态类型区的砂田。

2 规范性引用文件

下列文件对于本文件的应用是必不可少的，凡是注日期的引用文件，仅注日期的版本适用于本文件，凡是不注日期的引用文件，其最新版本（包括所有的修改单）适用于本文件。

GB16715.1　瓜菜作物种子　瓜类

GB/T8321　农药合理使用准则（所有部分）

NY/T496　肥料合理使用准则　通则

NY5109　无公害食品　西瓜

NY5110　无公害食品　西瓜产地环境条件

3 术语和定义

下列术语和定义适用于本标准。

3.1　砂田

地表铺盖了一层厚度 6cm～15cm 粗砂砾或卵石夹粗砂的田地。

3.2　全膜覆盖

全地面地膜覆盖的种植技术。

4 产地环境条件

产地符合 NY5110《无公害食品　西瓜产地环境条件》的要求。

4.1　土壤肥力

耕层 0～20cm 有机质含量 10g/kg 以上，碱解氮含量 60mg/kg 以上，速效磷含量 12mg/kg 以上，速效钾含量 100mg/kg 以上，pH6.0～8.0，土壤含盐量≤3g/kg。

4.2　气象条件

4.2.1　光照

全生育期需要光照 1000h～1200h。

4.2.2　温度

全生育期≥10℃活动积温 2500℃～3000℃。

5　产量、品质及节水指标

5.1　产量指标

西瓜产量 40000～60000kg/hm²。

5.2　产量构成

保苗密度 1.0 万株/hm²～1.2 万株/hm²，单瓜重 4.0kg～5.0kg。

5.3　品质指标

西瓜中心可溶性固形物含量为 11.6%～12%，边缘可溶性固形物含量为 8.7%～9.4%，可溶性糖含量为 11.2%～11.8%，维生素 C 含量为 7.0～7.5mg/100g，有效酸为 5.5～5.7，粗纤维含量为 0.6%～0.8%，西瓜含水量为 88%～92%。

5.4　节水指标

与传统平作条膜覆盖栽培相比，水分利用效率提高 20% 以上。

6　栽培技术

6.1　选地与整地

6.1.1　选地

选择砂龄 10 年之内、地力基础较好、地面平整、土层深厚、肥力较高、保水保肥的地块，前茬以糜子、豆类或小麦为佳。

6.1.2　整地

播前结合施基肥对预留西瓜种植行浅耕一次，先按窄行 0.6m、宽行 0.9m 在砂田上划线，将窄行砂砾扒到宽行，扫净窄行砂子，再耕深 15cm～20cm，耕后及时耙耱，镇压保墒，压实后将砂砾还原盖好。

6.2　种子准备

6.2.1　种子质量

种子符合 GB16715.1 瓜菜作物种子瓜类质量标准要求。

6.2.2　品种选择

选用陇抗 9 号、西农 8 号、陇丰早成等抗逆性强的品种。

6.2.3　种子处理

播前对种子进行精选，选择籽粒饱满的种子，晒种 1～2d，以提高种子发芽力和发芽势。然后选用 50% 的多菌灵可湿性粉剂 600 倍液浸种 30min，再用清水冲洗晾干。

6.3　播种

6.3.1　播种期

在 4 月中旬，当 5cm～10cm 土层地温稳定在 18℃ 以上时开始播种，播期以西瓜出苗后能避开晚霜危害为宜。

6.3.2　种植规格

采用宽窄行种植，宽行 90cm，窄行 60cm，株距 110cm。

6.3.3　播种密度与播种量

播种密度 1.0 万株/hm^2～1.2 万株/hm^2，播种量 1.5kg/hm^2～2.0kg/hm^2。

6.3.4　播种方式

在窄行以三角形方式人工穴播，播种时用铲子在播种穴上方扒开见方为 20cm×20cm 的砂穴，然后在土壤上轻铲开宽、深各 1.5cm 左右的播种穴，每穴播 1～2 粒种子，然后覆土 1.5cm，稍压实后再覆 2cm 细砂。

6.3.5 覆膜

西瓜穴播后，用幅宽 140cm、厚度 0.008mm 的地膜将宽窄行覆盖，将地膜两侧用砂石压紧，以密封保墒，并在膜面每隔 2m 左右压砂带。

7 施肥

肥料施用依照 NY/T496 肥料合理使用准则通则进行。

7.1 施基肥

基肥结合整地在窄行进行条施，农家肥（以牛粪、猪粪和油渣为优）60000kg/hm^2 ～ 80000kg/hm^2，纯 N60kg/hm^2 ～ 80kg/hm^2，P$_2$O$_5$90kg/hm^2 ～ 120kg/hm^2，K$_2$O160kg/hm^2～210kg/hm^2。

7.2 追肥

追肥距根 20cm 左右穴施，西瓜伸蔓期纯 N60kg/hm^2，膨瓜期纯 N80kg/hm^2。

8 田间管理

8.1 苗期管理

8.1.1 放苗封孔

幼苗出土顶膜时，用刀片将地膜划成"十"字形，将幼苗从地膜下轻轻放出，放苗后先用大砂砾将播种穴上方的地膜压入砂穴，再用细砂封平孔口，以利于增温保墒集雨。

8.1.2 查苗与补苗

出苗后，田间逐行检查，对缺苗要及时进行补苗。可选用早熟品种及时催芽补种，或结合间苗在苗多处带土挖苗，在缺苗处坐水补栽。

8.1.3 去杂定苗

在西瓜 3 叶期定苗，每穴留 1 株健壮苗。

8.2 压蔓

当主蔓长至 33cm 以上时，将蔓头调向南或偏南方向，防止北风吹乱秧蔓，每隔 4～5 节压 1 次，共压 3 次。

8.3　疏果、垫瓜

当西瓜长至鸡蛋大时要及时疏果，摘除畸形果，一般选留主蔓第 2～3 雌花结的周正果 1 个～2 个。为保证瓜皮色泽一致，商品性好，坐果 15d～20d 后应及时翻瓜垫瓜，翻动 3～4 次，翻瓜应在下午进行。

9　病虫草害防治

旱砂田西瓜生育期内主要病虫害有枯萎病、炭疽病、猝倒病、蔓枯病、病毒病、瓜蚜和杂草，采用农业防治与化学农药防治相结合的无害化治理原则。

9.1　农业防治

坚持合理轮作，保证轮作年限；春季播前彻底清除瓜田内和四周的紫花地丁、车前等杂草，消灭越冬虫卵，减少虫源基数，可减轻瓜蚜危害；加强田间管理，使用腐熟农家肥；及时防治蚜虫和杂草，拔除并销毁田间发现的重病株和杂草，防止蚜虫和农事操作时传毒，可有效预防病毒病的发生。

9.2　化学农药防治

施用化学农药防治时，药剂使用严格按照附录 GB/T8321 农药合理使用准则（所有部分）的规定执行。

具体方法见附录 A。

10　采收

按果实形态识别，当果皮颜色变深、果柄绒毛脱落、着瓜节位卷须干枯、用手敲击作嘭嘭响时，为成熟瓜，即可采收。采收时间宜选择晴天下午进行，不采雨水瓜和露水瓜，久雨初晴不宜采瓜。采收时轻拿轻放，减少机械损伤。

西瓜产品质量符合 NY5109 无公害食品西瓜标准要求。

附录 A （资料性附录）
旱砂田西瓜全膜覆盖栽培主要病虫草害化学防治方法

A.1 旱砂田西瓜全膜覆盖栽培主要病虫草害化学防治方法

A.1 旱砂田西瓜全膜覆盖栽培主要病虫草害化学防治方法

防治对象	农药		施药方法	稀释倍数或用量	安全间隔期	使用次数
	通用名	剂型及含量				
枯萎病	多菌灵	50%可湿性粉剂	灌根	500 倍液，250ml/穴		1
	甲基托布津	70%可湿性粉剂	灌根	800 倍液，250ml/穴		1
炭疽病	甲基托布津	70%可湿性粉剂	喷雾	500 倍液	10d	3
	代森锰锌	80%可湿性粉剂	喷雾	$2490g/hm^2 \sim 3750g/hm^2$	21d	3
猝倒病、蔓枯病	杀毒矾 M8	64%可湿性粉剂	喷雾	500 倍～600 倍液	7d	3
	普力克	72.2%水剂	喷雾	800 倍液	7d	3
病毒病	吡虫啉	10%可湿性粉剂	喷雾	2500 倍～3000 倍液	5d	2
	联苯菊酯	2.5%乳油	喷雾	1000 倍～2000 倍液	5d	2
	氯氟氰菊酯	2.5%乳油	喷雾	1000 倍～2000 倍液	5d	2
瓜蚜	氰戊菊酯	40%乳油	喷雾	6000 倍液	7d	2
杂草	乙草胺	50%乳油	播前喷雾	$1500 \sim 2250ml/hm^2$ 兑水 450～600kg		1

附件2

ICS 65.020.20
B 05
备案号：

甘 肃 省 地 方 标 准

DB62/T2611-2015

旱砂田西瓜注水补灌水肥一体化栽培技术规程

2015-12-22发布　　　　　　　　　　2016-01-22实施

甘肃省质量技术监督局　发布

前　　言

本标准依据 GB/T1.1-2009 给出的规划起草。

本标准由甘肃省农业科学院提出。

本标准起草单位：甘肃省农业科学院蔬菜研究所。

本标准主要起草人：杜少平、马忠明、薛亮。

旱砂田西瓜注水补灌水肥一体化栽培技术规程

1 范围

本标准规定了旱砂田西瓜注水补灌水肥一体化栽培的术语与定义、注水施肥系统组成及西瓜的播前准备、播种、田间管理及采收等内容。

本标准适用于平均年降雨量约 250mm 以上的旱砂田区及相似生态类型区。

2 规范性引用文件

下列文件对于本文件的应用是必不可少的，凡是注日期的引用文件，仅注日期的版本适用于本文件，凡是不注日期的引用文件，其最新版本（包括所有的修改单）适用于本文件。

GB 16715.1　瓜菜作物种子　瓜类

GB 5084　农田灌溉水质标准

GB/T8321　农药合理使用准则（所有部分）

NY/T496　肥料合理使用准则　通则

NY5110　无公害食品　西瓜产地环境条件

3 术语和定义

下列术语和定义适用于本文件。

3.1　旱砂田

地表铺盖了一层厚度 6cm～15cm 粗砂砾或卵石夹粗砂的田地。

3.2　注水补灌

注水补灌，也称注射灌溉，是指采用注水补灌设备直接向农作物根部土壤注灌水（或水、肥、药液）的一种抗旱节水方法。

3.3　水肥一体化

水肥一体化又称微灌施肥，是借助微灌系统，将微灌和施肥结合，以微灌系统中的水为载体，在灌溉的同时进行施肥，实现水和肥一体化利用和管理，使水和肥料在土壤中以优化的组合状态供应给作物吸收利用。

4 注水施肥系统组成

4.1 水源

应符合 GB5084《国家农田灌溉水质标准》的要求。

4.2 首部枢纽

主要由配套动力（汽油机或柴油机）、增压泵、过滤器、控制设备和压力表等部件组成。

4.3 输配水管

根据地块大小，选择能够承受 1.5MPa 的橡胶软管。

4.4 注水器

农用注射枪。

5 播前准备

5.1 产地环境条件

产地符合 NY5110《无公害食品　西瓜产地环境条件》的要求。

5.2 选地与整地

5.2.1 选地

选择砂龄 20 年之内、地力基础较好、地面平整、土层深厚的地块，前茬以豆类和辣椒种植为佳。

5.2.2 整地施肥

西瓜播前 20 天左右，先按窄行 0.6m、宽行 0.9m 的规格，将窄行砂砾扒到宽行，扫净窄行砂砾，每 667m^2 基施腐熟有机肥料（牛粪、羊粪或猪粪等）1500kg～2000kg，化肥磷酸二铵 15kg～18kg，硫酸钾肥 8kg～10kg，深翻 15cm～20cm 后及时耙耱、镇压土壤，最后将砂砾还原盖好。

5.3 种子准备

5.3.1 品种选择

选用金城 5 号、陇抗 9 号等中晚熟且抗逆性强的品种。

5.3.2　种子质量

种子应符合 GB16715.1《瓜菜作物种子　瓜类》质量标准的要求。

6　播种

6.1　播种期

在 4 月中旬开始播种，播期以西瓜出苗后能避开晚霜危害为宜。

6.2　播种方式

采用宽窄行种植，宽行 90cm，窄行 60cm，在窄行以"品"字形穴播，株距 50cm～70cm。播种时先用铲子在砂层上方扒开见方为 20cm×20cm 的砂穴，然后在土壤上轻铲开宽、深各 1.5cm 左右的播种穴，每穴播 1～2 粒种子，然后覆土 1.5cm，稍压实后再覆 2cm 细砂。

6.3　播种密度

播种密度 850 株/亩左右。

6.4　覆膜

西瓜穴播后，用幅宽 90cm、厚度 0.01mm 的地膜将窄行覆盖，或窄行覆 70cm 地膜，宽行覆 90cm 地膜进行全膜覆盖，将地膜两侧用砂石压紧，以密封保墒，并在膜面每隔 2m 左右压砂带。

7　田间管理

7.1　苗期管理

7.1.1　放苗封孔

幼苗出土顶膜时，用刀片将地膜划成"十"字形，将幼苗从地膜下轻轻放出，放苗后先用大砂砾将播种穴上方的地膜压入砂穴，再用细砂封平孔口，以利于增温保墒集雨。

7.1.2　查苗与补苗

出苗后，田间逐行检查，对缺苗要及时进行补苗。

7.2 伸蔓期管理

7.2.1 压蔓

当主蔓长至 40cm 以上时，将蔓头调向南或偏南方向，每隔 4～5 节压 1 次，共压 3 次，防止北风吹乱秧蔓。

7.2.2 水肥管理

肥料施用依照 NY/T496 肥料合理使用准则通则进行。

当主蔓长至 40cm 以上时，进行第 1 次注水施肥。预先在每立方水中加入尿素 4kg，磷酸二铵 3kg，硫酸钾肥 3kg，充分搅匀待肥料全部溶解后，启动注水灌溉装置。调整增压泵压力，使出水压力为 0.3MPa～0.6MPa。注水时，将注水枪头插入瓜行距植株 20cm 左右的膜下，插入深度为 30cm 左右，注水量和注水时间以水分刚溢出砂层为宜。

7.3 膨果期管理

7.3.1 疏果、垫瓜

当西瓜长至鸡蛋大时要及时疏果，摘除畸形果，一般选留主蔓第 2～3 雌花结的周正果 1 个。为保证瓜皮色泽一致，商品性好，坐果 15d～20d 后应及时翻瓜垫瓜，翻动 3～4 次，翻瓜应在下午进行。

7.3.2 水肥管理

当西瓜长至鸡蛋大时，进行第 2 次注水施肥。每立方水中加入尿素 2kg，磷酸二铵 2kg，硫酸钾肥 5kg，充分搅拌待肥料全部溶解后于西瓜根部注射，具体方法与伸蔓期一致。

7.4 病虫草害防治

7.4.1 农业防治

坚持合理轮作，保证轮作年限；加强田间管理，使用腐熟农家肥；及时拔除并销毁田间发现的重病株和杂草，防止蚜虫和农事操作时传播。

7.4.2 化学农药防治

施用化学农药防治时，药剂使用严格按照 GB/T8321《农药合理使用准则（所有部分)》的规定执行。

炭疽病：采用 70%甲基托布津可湿性粉剂 800 倍液或 70%代森锰锌 500 倍液喷雾 2～3 次，每间隔 10 天左右一次；

枯萎病：采用 50%多菌灵可湿性粉剂 500 倍液或 70%甲基托布津可湿性粉剂 800 倍液灌根 2～3 次，每间隔 10 天左右一次，施用量为 250ml/株。

瓜蚜：采用 40%氰戊菊酯乳油 6000 倍液喷雾 2～3 次，每间隔 7 天左右一次。

8　采收

按果实形态识别，当果皮颜色变深、果柄绒毛脱落、着瓜节位卷须干枯、用手敲击作嘭嘭响时，为成熟瓜，即可采收。采收时间宜选择晴天下午进行，不采雨水瓜和露水瓜，久雨初晴不宜采瓜。采收时轻拿轻放，减少机械损伤。

附件3

ICS 65.020.20
B 05
备案号：

甘 肃 省 地 方 标 准

DB62/T2612-2015

三膜一砂甜瓜水肥一体化栽培技术规程

2015-12-22发布 2016-01-22实施

甘肃省质量技术监督局 发 布

前　言

本标准依据 GB/T1.1-2009 给出的规则起草。

本标准由甘肃省农业科学院提出。

本标准起草单位：甘肃省农业科学院蔬菜研究所。

本标准主要起草人：杜少平、马忠明、薛亮、刘东顺、杨永刚、苏永全、张化生、李晓芳。

三膜一砂甜瓜水肥一体化栽培技术规程

1. 范围

本标准规定了甜瓜三膜一砂覆盖滴灌栽培技术的术语定义、水肥一体化技术要求、育苗、定植、定植后的田间管理、采收及包装运输等内容。

本标准适用于砂田设施栽培及相似生态类型区。

2. 规范性引用文件

下列文件对于本文件的应用是必不可少的,凡是注日期的引用文件,仅注日期的版本适用于本文件,凡是不注日期的引用文件,其最新版本(包括所有的修改单)适用于本文件。

GB 5084 农田灌溉水质标准

GB/T8321 农药合理使用准则(所有部分)

GB 11680 食品包装用原纸卫生标准

GB16715.1 瓜菜作物种子 瓜类

NY5010 无公害食品 蔬菜产地环境条件

3. 术语和定义

下列术语和定义适用于本文件。

3.1 三膜一砂

在砂田地膜覆盖基础之上,采用小拱棚外加塑料大棚进行作物生产的一种促成栽培模式。

3.2 水肥一体化

水肥一体化又称微灌施肥,是借助微灌系统,将微灌和施肥结合,以微灌系统中的水为载体,在灌溉的同时进行施肥,实现水和肥一体化利用和管理,使水和肥料在土壤中以优化的组合状态供应给作物吸收利用。

4. 水肥一体化技术要求

4.1 微灌施肥系统组成

4.1.1 水源

应符合 GB 5084《国家农田灌溉水质标准》的要求。

4.1.2　首部枢纽

4.1.2.1　水泵

根据水源状况及灌溉面积选用适宜的水泵种类和合适的功率。

4.1.2.2　过滤器

一般选用筛网过滤器、叠片过滤器。过滤器尺寸根据棚内滴灌管的总流量来确定。

4.1.2.3　施肥器

施肥器可选择压差式施肥罐或文丘里注入器。

4.1.2.4　控制设备和仪表

系统中应安装阀门、流量和压力调节器、流量表或水表、压力表、安全阀、进排气阀等。

4.1.3　输配水管网

输配水管网是按照系统设计，由干管、支管和毛管组成。棚内由支管和毛管组成，支管和毛管采用 PE 软管，支管壁厚 2mm～2.5mm，直径为 32mm 或 40mm。毛管壁厚 0.2mm～1.1mm，直径为 8mm～16mm。

4.1.4　灌水器

灌水器采用内镶式滴管带。流量为 1L/h～3L/h，滴头间距为 40cm。

4.2　微灌施肥系统使用

4.2.1　使用前冲刷管道

使用前，用清水冲洗管道。

4.2.2　施肥后冲刷管道

施肥后，用清水继续灌溉 15min。

4.2.3　系统维护

每 30d 清洗肥料罐一次，并依次打开各个末端堵头，使用高压水流冲洗主、支管道。灌溉施肥过程中，若供水中断，应尽快关闭施肥装置进水管阀门，防止含肥料溶液倒流。大型过滤器的压力表出口读数低于进口压力 0.6～1 个大气压时清洗过滤器，小型过滤器每 30d 清洗 1 次。

5. 育苗

5.1 育苗期

育苗期一般选在 2 月中上旬，即定植前 1 个月开始育苗。

5.2 苗床准备

采用日光温室集中育苗，育苗床须加地热线或其他加热设备。地热线布线时苗床两侧布的稍密，两线间距为 5cm～7cm，中间稍稀，两线间距为 8cm～10cm。

5.3 营养土配制

营养土由田土、有机肥、无机肥和消毒剂配合而成。选用肥沃田土 7 份、土杂粪 2 份、充分腐熟的有机肥（牛、羊或鸡粪为好）1 份，$1m^3$ 营养土加 500g 磷酸二铵、150g 多菌灵，混合均匀，过筛后装入营养钵。

5.4 种子准备与催芽

选用台农 2 号、丰甜 4 号等早熟品种，种子质量应符合 GB16715.1《瓜菜作物种子 瓜类》质量标准要求。先用 30℃温水浸种 5～8h，取出浸泡的种子后，沥尽水分，用干净湿布包裹，催芽温度为 28～32℃，种子露白时，播种于营养钵育苗。

5.5 播种和苗床管理

播种前将苗床加热至 30℃，以后以 25℃～30℃为宜，不得低于 20℃。先给苗床内营养钵灌足底水，待水下渗后将催了芽的种子放入营养钵，上覆 2cm 厚营养土，用塑料薄膜覆盖保湿，待 80%种子出苗后揭去薄膜，出苗后的温度白天以 22℃～25℃、夜间以 18℃～22℃为宜。定植前 7～10d 将温度降至 20℃左右炼苗。

6. 定植

6.1　产地环境条件

产地环境条件要符合 NY5010《无公害食品蔬菜产地环境条件》的要求。

6.2　选地与整地

6.2.1　选地

选择铺砂年限在 5 年之内，南北走向的砂田塑料大棚，地面平整、土层较厚、肥力较高、保水保肥的地块，前茬以辣椒、茄子为佳。

6.2.2　整地施肥

播前一个月左右结合施基肥整地，扒开种植行砂砾层，扫净砂砾，每 667m² 基施腐熟有机肥料（牛粪、羊粪或猪粪等）3000kg～4000kg，化肥磷酸二铵 15kg，硫酸钾肥 7kg，深翻土壤 25cm～30cm，再耙耱并镇压土壤，然后将砂砾复原盖好。

6.3　定植期

在 3 月中旬,待幼苗长至两叶一心至三叶一心,塑料大棚内温度稳定在 25℃～30℃时，便可定植。

6.4　定植规格

采用宽窄行种植，窄行 40cm，宽行 80cm，株距 50～60cm，定植密度为 1600 株/667m²～1800 株/667m²。先在窄行按"品"字形扒开播种穴上方的砂砾。

6.5　铺管覆膜

先在窄行即甜瓜种植行中间铺设一条滴灌带，再用幅宽 90cm、厚度 0.01mm 的地膜覆盖种植行。

6.6　定植方法

定植前先用打孔器在预留播种穴上方打孔，孔深 5cm 左右。然后选择生长健壮、子叶完好、叶色浓绿且无病虫害的瓜苗小心的从营养钵中带营养土取出移栽到播种穴中，并挤压播种穴周围的土壤使之与营养土结合。

6.7 搭设小拱棚

定植后，在种植行用 2m 长竹皮搭设框架为竹木结构的小拱棚，宽 1.0m，高 1.0m～1.2m，竹皮间距 1.2m～1.5m，然后用 1.4m 宽地膜拼接覆盖，棚膜两侧用砂砾压严。

7. 定植后的田间管理

7.1 温度、湿度管理

在每天上午棚内最高温度超过 35℃时应及时通风降温，通风口数量和大小以使棚内日最高温度不超过 35℃为宜，下午棚内温度低于 20℃时关闭通风口。晚霜期过后根据植株长势和外界气温情况及时揭去小拱棚。塑料大棚内湿度较大，应及时开棚放风降低湿度。

7.2 整枝留瓜

三膜一砂甜瓜的采用 12 蔓整枝，以孙蔓 3-2-1 方式整枝，即瓜苗 5 片叶左右时主蔓摘心，留健壮子蔓 4 条，每条子蔓各留 3 条孙蔓，第 1 条孙蔓留 3 片叶摘心，第 2 条孙蔓留 2 片叶摘心，第 3 条孙蔓留 1 叶摘心，为保证正常坐瓜，花期宜采用人工辅助授粉。当幼瓜长至鸡蛋大小时在每条子蔓的第一孙蔓的第一节位上选瓜，选留果形周正、发育正常的瓜，一株一瓜，其余及时摘除。果实膨大后期适时挪瓜、支瓜，以利果面下部通风干燥，上网均匀，减少病虫危害和防止裂瓜的发生。

7.3 水肥管理

7.3.1 缓苗期

定植后应及时滴灌一次缓苗水，每 667m^2 灌水量约 2m^3。

7.3.2 幼苗期

定植后第十天左右灌第一水，间隔 10 天后再灌第二水，每次灌水量为 5m^3/667m^2，施肥量为尿素 1.5kg/667m^2，磷酸二铵 4kg/667m^2，硫酸钾肥 2.5kg/667m^2，所有肥料使用前先用大桶溶解，取其上清液加入施肥罐后进入滴灌系统。

7.3.3　伸蔓期

甜瓜第五片真叶出现时灌第一水，间隔 10 天后再灌第二水，每次灌水量为 $8m^3/667m^2$，施肥量为尿素 4.5kg/667m²，磷酸二铵 5kg/667m²，硫酸钾肥 5kg/667m²。

7.3.4　结果前期

在甜瓜第一雌花开放后进行滴灌，灌水量为 $6m^3/667m^2$，施肥量为尿素 2kg/667m²，磷酸二铵 7kg/667m²，硫酸钾肥 5kg/667m²。

7.3.5　结果中期

从甜瓜果实鸡蛋大时开始滴灌，每间隔 5～7 天滴灌一次，共滴灌 3 次。每次滴灌量为 $10m^3/667m^2$，施肥量为尿素 3.5kg/667m²，磷酸二铵 1.5kg/667m²，硫酸钾肥 6kg/667m²。

7.3.6　结果后期

甜瓜果实停止膨大后滴灌一次，灌水量为 $8m^3/667m^2$，施肥量为磷酸二铵 1kg/667m²，硫酸钾肥 2kg/667m²。

7.4　病虫害防治

7.4.1　主要病虫害

"三膜一砂"甜瓜主要病害有枯萎病、白粉病、病毒病、蔓枯病和霜霉病；主要虫害为蚜虫。

7.4.2　防治原则

按照"预防为主，综合防治"的植保工作方针，坚持"农业防治、物理防治、生物防治为主，化学防治为辅"的原则。

7.4.3　农业防治

培育适龄壮苗，提高抗逆性；通过放风、增强覆盖、辅助加温等措施，控制各生育期温湿度，避免生理性病害发生；合理轮作倒茬，增施充分腐熟的有机肥，减少化肥用量；清洁棚室，降低病虫基数；及时摘除病叶、病果，集中销毁。

7.4.4 物理防治

通风口处增设防虫网，以 40 目防虫网为宜；棚内悬挂黄色诱杀板诱杀蚜虫、白粉虱、黄守瓜等害虫，每 667m² 30～40 块。

7.4.5 生物防治

保护捕食螨、草蛉和瓢虫等自然昆虫天敌。

7.4.6 化学防治

施用化学农药防治时，药剂使用严格按照附录 GB/T8321《农药合理使用准则（所有部分）》的规定执行。

具体方法见附录 A。

8. 采收

果皮颜色充分表现出该品种特征特性，瓜柄附近茸毛脱落，瓜顶脐部开始变软，果蒂周围形成离层产生裂纹时即可采收。周边就近上市要达到九成熟，长途远销达到八成熟。采收应选择晴天上午进行，轻采轻放，减少机械损伤。采收时留"T"形果梗，以防病菌侵染。

收获后及时清除棚内瓜秧、废弃果实、杂草，做到田园洁净。并清理滴灌管道，对水泵、过滤器、施肥器、水表、压力表等设备和仪表按说明书要求进行保养收藏。

9. 包装、运输

9.1 包装

包装材料主要有发泡网袋、瓦楞纸箱、衬垫纸板、封口胶带等，质量应符合 GB11680 的要求。

9.2 运输

应采用无污染的交通运输工具，不得与有毒有害物品混村混放。装卸时轻拿轻放，避免机械损伤。

附录 A　（资料性附录）
三膜一砂甜瓜水肥一体化栽培主要病虫草害化学防治方法

防治对象	农药		施药方法	稀释倍数或用量	安全间隔期	使用次数
	通用名	剂型及含量				
枯萎病	多菌灵	50%可湿性粉剂	灌根	500 倍液，250ml/穴	10d	2
	甲基托布津	70%可湿性粉剂	灌根	800 倍液，250ml/穴	10d	2
白粉病	粉锈宁	20%乳液	喷雾	2000 倍液	20d	1
病毒病	吡虫啉	10%可湿性粉剂	喷雾	2500 倍～3000 倍液	5d	2
	联苯菊酯	2.5%乳油	喷雾	1000 倍～2000 倍液	5d	2
	氯氟氰菊酯	2.5%乳油	喷雾	1000 倍～2000 倍液	5d	2
蔓枯病	杀毒矾 M8	64%可湿性粉剂	喷雾	500 倍～600 倍液	7d	3
	普力克	72.2%水剂	喷雾	800 倍液	7d	3
霜霉病	代森锰锌	80%可湿性粉剂	喷雾	500 倍液	14d	1
	安克锰锌	69%水分散粒剂	喷雾	1000 倍～1200 倍液	7d	3
	甲霜灵	65%可湿性粉剂	喷雾	1000 倍液	14d	1
蚜虫	氰戊菊酯	40%乳油	喷雾	6000 倍液	7d	2